U0018672

內田悟的蔬菜教室

秋 冬

當季蔬菜料理完全指南

保存版

築地御廚店長 內田 悟

《內田悟的蔬菜教室：當季蔬菜料理完全指南—保存版—秋冬》介紹的是有關秋冬蔬菜的魅力、屬於我自己的處理方式以及烹調技術。我另外著有《內田悟的蔬菜教室：當季蔬菜料理完全指南—保存版—春夏》（編按：中文版預計二〇一四年二月出版）。

「秋冬版」編製之時，正好是去年秋風剛起之際，我們從拍攝洋蔥切皮開始作業。生長在土裡的蔬菜、葉片捲起的蔬菜、花苞可以吃的蔬菜，我和這些特色不輸給春夏蔬果的青菜面對面將近一年。這段期間，我再次感受到蔬菜令人讚嘆之處，並捫心自問：「今後我還有多少次的機會能感受到由蔬菜所散發的季節感呢？」

回想我當上蔬菜店店長所經歷的產季，也不過三十次。清香高雅的茼蒿、能讓人有飽足感的蓮藕、天氣越冷就越馥郁的白菜，每種都只體驗了三十次。現在已經進入了不管是什麼蔬菜，一年四季都能夠生產的時代。一提到盛產季，說不定已經沒有那麼多人會立刻聯想到某個季節盛產某種蔬菜了。但是可以品嘗到最具生命力風味的時刻，就只有一年才會巡迴一次的盛產季節。不管科技有多進步，任誰都永遠無法創造出這個季節。正因如此，我才會愛惜，並且深切地去感受這個季節所帶來的豐郁滋味。

日本人自古便有把當季蔬菜融入四季應時的活動裡，細細品嘗的習慣。例如秋分吃御萩（牡丹餅），冬至吃南瓜，一月七日的「人日」吃七草粥。這是因爲人體在此時期需要補充這樣的養分。當時的人們早已知道如何將當季蔬菜充分發揮，融入日常生活之中，且瞭解活用的方法。我認爲和米飯一樣，蔬菜也是日本人飲食的根本，這是今後都不會改變的事。

這本「秋冬版」就是在這樣如此強烈的意識下完成。要是我們能夠讓那些漸漸失去季節感的蔬菜再次回到生活裡，打從內心享受那股豐富滋味，那有多好呀！烹調技術就是爲此而生的，所有的一切，都是迎接季節的秋冬蔬菜所教導我們的。

本書還要告訴大家蔬菜本身擁有的潛力。「只要用當季蔬菜，就可以提升料理的風味」。想要釋出美味，不一定要靠魚肉，就算只有蔬菜，照樣可以烹調出一道味道完美的佳餚。我挑戰了好幾次，而在寫這本書的同時，也再次嘗試。皮與菜心都充分利用，絲毫不浪費。絞盡腦汁思索切法，也曾改變加熱的方式。在過程當中，我深深感受到把蔬菜提升至另一個更高境界的可能性，並信賴這份力量，交由它烹調的自由。

蔬菜是陪伴在我們身旁、與我們最接近的大自然恩惠。當迎接秋季的天空高掛時，市場上應該就會擺滿格外有活力的馬鈴薯與洋蔥。請把這些當季蔬菜買回家，試著烹調看看吧！可以的話，我希望這個世界上能夠多一張全家人圍在一起、高聲談笑地說：「這個味道好好吃喔，果然季節到了」的餐桌。這就是蔬菜店老伯的小小心願。

二〇一二年八月　築地御廚店長　內田悟

目錄

專欄

如何使用本書

原產地
從原產地試著想像蔬菜生長的環境吧！這是保存方法的重點。

◎原產地
中美洲～南美洲

◎產季
9月～12月

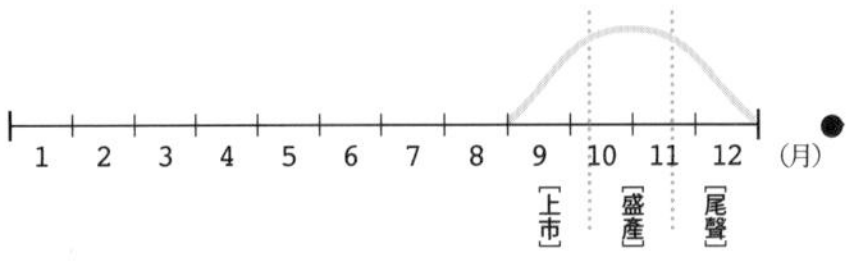

[**上市**] 水分多。甜味少而清淡。
[**尾聲**] 水分減少，糖化後變甜。

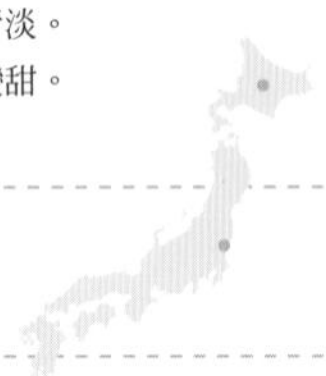

◎日本主要產地
北海道、茨城

◎臺灣主要產季和產地
3月～10月
屏東、嘉義、花蓮、臺東

產季
產季以日本國內露天栽種的蔬菜爲基準，分爲「上市」、「盛產」、「尾聲」這三個階段。

[**上市**]……上市的前兩週。屬於水分多、質地鮮嫩的時期。

[**盛產**]……出貨量增加，風味達到頂峰的時期。

[**尾聲**]……進入尾聲的後兩週。水分減少，表皮擴張與種子發芽的時期。

烹調時試著留意不同時期所帶來的風味差異吧。

日本主要產地
介紹產量多的地區以及盛行露天栽種的地方。

臺灣主要產季和產地
（因應中文版特別增加）

各種蔬菜的前兩頁與下段介紹
以內田式的方式介紹植物生長的特性、烹調的重點。

如何挑選
分辨健康蔬菜的重點。挑選蔬菜時可供參考。

解體
每個部位的風味都不同。烹調時可供參考。

保存
介紹配合蔬菜特性的保存方法。

烹調技術
原來還可以這樣煮呀！跟著內田式解說的烹煮步驟來料理，可以瞭解如何完全提引出蔬菜的原有風味。

簡單的料理
跟著上市、盛產、尾聲的表示圖，介紹讓蔬菜的魅力更加出色的料理。

關於食譜的標記
1杯＝200cc、1小匙＝5cc、1大匙＝15cc、鹽1撮＝1/5小匙；關於高湯請參照「蔬菜高湯」（第18頁）與「昆布與乾香菇高湯」（第22頁）。烹調的分量與時間會隨著季節與蔬菜大小而異，因此要一邊觀察情況一邊適度增減。烹調時水分如果不夠，再加水或高湯調整。

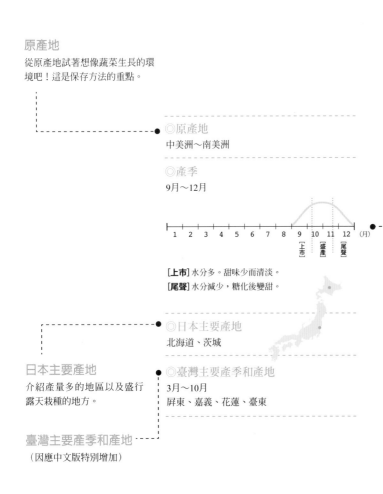

充分利用當季的冬季高麗菜

從外葉到菜心，統統都美味無比的內田式烹調法。

※《高麗菜》的挑選與處理方式
可參考第190～196頁。

裡頭的葉片包得非常緊實，難怪這麼沉重。

菜葉緊實的冬季高麗菜。紫色的葉梢證明這顆高麗菜是在寒冷的氣候下成長。

《如何剝菜葉》

單手緊緊地壓住高麗菜，菜刀刀尖立起，斜斜刺入，直接轉一圈將菜心挖出。

每一顆高麗菜 都蘊藏著千變萬化的好滋味

嚴冬一到，讓我雀躍欣喜的樂趣就會又多了一樣，那就是冬季的高麗菜。新年的腳步才剛走，氣候會愈趨寒冷，不過這時候高麗菜的滋味可是會變得更加香甜濃郁。外層的菜葉色澤青翠，布滿葉脈，別有一番滋味，可用來炒菜。越往高麗菜心的部分，葉片愈柔嫩，吃起來也就愈清甜。只要將整顆菜球對切成片，菜葉的香氣就會整個瀰漫開來，就算是直接生吃也會覺得好甘甜喔！正因爲是菜球結實的冬季高麗菜，每一顆才會蘊藏著如此豐富多變的風味。遇到不得不把菜用完的日子，又想烹煮滋味不同且獨特的蔬菜時，這簡直是在考驗我們的廚藝！

這次我們使用的，是產自日本渥美半島的北方，也就是來自伊良湖岬的高麗菜。這個時期的高麗菜不僅產量多，就連滋味也是格外豐郁。尤其是正值產季的高麗菜，品質眞的讓人不禁豎起大拇指！從外觀來看，葉脈左右對稱且分散；將菜球放在手上，會感覺十分沉重。每當看見如此完美的蔬菜，就會深深感覺到植被的重要。伊良湖岬這個地方不但有黑潮流經，而且還受到太平洋海風的吹拂，同時土壤還夾著沙地。這樣的地理環境非常類似高麗菜的故鄉，也就是地中海沿岸。無論人們的栽培技術有多麼進步，蔬菜身體的某一處，看來應該還保留著原有的野生記憶才是。

※書名號的部分是重點。也就是內田式的高麗菜處理方法。

你看，剝得多美呀！

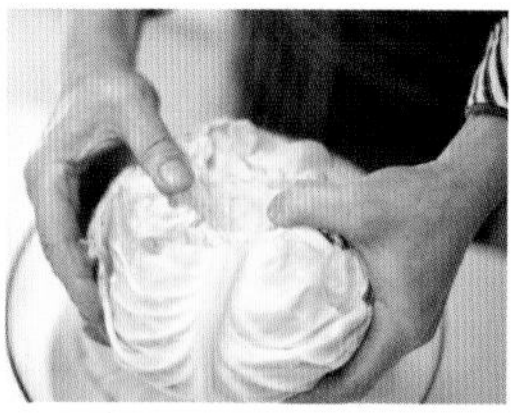

一邊鬆弛葉片縫隙，一邊將菜葉往兩側剝開。要注意千萬別太用力，否則葉片會破裂。

菜心取出之後放進碗盆裡，將水倒入挖空處，這樣葉片間的縫隙就會因爲水流而變大。亦可打開水龍頭，灌入自來水。

《使用內側的菜葉》高麗菜卷……製作餡料

依序翻炒香味蔬菜與蕈菇，讓風味完全釋放出來。

油豆腐捏碎放入。利用豆腐或油豆腐來替代肉類不失爲方法之一。油豆腐因爲經過油炸，所以味道會比豆腐香濃。

加入麵包粉的主要目的是用來吸收水分，至於太白粉則是扮演著凝固的角色。分量只要調配到可以將材料一把抓起的硬度即可。記得要攪拌均勻。

想要漂亮地剝下菜葉是需要技巧的

我們本次的主題是毫不浪費地使用整顆高麗菜。有的人會因爲口感太硬而丟棄菜心與外葉的部分，不過我希望大家能夠先記住一點：只要善加利用每個部位原有的風味，就能做出各式各樣可口的佳餚。這次的主菜是保留葉脈的內側葉片來做高麗菜卷，再來是由外側依序做成炒高麗菜與高麗菜茴香風味沙拉，最後菜心則是用來煮味噌湯。

不過在煮高麗菜的時候，第一步驟非常重要。第一個訣竅，就是漂亮地將菜葉剝下。在做高麗菜卷的時候，菜葉要是破了，那就說不過去了，因爲這樣就不能漂亮地把內餡包起來。不過只要習慣這個步驟，這道菜做起來就會比較輕鬆。首先先將比較大片的菜葉剝下，再用菜刀的前端將菜心挖出；灌水進去，讓葉片之間的縫隙鬆開，接下來只要慢慢地依序將葉片捲的順序層層剝開就可以了。你看，多簡單呀！剝好的高麗菜簡直就像是一個容器。只要按照這個步驟將整個高麗菜的菜葉剝下來，之後的作業就會變得非常輕鬆喔！

美味不輸於肉類的餡料要怎麼做呢？

我第一次嚐到高麗菜卷，是從北海道遠赴東

……燙好菜葉

菜葉外層先放入滾燙的熱水裡，過程中要翻面。只要汆燙20～30秒，顏色就會變得越來越青翠。

事先將冰水準備好，菜葉燙好後就可以浸泡在裡頭。如此一來不但不會有餘溫殘留，纖維也會更加密實。這是製作高麗菜卷時非常重要的一點。

從冰水中撈起菜葉，放在濾網上瀝乾水分。在包餡料之前，必須將菜葉上的水分擦乾。

……包餡料

1 將凸起的菜心切平。

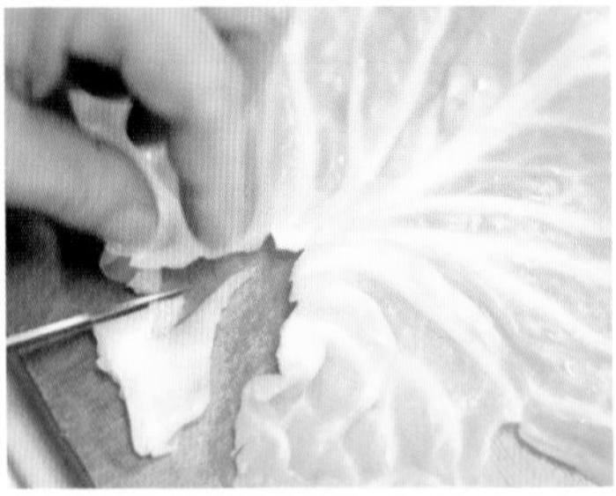

2 將菜心底部較硬的部分切下一塊三角形，菜葉就不會凹凸不平，在包餡料的時候比較容易捲起來。

3 將滿滿一匙的餡料放在菜葉上。放太多的話會包不起來，所以適量就好。

京打拚的時候。沒想到在澀谷的一家小餐館裡竟然可以嚐到令人難以忘懷的美食，眞是驚爲天人。在當學徒的這段日子裡，我每天都廢寢忘食、不停地鑽研這道菜的精髓。我的孩子還幼小的時候，我在家也常做這道菜。我包的通常都是牛肉餡，不過這次比較特別，打算只用蔬菜來做做看。

餡料雖然只有蔬菜，但是吃起來如果少了可與鮮肉匹敵的嚼勁與甘甜，給人的印象會太過薄弱，吃起來也會索然無味，這樣的高麗菜卷就不能算合格。這個時候可以大顯身手的，就是油豆腐與蕈菇。油豆腐分量飽滿，風味香醇，蕈菇則是味道甘甜。這時候建議多用一些不同種類的蕈菇，讓滋味變得更加豐富，味道也會突顯出來。當然，更不能少了可以襯托出氣味的香味蔬菜。記住，只要身邊有洋蔥、胡蘿蔔與芹菜這香味三兄弟，不管是煮湯或是炒菜，隨時都能夠派上用場！

在這裡告訴大家一個可以解決受限於只有蔬菜這個條件的訣竅，那就是切蔬菜時，在刀工上多一些變化。例如，將香菇切成碎末，味道會更加香濃，但如果切成片狀，口感會比較好。即使是同一種材料，只要利用不同切法所帶來的風味差異，食用時就可以讓口感更加豐富多變。做成沙拉或炒菜時，也可以利用這個切工技巧。

蔬菜切好之後，接下來就依序將香味蔬菜與蕈菇放入鍋裡翻炒。當材料炒軟並散發出香味時，便可加入去油的油豆腐，稍微冷卻後再加入

豆腐高麗菜卷

材料［3人份］

高麗菜
……去除一層外層菜葉後，
取內側菜葉6片與球心部分

餡料
- 洋蔥、胡蘿蔔、芹菜……各70g
- 蕈菇（舞菇、鴻喜菇、香菇、蘑菇等）……160g
- 大蒜碎末……1片
- 油豆腐……1塊
- 橄欖油……2大匙
- 鹽……1小匙　胡椒……少許
- 醬油……½小匙
- 蔬菜高湯（詳第18頁）……50c.c.
- 麵包粉、太白粉……各3大匙

湯汁
- 蔬菜高湯與水……各100c.c.
- 白葡萄酒……3大匙
- 大蒜……1片
- 鹽……⅔小匙
- 胡椒……1撮

芥末醬……適量
荷蘭芹……適量

作法

〈製作餡料〉

1 將洋蔥、胡蘿蔔與芹菜切成細絲（A）。蕈菇類只有香菇切成薄片，其他的切成碎末（B）。油豆腐去油。

2 將橄欖油與大蒜放入鍋裡，熱鍋後將A倒進翻炒；所有材料都沾上油後將A挪到鍋緣，將B倒入翻炒，等材料沾上油後再把兩者一起拌炒。

3 撒上⅔小匙的鹽，倒入蔬菜高湯與捏碎的油豆腐；淋上醬油，撒上鹽與胡椒，炒好後倒入碗盆中。

4 略爲冷卻後，加入麵包粉與太白粉混合攪拌。

〈高麗菜的前置作業〉

將高麗菜的外層菜葉一片一片地放入煮開的熱水裡汆燙；菜葉顏色變了之後，放入冰水裡浸泡，撈起並放在濾網中冷卻，最後再切除菜心。球心部分縱切成6等分。

〈包餡〉

將餡料分成6等分，放在已經拭乾水分的高麗菜葉上，從邊緣緊緊捲起，最後再將葉片摺起，並用牙籤將邊緣封住固定。

〈燉煮〉

將高麗菜卷排放在厚鍋邊緣，正中央擺上高麗菜球心，再用洋蔥等切剩的蔬菜將食材間的縫隙填滿。接著倒入蔬菜高湯、水、白葡萄酒與大蒜，蓋上鍋蓋後用小火燉煮1～1.5個小時。

〈盛盤〉

盛入盤中，撒上荷蘭芹，附上芥末醬即可。

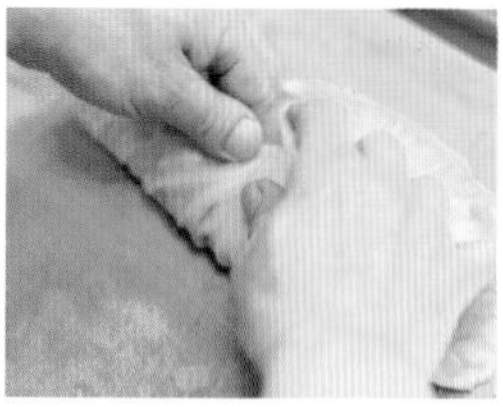

4 紮實地從邊緣捲起。如果捲得不夠緊密而有縫隙，菜卷會整個鬆開，這樣裡頭的餡料會流出來，所以要特別留意。

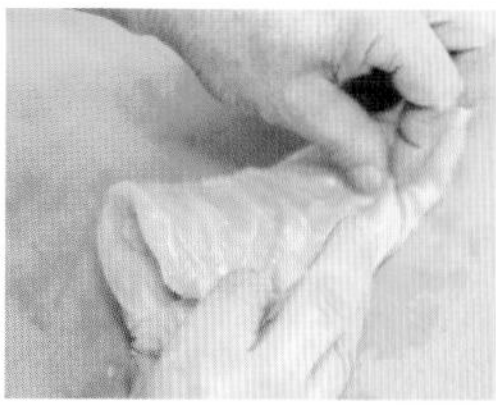

5 將邊緣摺起。

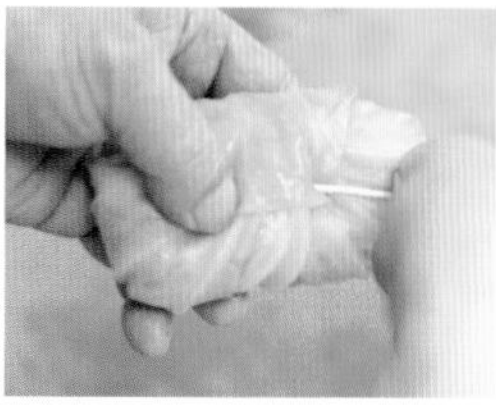

6 整個包好之後用牙籤封住固定。

7 呈現出葉脈的紋路。

麵包粉與太白粉攪拌，這樣就大功告成了。

關鍵在於菜葉的事前處理

我在做高麗菜卷的時候，不會用到最外層的第二與第三片的菜葉，因爲這樣味道會非常苦澀，一旦下鍋燉煮，就會有股澀味。但是只要使用下一層的內側菜葉，不僅大小與厚度剛好，風味更是絕佳。

接下來，就是燙菜葉。想要包得漂亮，關鍵就在這個步驟，因爲不管是太硬還是太軟，都無法包出美麗的高麗菜卷。這當中的訣竅，是將葉片放入沸騰的熱水裡，稍微汆燙，撈起後立刻放入冰水中浸泡。如此一來，蔬菜的纖維就會變得更加緊實，這樣在包的時候就不容易破裂了。

好，現在要包的高麗菜葉準備好了，要動手包囉！等一下，等一下，在這之前還要稍微處理，先將凸起菜心切平，這樣才會好包。切下來的菜心還可以剁碎放入餡料裡攪拌。高麗菜卷在包的時候要捲得緊實一點，若是太鬆，燉煮時會整個散開。在折疊菜葉時，慢一點，仔細些。你看，葉脈的紋路看起來是不是非常清楚鮮明呢？

接下來要準備燉煮了喔。這是一道連同醬汁一起享用的菜餚，所以湯汁非常重要，不容馬虎了事。特地熬燉了適合這道高麗菜卷的蔬菜高湯（詳第18頁）。只要減少番茄的分量，多放些洋蔥，這樣就能夠襯托出高麗菜的清甜了。

鍋子最好是使用鍋身較厚的淺鍋。燉煮時，

……燉煮

正中央是高麗菜球心，食材間的縫隙填滿了剩下的胡蘿蔔與洋蔥。這些蔬菜可以熬出高湯。燉煮30分鐘之後，就可以將這些剩菜取出。

最後湯汁會變得濃稠。如此透明的湯汁，代表這道菜已經大功告成。

將高麗菜卷輕輕取出，盡量不要弄破菜葉。

高麗菜菜葉與餡料完美地合爲一體，而且柔軟到用筷子就可以切開。不僅如此，味道還十分鮮嫩多汁呢。

《使用靠近球心的菜葉》高麗菜茴香沙拉

……將菜葉撕成碎片

靠近球心、顏色較淺的部分。菜葉柔軟，滋味清甜。

整個鍋底都要接觸到爐火，讓鍋內的蒸氣對流，並盡量避免蒸氣流失。鍋身如果太薄，水分蒸發的速度會非常快，這樣材料非常容易煮焦。這一點，可說是所有燉煮蔬菜必須注意的地方。

放入在鍋中的位置也是有訣竅的。首先牙籤封住的一面必須朝下，並沿著鍋子邊緣排放。鍋子正中央擺放高麗菜的菜心，食材間的縫隙可以填滿胡蘿蔔等切剩不用的蔬菜，讓高麗菜卷沒有空間可以移動。如此一來非但不用擔心菜卷會散開，原本要丟棄的蔬菜還能用來熬燉成高湯，眞的是一舉兩得。注入高湯，蓋上鍋蓋後，剩下的就交給鍋子去處理吧。燉煮三十分鐘，從鍋裡飄出一股香味後，就將用來燉湯的剩菜取出，讓湯汁自然地與高麗菜的風味融合在一起即可。

留意葉片上的纖維 用手撕成碎片

在燉煮的這段時間，就讓我們來做「高麗菜茴香沙拉」吧。或許有人會直接將生的高麗菜做成沙拉，不過我的作法是先下鍋略爲汆燙，因爲這樣菜葉的風味會更加香甜，辛香料的風味也比較容易附著在上。

這道菜要使用的，是靠近菜心、口感比較柔嫩的部分。重點雖然是用手撕開菜葉，不過要怎麼撕，可是一大訣竅。方法呢，就是沿著葉脈輕輕地將菜葉撕成小片。葉脈裡有條輸送水分的管子，若是隨便將這個部分弄斷，味道就會變得苦

鍋子／CHASSEUR〈Serving Casserole〉

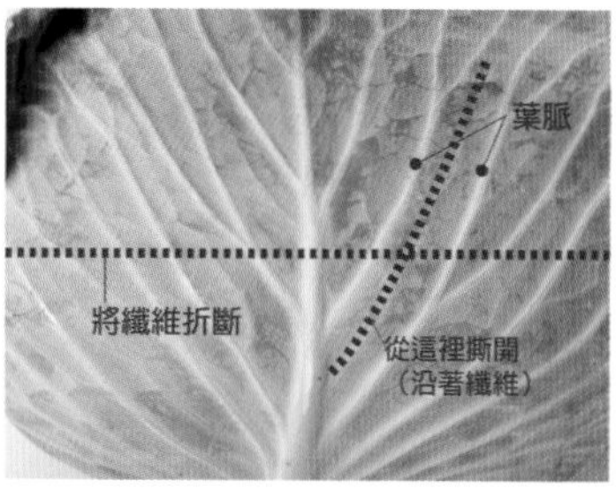

一邊留意葉脈（纖維）一邊撕菜葉。

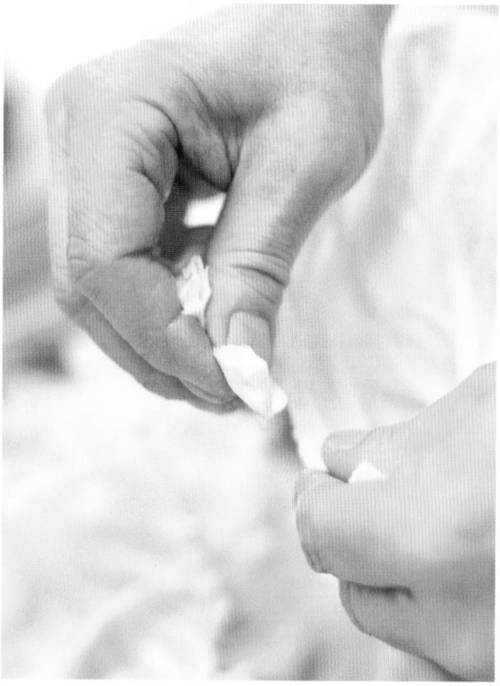

沿著葉脈將菜葉小心地撕成碎片。如此一來味道就不會變得苦澀，品嘗起來滋味還非常清雅。

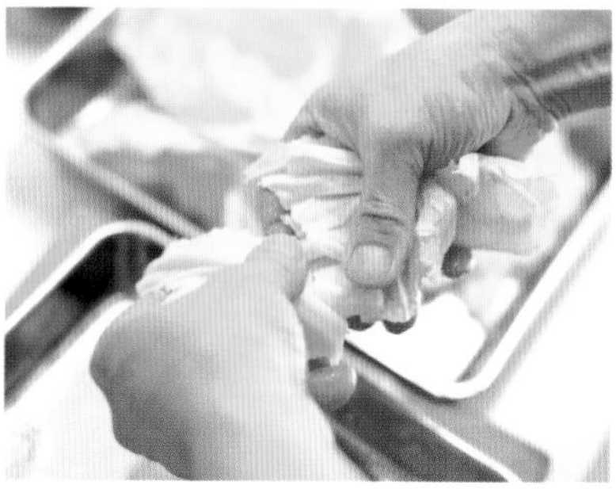

折斷纖維的時候不要硬扯，隨著力道撕開即可。指尖施力，慢慢將菜葉折斷。

……汆燙菜葉

將菜葉放入煮開的熱水裡，汆燙約20秒後直接放在濾網中冷卻。

略爲冷卻後即可調味。辛香料用指尖搓揉的方式撒於菜葉上。

一手拿著菜筷，另一手拌和。感覺像是要把空氣加進去般大大地攪拌，這樣就能夠拌出柔和順口的滋味了。

澀。菜葉撕好之後，接下來沿著纖維撕成小片。只要注意纖維的生長方向，高麗菜的風味就會截然不同。所以，可別小看這一顆小小的高麗菜喔。不信的話，你可以試著隨便將高麗菜撕成小片，吃幾口比較看看，你會發現這兩者的味道完全不同。

將高麗菜葉撕成小片後，放入滾水裡略爲汆燙。經過二十秒呈現透明感，就可以倒在濾網上冷卻。喜歡輕脆口感的人可以用扇子搧涼，喜歡軟嫩口感的人就直接放著，利用餘溫將菜葉煮熟，但是不可以把高麗菜浸泡在水裡，因爲這樣會變得軟爛，蔬菜的味道會盡數流失喔。

接下來要調味了。可以的話盡量用手拌和。這麼做不僅可以讓調味料攪拌均勻，風味也會變得比較溫和。好，可以上桌囉！嗯～高麗菜與辛香料融爲一體，好好吃喔！

棘手的外層菜葉 適合用熱炒的

有人說高麗菜就是因爲沒有特殊的菜味，所以很好烹調，但我卻不這麼認爲。讓我感到最麻煩的，就是外層的葉片。這部分的葉片在蔬菜生長時是展開的，是用來進行光合作用與製作養分的地方。爲了與太陽對抗，所以外層菜葉的纖維相當粗硬，味道也十分青澀，這樣才能夠保護內部葉片，以免菜蟲等外敵侵襲。所以烹調時，只要反過來利用這個部分的特點就好了。

高麗菜的清甜滋味非常適合搭配辛香料，也可以依個人喜好撒上蒔蘿與荷蘭芹等香草植物裝飾。

高麗菜茴香沙拉

材料［4人份］

高麗菜（菜心）……8片

鹽……2撮　茴香……2撮

伽蘭馬薩拉粉（garam masala）……1撮

橄欖油……1½大匙

作法

1 將高麗菜的菜心取出，用手撕成一口食用的大小。菜心部分可用來煮味噌湯。

2 將高麗菜菜葉放入沸騰的熱水裡略爲汆燙，接著再攤放在濾網裡，使其迅速冷卻。

3 將菜葉放入碗盆中，撒鹽混合後，加入茴香、伽蘭馬薩拉粉與橄欖油攪拌，讓菜葉入味。

盛盤時輕輕地堆高菜葉，看起來會比較漂亮。

《使用外層菜葉》炒高麗菜

烹調之前先將菜葉晾乾，這樣就可以去除澀味與水分，而且比較容易翻炒。

接著，下鍋油炒。用刀將菜葉上的纖維切斷，倒入鍋裡熱炒兩三下，在吃的時候就比較順口。只要菜葉蘸上食用油，翻炒時就不用擔心菜會變得軟爛出水。再來就是用大火快炒。翻炒再翻炒，把菜葉炒熟。只要觀察顏色的變化，就可以看出有沒有炒熟。炒菜的時候，菜葉的色澤會越來越綠，最後當顏色將要變得暗沉時便可以熄火起鍋。在起鍋前加些水可以釋放風味，稍微煮一下，味道就會被吸進菜葉裡，接著利用水蒸氣讓熱氣流動，這樣高麗菜就可以均勻炒熟了。

看似簡單的炒青菜，有時候會不會讓你覺得還滿困難的呢？其實這需要竅門，那就是不要一次炒太多。分量若是太多，受熱就會不均，這樣菜葉的水分會很容易釋出。最剛好的分量是所有的菜葉都可以接觸到平底鍋鍋底。另外一點，是先前一直提醒的，要用大火翻炒。

烹煮時間過長 味道會變得苦澀

若外層葉片的工作是生產能量，那麼層層捲起的球心部分就是能量的儲存室。當中以菜心的能量最爲豐富，因爲這是蔬菜開花、下一個生命發芽的地方。正因爲如此，這部分的味道不僅相當香甜，就連滋味也非常濃郁，只可惜口感太硬。如果從纖維生長的相反方向切，嚼起來會非常不順口，所以最好是順著纖維直切成片，才能享受到輕脆的口感。

口感較硬、不容易煮熟的外層菜葉非常適合油炒。

用大火快炒，從頭到尾都會發出滋滋聲響。起鍋前，菜葉一共會變化色澤三次，可別看漏囉！

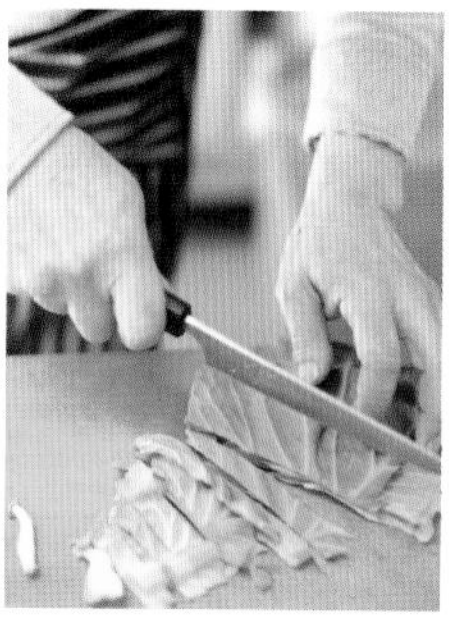

菜葉要是切得太小片，水分會非常容易釋出，體積也會變少，所以最好是大片大片地將纖維切斷。

大蒜與薑的分量相同，這就是讓滋味更加香濃的祕訣。倒入鍋中，直到炒出香味為止。

炒高麗菜

材料［4人份］

高麗菜（外層菜葉）……4片
鴻喜菇……適量
蔥段……10cm的分量
胡蘿蔔（切成長條）……1cm的分量
蒜末與薑末……各½大匙
香麻油、沙拉油……各1大匙
鹽……3撮
胡椒……1撮
醬油、味醂……各1小匙
蔬菜高湯（詳第18頁）……150c.c.

作法

1 將高麗菜的纖維切斷，切大片些。
2 平底鍋熱好油後，依序放入薑蒜、胡蘿蔔、鴻喜菇、蔥段、高麗菜，並用大火翻炒。撒上1撮鹽，等高麗菜的色澤穩定後，倒入蔬菜高湯。
3 加入醬油與味醂，最後再撒上鹽與胡椒調味即可。

將高麗菜拿來熱炒固然不錯，不過我最推薦的，還是用來煮味噌湯。除了菜心，剩下的柔嫩菜葉切碎後也可以放入一起烹煮。只要變換一下刀法，不僅有視覺上的享受，就連口感也是豐富多變。

但是，十字花科的蔬菜在處理上比較棘手的一點，就是要注意火候，若是煮得半生不熟，吃起來味道會有點澀。煮味噌湯的時候，原是味噌調開溶解後就要馬上熄火，但唯獨在煮高麗菜味噌湯時，味噌調開後最好再繼續煮一分鐘。喝口剛煮好的味噌湯，嘴裡只會嚐到柔和的菜香，讓人對高麗菜愛不釋「口」。

一年只有一次的好滋味

高麗菜卷應該煮得差不多了喔！味道如何？嗯，好吃好吃！燉一個半小時，就可以把高麗菜卷煮得如此柔軟，而菜葉又不會太軟爛，葉脈的紋路還會漂亮地浮現出來呢。在食用時就可以用筷子切開囉！

如何，好吃嗎？啊，就是這個味道！冬天的高麗菜就是這個味道，沒錯！怎麼這麼輕脆多汁啊！味道簡直不輸給裡頭包肉餡的高麗菜卷嘛！喔，不對。如果說到氣味的高雅，當然是這一道比較好吃！吃的時候沾些芥末醬，味道會更加美味。不信你吃一口看看。要趁熱吃喔！

一整顆高麗菜看起來分量好像有點多，但是只要按部位分別烹煮，不用兩三下就會全部下

到了冬天，就算每天都來一碗也不會膩喔。

味噌調開溶解後，放入高麗菜，繼續煮1分鐘再熄火。

《使用菜心》

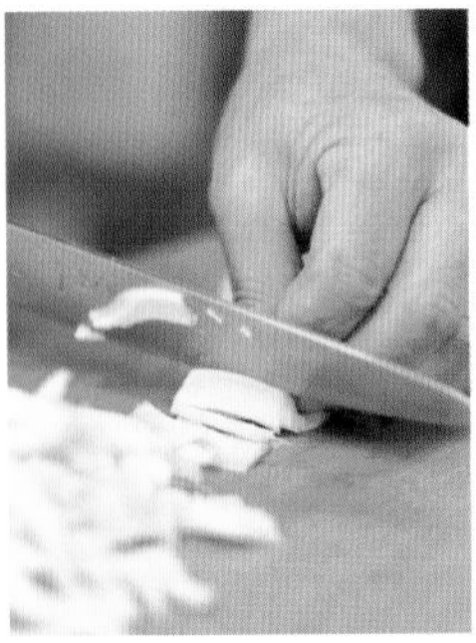

菜心縱切成條，吃起來會更加順口。橫切會因爲纖維過硬而破壞口感。

高麗菜味噌湯

材料［4人份］

高麗菜（菜心的部分）……適量、麵麩……適量、昆布與乾香菇熬成的高湯（詳第22頁）……500c.c.、味噌……2大匙

作法

1 菜心沿著纖維切成絲狀。

2 高湯倒入鍋裡，煮開後將味噌調開倒入，並加入高麗菜。當菜心有點變軟後嚐一嚐味道，如果味道不夠明顯，可加入1滴味醂。放入麵麩，熄火即可。

《番外篇》

這裡的什錦大阪燒屬於關西口味。是我的最愛。

什錦大阪燒

材料［4人份］

高麗菜……100g、山藥……25g、長蔥……½根、蛋……1個、麵粉……50g、豬五花……50g、高湯或水……150c.c.、沙拉油……適量

高麗菜切成細絲，長蔥切成蔥花，山藥磨成泥。除了豬五花，其餘材料全部攪拌在一起，做成麵糊。平底鍋熱好油後，將麵糊倒入，再擺上豬五花；其中一面煎成金黃色後即可翻面，並轉小火慢慢煎熟。

肚。所以我希望大家能夠改變一下烹調方式，多多使用菜葉結實的冬季高麗菜所擁有的豐富滋味，盡情品嘗可口美味的高麗菜。

話說回來，這道高麗菜卷還眞是人間美味呢。能夠吃到這道菜，就算這個冬天冷到讓人受不了也無所謂。只要將這孕育在寒冷之中的美味慢火熬燉，釋放出來，就能夠溫暖我們的身心。再多等一些時間，這一年一度的好滋味就會到來。等待的心情，總是令人焦慮。這就是豐盛的當季美味！

番外篇

提到冬天基本的高麗菜料理就是什錦大阪燒了！

只要一談到高麗菜，就會聯想到什錦大阪燒。其實我對什錦大阪燒有一份稍微特殊的感情。年輕的時候，我在大阪第一次吃到這道菜。不知道爲什麼，我的故鄉北海道以前並沒有什錦大阪燒。但這實在是太好吃了，讓我喜愛到進入什錦大阪燒店裡打工，所以我做的都是關西口味，裡頭放滿了高麗菜與蔥，加入山藥泥攪拌，接著再放些豬五花肉，煎的時候還不時滋滋作響。這些材料都是屬於冬天的食材。所以，我們家的什錦大阪燒是屬於冬天的美食。

蔬菜的力量

只用蔬菜增添風味

秋冬的蔬菜高湯與蔬菜泥

光憑蔬菜，風味究竟可以呈現到什麼程度？這是我長久以來研究的主題。如果能單憑蔬菜來釋出風味，那不管煮什麼菜都不用怕了。因爲在所有食材當中，就屬蔬菜最不好處理。蔬菜種類繁多，個體大小也天差地別，而且風味還會隨著季節變化，連氣候也會影響到其品質。倘若我們能累積經驗，知道如何將這成千上萬的蔬菜特色、適性，還有原有風味提引出來，就能夠自然而然地培養出烹調的基本功。雖然我不是素食者，但是堅持「只用蔬菜」，而且還實際擴展了烹飪的範圍。不管是燉菜、滷菜，還是炒菜，就算不用魚肉等食材，照樣可以做出十分美味的料理。

進化的蔬菜高湯

1 蔬菜切得大塊些。

2 蕈菇與大蒜乾炒。

3 將水與2倒入鍋身略厚的湯鍋裡煮沸。

4 倒入A，以大火略為煮滾，撈去浮末後，轉小火燉煮30～40分鐘。

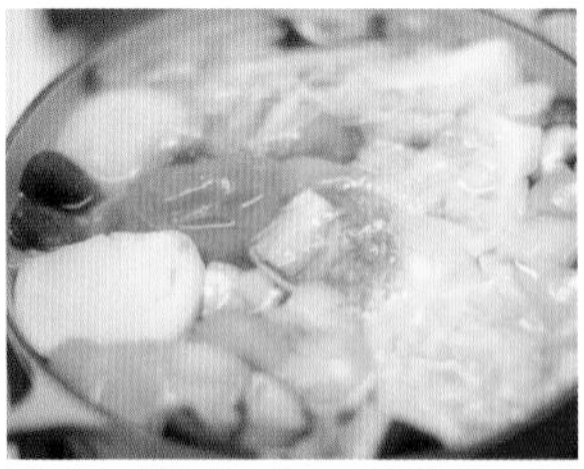

5 加入B，繼續熬煮1～1.5小時。此時蔬菜會呈現透明感，洋蔥與高麗菜的氣味也會慢慢消失。

6 嚐一嚐味道。繼續用小火燉煮至少2個小時，讓蔬菜的甘甜隨著時間慢慢釋出。

《蔬菜組合》

- 蕈菇
- 番茄
- 香味蔬菜（洋蔥、芹菜、胡蘿蔔）
- 蔥科蔬菜（洋蔥、長蔥、大蒜）
- 十字花科蔬菜（高麗菜、蕪菁）
- 月桂葉
- 薑

雖然只用蔬菜製作，卻能讓人切身感受到蔬菜的力量。蔬菜高湯就是其中一項料理。加些香味蔬菜在當季蔬菜裡，咕嘟咕嘟地燉煮二至三個小時之後，過濾就行了。步驟雖然簡單，不過在製作過程當中，要學的東西可多了！用當季蔬菜做的蔬菜泥也是如此。在將蔬菜煮得軟爛，讓材料純粹的風味整個濃縮在一起的過程中，處處都充滿了令人驚訝的新鮮風味。

我每天都孜孜不倦地在做蔬菜高湯與蔬菜泥。然而明天，又能夠掌握到多少蔬菜的力量呢？

不用炒 就可以熬出清澈的 秋冬蔬菜高湯

我開始動手熬蔬菜高湯，是三十年前我剛開始經營蔬菜店時。起初我利用各種蔬菜的菜渣來熬湯，卻在燉煮的過程，發現湯頭會隨著蔬菜的種類與分量產生變化。當不停摸索的我，熬煮出可以媲美肉汁高湯的濃郁風味時，心裡真的是驚訝萬分。當時發現的蔬菜組合，就是今日蔬菜高湯的雛形。

《熬煮蔬菜高湯時的注意要點與重點》

◎春夏的時候

除了番茄，其他蔬菜通通下鍋炒過。夏天時使用小番茄，因爲普通大小的番茄水分較多，裡頭的甘甜滋味不容易釋出。

◎秋冬的時候

秋天到初冬之際使用小番茄。冬末到初春屬於番茄的產季，使用普通大小的番茄。

◎通年熬煮時應注意

- 十字花科的蔬菜勿過量，更不可加熱過久。
- 綠色葉菜類會讓高湯變得混濁，建議不放。
- 高麗菜要使用內側的菜葉。使用外側菜葉，會讓高湯有土腥味。
- 蕈菇不使用滑溜的金針菇。

◎遇到這種情況時

如果高湯味道太酸，可以試著在熬湯的過程中加入新鮮洋蔥。

◎蔬菜如果有剩

煮海鮮咖哩時可以加入少量蔬菜，讓風味更加醇厚。

《沒有時間熬煮的簡易蔬菜高湯》

材料［成品為500c.c.］

胡蘿蔔、芹菜各4公分、洋蔥½個、薑片1片、蕈菇（任何一種）80g、鹽1撮

材料切成適當大小後放入鍋內，倒入3杯水並開中火熬煮。撈去浮末，盡量不要讓湯汁沸騰，靜靜熬煮20～30分鐘。冷卻後過濾即可。

秋冬蔬菜高湯的材料

［1ℓ～1.5ℓ］

蕈菇

蘑菇……4朵（60g）→對半切好、香菇……2朵（30g）→切成¼大小、鴻喜菇……30g→撕成小朵

大蒜……1片→剝皮即可

A・剛開始要放的蔬菜

洋蔥……1個（200g）→縱切成半、芹菜……20g→滾刀切、胡蘿蔔（帶皮）……50g→滾刀切、蕪菁……100g→切除葉莖，對半切好、長蔥（白色部分）……25g→切成蔥段、薑片……1片

B・之後要放的蔬菜

番茄……1個→去除果蒂，縱切成半、高麗菜（菜心）……100g→切成大塊、月桂葉……1片、黑胡椒（粒）……3粒

鹽……1撮

礦泉水……2ℓ

熬煮好的高湯裝入瓶裝容器裡冷藏保存。亦可分裝放入冷凍保存。

7 只要蔬菜一開始下沉，就代表高湯熬好了。

8 過濾湯汁。使用濾布過濾，高湯會更清澈。

9 這個琥珀色會隨著使用的蔬菜、分量與作法而異。

高湯是讓菜餚增添甘醇風味的精華，像是昆布高湯就是用昆布；肉湯是用牛骨與蔬菜熬煮而成。至於蔬菜高湯，那就是用蔬菜囉！不過重點在於蔬菜的組合內容與分量。

高湯中所使用的每一種蔬菜都有各自扮演的角色，而能夠釋出甜味的是番茄與蕈菇。這兩種蔬菜的甘味（胺基酸）成分不同，組合起來的風味很有層次。蔥科的蔬菜扮演提引風味的角色。香味蔬菜則可釋出香味，成爲湯頭的根基。而十字花科的蔬菜可以讓滋味更加香醇濃郁。月桂葉負責增添香氣，去除土腥味。不過熬煮蔬菜高湯的時候，最重要的就是分量。番茄味若是太重，味道會變酸；十字花科蔬菜分量太多就會有股土腥味；蕈菇放太多，風味就會太濃。所以材料要適量，這樣各式食材的味道才不會有衝突，並且完美融合。還有一點，蔬菜的組合內容與分量要隨著季節變換。

熬煮方式也要隨季節變換。秋冬的蔬菜大多正值盛產季節，非常容易熬出風味。可是同樣的蔬菜到了春夏卻不容易釋出味道，必須先炒過再下鍋熬煮，這樣味道才會釋出。另外，湯頭的濃淡會隨著料理方式而有不

秋冬的蔬菜泥

1 香味蔬菜與用來黏和的蔬菜一起下鍋翻炒之後，倒入高湯煮至軟爛。

2 倒入果汁機或食物處理機攪打成泥。

3 攪打完成的牛蒡泥。倒入容器裡，可冷藏保存一週。

同。想要熬出清澈的高湯時，蔬菜最好不要下鍋油炒，以免湯頭變得混濁；如果是用來烹煮燉菜類料理，蔬菜熱炒過後的風味會比較香濃。這次要示範的，是不用油炒的這個版本。爲了釋出甘味，蕈菇與大蒜會先乾炒，不過其他材料直接下鍋水煮就可以了。煮好的高湯清澈見底，還可以直接拿來烹調日式口味的滷煮菜。

　熬煮蔬菜高湯的樂趣，就是一邊調整材料內容，一邊慢慢熬出風味。有時也要一面確認蔬菜的特性，思考這樣是否味道就會出來？「不，好像還少了一股甘甜的滋味。那就加些洋蔥下去吧！」像這樣不斷地與蔬菜溝通，熬煮出「高湯」不同次元的風味。可以的話，我希望你也能夠感受到這股喜悅，找到屬於自己的蔬菜高湯口味！

季節所寄宿的生命的色彩——永遠新鮮的蔬菜泥

　蔬菜泥不管什麼時候，色彩總是如此繽紛豔麗。

　將隨意切成小塊的當季蔬菜與香

5 種秋冬蔬菜泥

◎胡蘿蔔泥

胡蘿蔔……150g
洋蔥……20g
芹菜……10g
百合根……30g
橄欖油……1 大匙
蔬菜高湯或水
……剛好倒滿鍋子的分量
鹽、胡椒……各 1 撮

➡製作時要注意

胡蘿蔔要削皮。

◎牛蒡泥

牛蒡……200g
洋蔥……20g
胡蘿蔔……10g
芹菜……5g
百合根……30g
橄欖油……1 大匙
蔬菜高湯或水
……剛好倒滿鍋子的分量
鹽、胡椒……各 1 撮

➡製作時要注意

牛蒡不需削皮，直接切成薄片後泡水。

◎蕪菁泥

蕪菁……300g
洋蔥……30g
胡蘿蔔……10g
芹菜……10g
百合根……30g
橄欖油……1 大匙
蔬菜高湯或水
……剛好倒滿鍋子的分量
鹽、胡椒……各 1 撮

➡製作時要注意

蕪菁葉不使用。

◎油菜泥

油菜……200g
洋蔥……20g
胡蘿蔔……10g
芹菜……5g
百合根……30g
橄欖油……1 大匙
蔬菜高湯或水
……剛好倒滿鍋子的分量
鹽、胡椒……各 1 撮

➡製作時要注意

油菜切段，炒軟爲止。

◎安納芋泥

安納芋……250g
洋蔥……20g
胡蘿蔔……10g
芹菜……5g
橄欖油……1 大匙
蔬菜高湯或水
……剛好倒滿鍋子的分量
鹽、胡椒……各 1 撮

➡製作時要注意

安納芋削去厚厚的外皮後泡水。同樣擁有澱粉質的百合根則不用削皮。

附上五種蔬菜泥的煎扇貝。

《當季蔬菜泥的基本作法》

◎蔬菜泥只要4種材料

當季蔬菜＋香味蔬菜（比例約是當季蔬菜的20%）＋黏和菜泥的蔬菜（比例約是當季蔬菜的15%）＋蔬菜高湯或水

1 材料切成適當大小，用橄欖油翻炒。
2 材料都沾上油後，倒入高湯（蔬菜高湯）煮至軟爛。
3 倒入果汁機或食物處理機裡攪打，撒上鹽與胡椒調味。如果還不打算調味，則加入一滴酒精已揮發的醋（詳第22頁）。

◎重點

1 使用當季蔬菜。
2 黏和蔬菜要使用含有澱粉的蔬菜（馬鈴薯、百合根、豆類等），如此才可以調出濃稠度。
3 蔬菜裡已經擁有自然的甜味，因此不需添加砂糖。
4 從香味蔬菜開始熱炒，散發出香味之後再倒入其他材料，炒軟。

《當季蔬菜泥的使用方法》

1 「拌醬」……直接使用
2 「沙拉淋醬」
……添加油或葡萄酒醋
3 「醬汁（義大利麵或魚、肉料理）」
……添加香味蔬菜或香草植物
4 「湯汁」
……添加高湯（蔬菜高湯等）

《當季蔬菜泥的保存方法》

冷藏可保存1週，冷凍可保存1個月。

味蔬菜一起放入高湯燉煮，再倒入果汁機攪打。煮到完全軟爛、看不出形狀的蔬菜，此時將會擁有鮮豔顏色與香濃氣味。那一瞬間不僅閃亮刺眼，而且嬌豔動人，使我時常因它的美麗而感動，有時甚至忍不住想要落淚。爲什麼？或許是那股滋味近乎蔬菜的本質，甚至已經觸碰到生命了。

幾乎所有當季蔬菜都能夠做成蔬菜泥。製作的重點，在於香味蔬菜與用來黏和菜泥的蔬菜所使用的分量。基本上這兩種蔬菜的用量分別爲當季蔬菜的20%與15%。不過在香味蔬菜當中，洋蔥出現的比例會較高。

這次要做的是秋冬蔬菜泥。如果說春夏蔬菜所做成的蔬菜泥，特色是色澤、香味清爽不膩，那麼根莖類較多的秋冬蔬菜特色，就是澱粉味甘甜、色彩繽紛，且香氣濃郁，不但可以拿來製作成沾醬，做爲水煮蔬菜的佐醬，煮成熱湯也相當不錯。可以的話，我希望大家能夠舒適地盡情享受這個宛如被寬闊大地擁抱的風味。

將蔬菜力量提引出來的調味法

發酵調味料

蔬菜非常適合搭配材料同樣來自植物的調味料，也就是用稻米、小麥或豆類製成的發酵調味料。這些都是日本料理中不可或缺的調味料，能夠大幅提升蔬菜的甘甜滋味，同時讓數種蔬菜的風味合而為一。即使許多西方蔬菜遠從世界各地傳來日本，可是這些蔬菜卻能夠融洽地出現在同一張餐桌上，正是托這些調味料的福！這些發酵調味料特別適合搭配秋冬蔬菜，可以的話，大家盡量挑選以最自然的方式發酵的調味料，這樣蔬菜品嘗起來味道絕對截然不同。

※產品製造、銷售資訊請參考第222頁。

日式高湯

日式高湯使用「昆布」與「乾香菇」來熬煮。昆布的特色是甘醇，乾香菇的特色是芳香。如果覺得只靠蔬菜好像少了一味，不妨搭配這兩種高湯來熬。

乾香菇高湯

特色是濃郁的香氣。適合搭配根莖類蔬菜。搭配昆布的話，風味更佳。

乾香菇（中）……3朵
水……5杯

泡在水中半日，香菇泡開後剩下的湯汁即可當做高湯來使用。急著使用的話，亦可將湯汁煮沸。泡軟的香菇還可以拿來滷煮或是炒菜。

＋ 組合的比例基準是 1：1

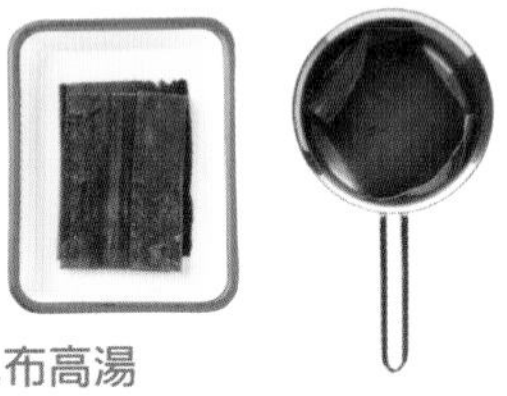

昆布高湯

特色是含有豐富的麩胺酸和高雅的甘甜，適合搭配葉菜類與瓜果類蔬菜。

昆布……10㎝×10㎝
水……5杯

昆布泡水一晚。如果要熬煮，先浸泡在水裡1小時，之後以中火熬煮，當高湯快要沸騰時將昆布取出即可。

保存‧綜合調味料

事先做好以備不時之需，但就是得稍微花點工夫、自家製作的保存與綜合調味料。這四種調味料每一種都非常好用喔！

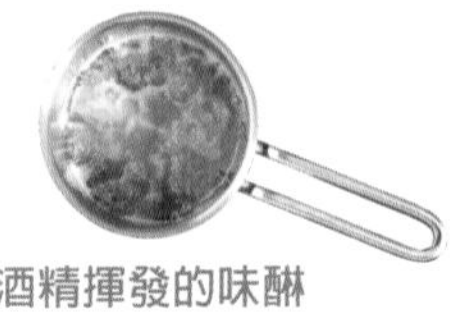

酒精揮發的味醂

將味醂煮沸，讓酒精揮發，濃縮了美味與甜味，可用來淋在涼拌菜上或做成醋拌涼菜。

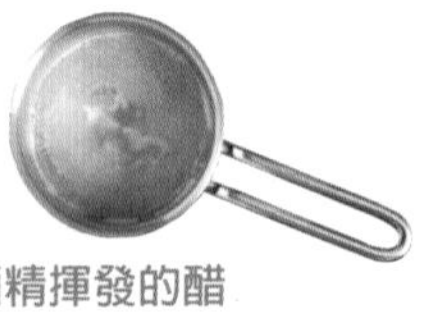

酒精揮發的醋

將醋煮沸、酒精揮發後，讓甘味濃縮的調味料。尚未決定要調味的時候可以加一滴，讓風味更加紮實。

焦香醬油

醬油加薑熬煮的調味料，炒菜或覺得少一味時可滴上一滴。熬煮的時候，每50c.c.的醬油要加1片薑。

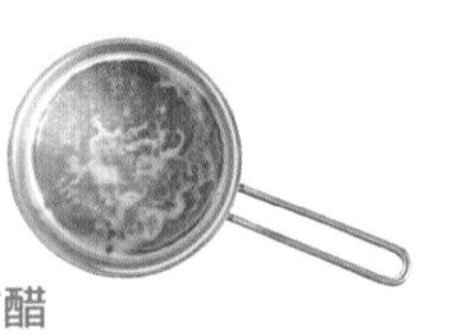

甜醋

材料倒入鍋裡，以中火煮沸讓酒精揮發，熬煮至剩下⅔的調味料。粗糖的分量可依個人喜好調整。

醋……100c.c.、味醂……100c.c.、粗糖……2大匙、鹽……⅓小匙

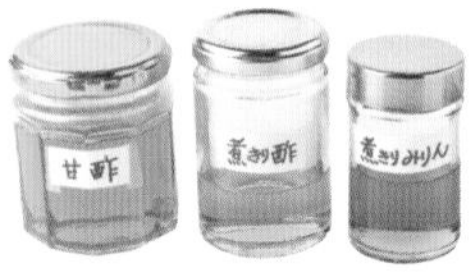

倒入煮沸殺菌的瓶子裡冷藏保存。可以長期保存至少1個月。

使用醬油的話，不要忘記放鹽。

想讓醬油的甘醇風味融入蔬菜裡，那就要靠鹽巴了。使用醬油時，千萬別忘記放一撮鹽，因為這兩種調味料可以互補彼此欠缺的甘味，讓味道更加香醇。一旦養成這個習慣，就會比較容易決定味道。

季節《9月～12月初》

盛產於秋天的蔬菜

秋天的主角，是生長在土壤裡的蔬菜與蕈菇。
透過煮、蒸、曬乾的方式，
將那股深邃的甘醇滋味提引出來，
讓人盡情享受這多彩深秋的味覺。

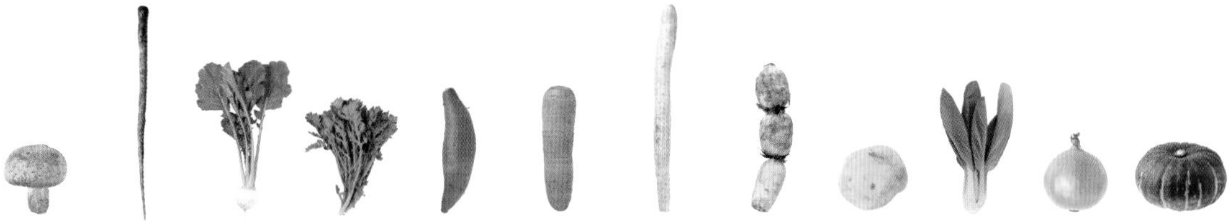

南瓜　洋蔥　青江菜　馬鈴薯　蓮藕　山藥　胡蘿蔔　甘藷　茼蒿　蕪菁　牛蒡　蕈菇

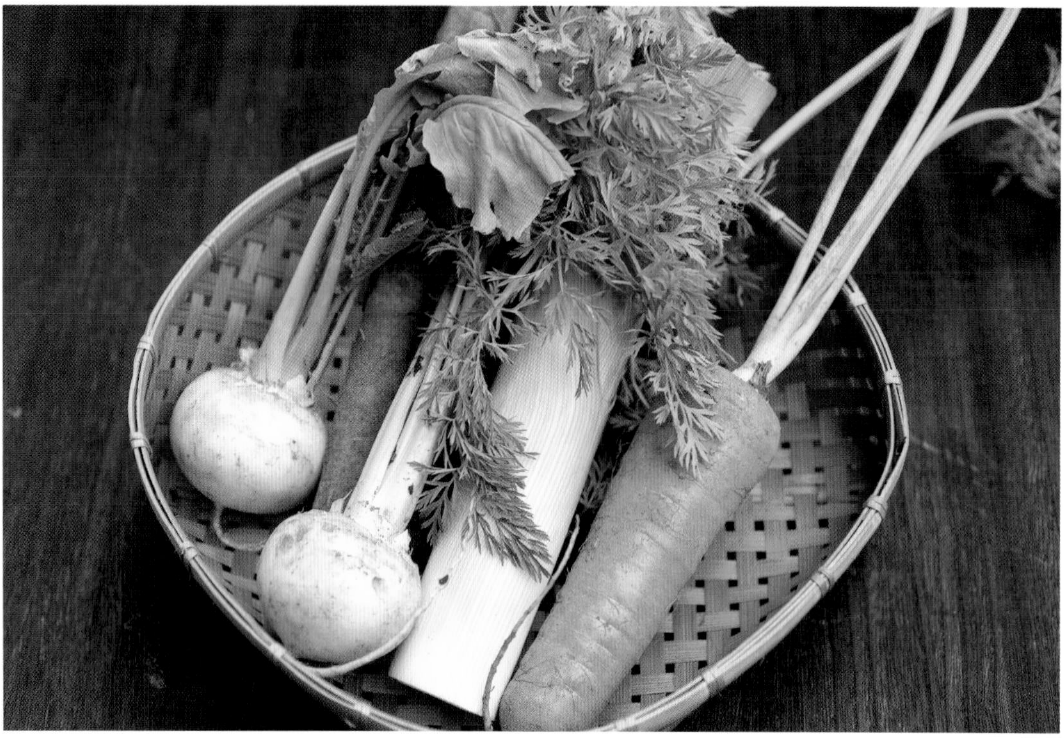

在夏季就已於大地之下蠢蠢欲動的秋季蔬菜

有人說秋日難尋其蹤影，可見秋天總是悄悄來臨。殘暑時分迎接彼岸，抬頭一看，卷雲劃過天際，遠處傳來一陣桂花香，此時才驚覺原來秋天已經到了。蔬菜的世界也是如此。嘴裡還嚷嚷著好熱、好熱，接近產季尾聲的茄子與小黃瓜明明還在餐桌上活蹦亂跳，可是怎麼一眨眼就消聲匿跡了呢？偷偷探望店家門前，蕈菇竟然已經成堆如山。坦白說，夏天還沒走，秋天早就已經躲在土壤裡了。其實鑽到地底的根莖類與芋類蔬菜正在養精蓄銳，儲藏養分，靜靜地等待出場時機呢！

不過在我經營的蔬果店裡，秋天的腳步會來得比較早。搭乘首班車到來的，是九月初來自北海道的胡蘿蔔。天眞浪漫始覺醒的橙色，是爲秋天絢爛地著色的哨音。過沒多久，同樣來自北方大地的洋蔥與馬鈴薯只要一登場，接下來其他秋季蔬菜也會陸續正式上場。山藥、地瓜、蓮藕、牛蒡，這些秋季成員統統到齊，一邊與由北往南的「紅葉前線」並行，一邊跟著產地南下，同時風味也會越來越濃郁。青江菜與茼蒿等葉菜類的葉片和葉柄散發出一股宛如秋空的清新芳香；另一方面，秋季之王蕈菇的鼎盛時期也會到來，告訴大家它們的香氣可是不輸人的喔！而且就連透過人工菌床栽種的蕈菇也會越來越香，證明蕈菇遵循了菇菌這個原始世界的秩序，安穩地在這裡頭生活。

可惜的是，這股秋天氣勢到了臘月就會告一段落。冬季期間雖然也會出現在市面上，不過它們會讓出主角這個寶座，把棒子交給冬季蔬菜。

花點時間，將蔬菜的甘甜提引出來

水分較多的夏季蔬菜可以消暑。以根莖與芋類爲主的秋季蔬菜則是一邊邁向冬季，一邊溫暖我們的身子，並且儲存養分。這些差異也展現在烹飪手法上，也就是說，如果夏季蔬菜屬於動態烹調的話，那麼秋冬蔬菜就是靜態烹調。迅速下鍋翻炒讓水分蒸發是夏季蔬菜的烹調方式；這個方式雖然也適合用來烹調正值盛產季節的秋季蔬菜，但是到了水分開始變少的產季尾聲時，就必須靠水煮或蒸的方式來補充水分，將菜心的甘味完全提引出來，這樣風味才會變得更棒。烹煮的時間就是重點！例如，芋頭這類的根莖蔬菜如果放入沸騰的熱水裡迅速燙過，甘味就會減半，就連口感也會變得乾乾的，食而無味。所以烹調時，必須以低溫慢慢地烹煮，這就是祕訣。

許多秋季蔬菜烹調的時候，大多與時間有密不可分的關係，就連「醃漬」這個調理法，也是利用時間製作的味道。只要將水煮蔬菜浸泡在醃汁裡幾個小時，味道就會整個滲入其中，和蔬菜與生俱來的風味相融。「蔬菜乾」又是另外一個來自時間的賞賜。將蔬菜排放在竹簍裡日曬，水分就會隨著時間蒸發，讓裡頭的甘甜完全凝縮起來。我們可以在前置作業進行把蔬菜曬成乾的這個步驟，甚至是將蔬菜曬至乾透兼做保存食物的方法。不管是哪種方式，都能夠擴大味覺的範圍，讓料理更有變化喔！

不要煮喔！
要用蒸的。
然後
再醃漬。
這就是內田式的
滷南瓜。

南瓜

[葫蘆科]

◎原產地

中美洲～南美洲

◎產季

9月～12月

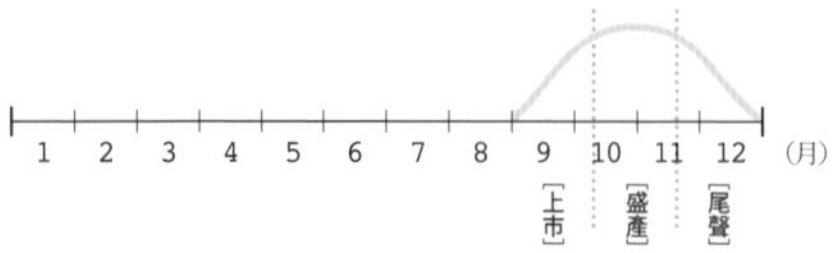

[上市] 水分多。甜味淡，味道淡泊。

[尾聲] 水分少。果肉會因爲糖化而變得紮實，但味道香甜。

◎日本主要產地

北海道、茨城

◎臺灣主要產季和產地

3月～10月

屏東、嘉義、花蓮、臺東

在那堅硬的果皮底下
醞釀著一股
不爲人知的好滋味。

南瓜與滋養有關的傳言不勝枚舉，像是只要在冬至這天吃南瓜就不會感冒。小時候，家人就曾告訴我，南瓜是冬天恢復精神之本，因此我從小就常吃與紅豆一起煮的「南瓜紅豆湯」。光是那股香甜的滋味，就足以讓人身心都暖和起來。南瓜會在夏天進入尾聲時收成，儲藏一至二個月，當季節步入深秋之際即可上市。裡頭的澱粉質會因爲糖化而變得香甜，果肉也會因爲水分蒸發而變得紮實，也就是處於熟透的狀態。要看南瓜是否成熟，就從聲音來判斷。用手指輕彈南瓜，如果發出咚咚的沉重聲響時，就代表品嘗的時刻快到了。

不過產季的南瓜也有不同的享用樂趣。其實正值產季的南瓜，上下半部的味道可是截然不同喔。南瓜的下半部在成長過程當中，因爲細胞比較年輕，所以水分多，也較苦澀，但是口感輕脆。上半部因爲發育得比較完全，可以品嘗到接近成熟的風味。不相信的話，九月的時候，買顆南瓜從中間橫切，炸過之後嚐嚐看上下這兩個部分的味道。我敢保證，南瓜的下半部風味一定會勝出。

解體

與條紋圖案反向，從正中央橫切一刀。盛產期的南瓜上半部與下半部風味可是截然不同。

首先是解體

買下一整顆南瓜自行分切的時候，剛上市與產季尾聲的切法不同。南瓜剛上市的時候，要從正中央切成上下兩個部分。上半部（有瓜梗的部分）的果肉雖然已經完全成長，不過下半部卻還在成長當中，因此果肉較嫩，水分也較多。產季尾聲（成熟期）的南瓜，上下部分已經沒有差異，因此切的時候順著條紋圖案會比較容易下刀。

上（上市期） 特徵◎有瓜梗的部分。果肉組織發育完全，果皮厚，口感紮實香甜。水分比較少。

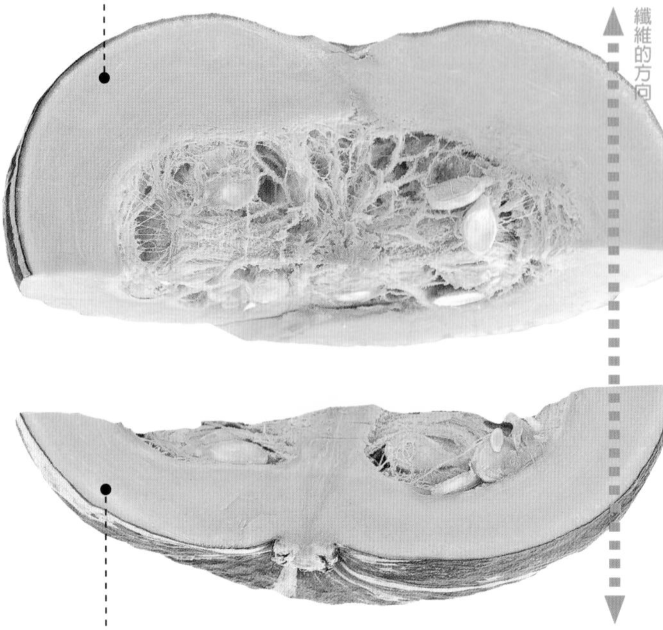

下（上市期） 特徵◎因爲還在成長，所以果肉組織較嫩，果皮較薄，水分多。風味爽口淡泊，口感輕脆。

整體 果囊與種子周圍的果肉較甜。果皮部分雖然有雜味，不過只要加熱就會變甜。想要煮出顏色漂亮的南瓜湯時，記得要將果皮切除。

保存

如果是整顆南瓜，放在陰涼處可以保存2～3個月。切開之後去除種子與果囊，用報紙或餐巾紙包起來放入冰箱裡保存。做成南瓜泥，可以裝入冷凍專用的保存袋冷凍保存。

◎如何挑選◎

1 沉重，整顆南瓜看起來十分飽滿。

2 瓜梗位在正中央，而且不會過大（約10元硬幣大小），或看起來十分乾癟。

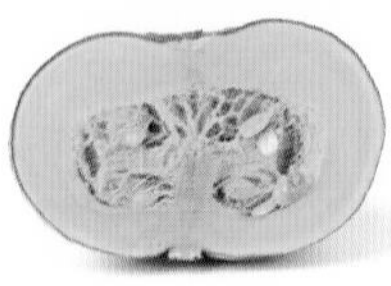

3 如果是剖開來賣的南瓜，則要挑選果肉厚實、果囊多、種子肥大的南瓜。

解體的流程

簡單地切除瓜梗

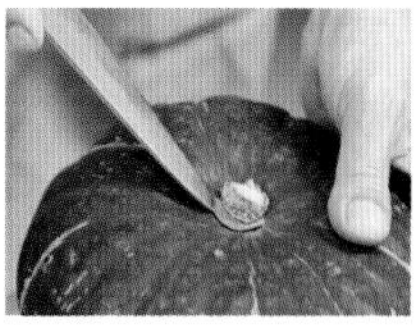

1 切除瓜梗

按住南瓜，立起刀刃，從瓜梗處深深切入，沿著瓜梗繞一圈將其挖出。

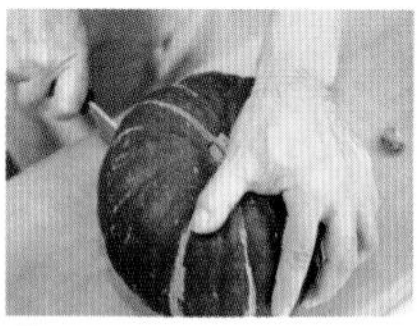

2 縱切成半

從瓜梗處順著條紋切下，這樣就不會切到種子。南瓜轉到對向，另外一邊切法相同。

3 上下分切

從中間的果囊部分切的話會比較容易下刀。南瓜轉到對向，另外一邊切法相同。

4 去除籽與囊

用湯匙挖出果囊與種子。瓜梗繞一圈將其挖出。

《削去稜角》

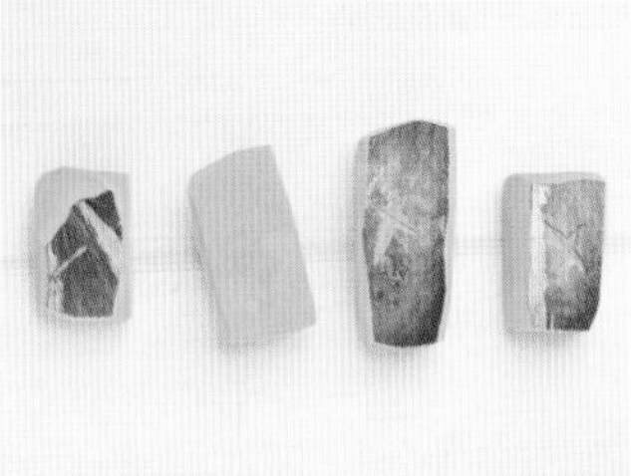

配合要烹調的料理切成適當大小。南瓜的果皮較厚，因此可以先在果皮刻上十字刀痕，讓果肉更快煮熟；將稜角削掉，以免果肉煮散。

料理◎滷菜

《切成大塊》

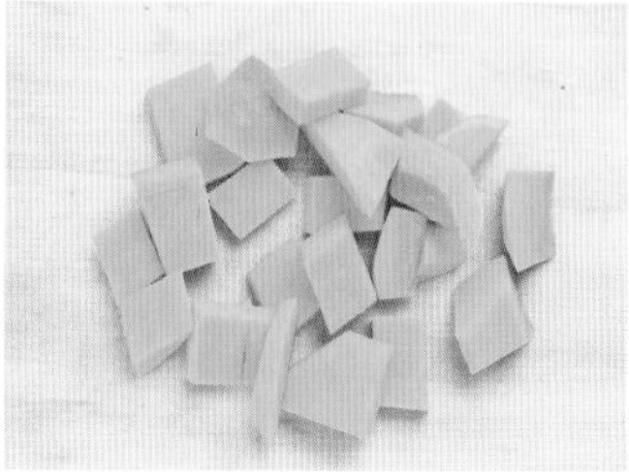

煮熟之後搗成泥，或要將果肉煮散前先削好皮，再把果肉切成小塊。果肉大小盡量一致，以免加熱不均勻。

料理◎沙拉／湯品／蔬菜泥

《切成薄片》

不先經過水煮，直接用生南瓜烹調時，就要切得非常薄。可用來烹調需要利用澱粉質黏性（黏和材料的特性）的料理。

料理◎國王烘餅／炒

《切成片狀》

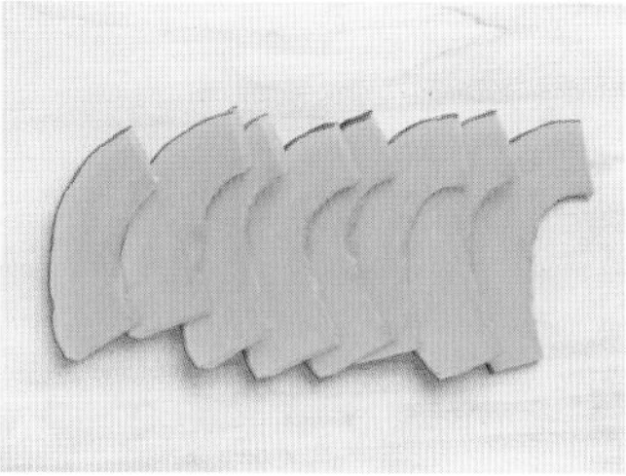

順著條紋圖案的方向（沿著纖維）切成片，口感會更加豐富。如果與條紋圖案呈反方向（切斷纖維）切成片，口感會比較柔嫩。

料理◎炸天婦羅／清炸／煙燻

《削皮》

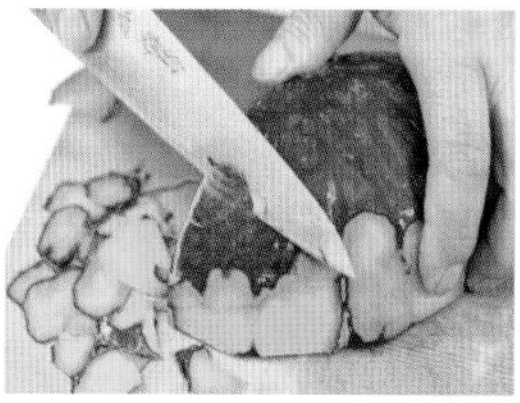

1 南瓜切成¼大，切面朝下，從邊緣開始削皮。訣竅就是一點一點慢慢削。

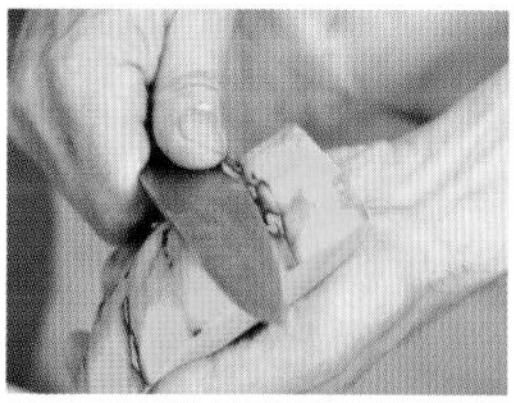

2 果皮大致削去後，將南瓜拿在手上，把剩下的果皮削乾淨。要用南瓜煮湯或做成泥狀時最好不要有果皮，否則顏色與味道都會變差。

烹調技術

加熱方式不同，甜味與口感也會不一樣。剛上市的南瓜上下兩個部分要選擇相異的烹調方式。

基本烹調方式

1 以較低的溫度慢慢加熱，將甜味完全提引出來。

2 想要把果肉煮散的話，就要好好熬煮。千萬不要煮得半生不熟。

切法

果皮與果囊的處理方式會影響風味

沿著條紋圖案縱切，可以保留纖維，口感較硬；如果與條紋圖案的方向垂直切下，會把纖維切斷，口感會比較軟。將果皮的邊緣削圓並在果皮上劃入刀痕，如此一來煮好的南瓜會變得比較漂亮。

《削圓》

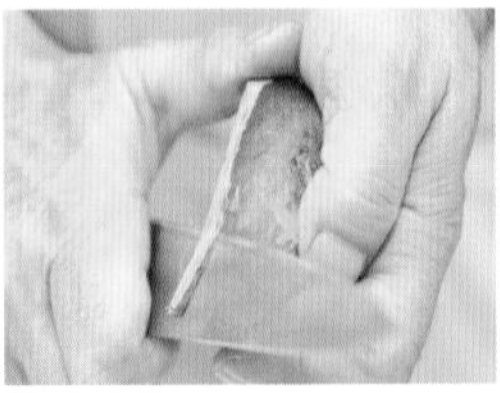

削圓後果肉比較不易煮散。只要將切口的邊緣削掉，去除邊角就可以了。用手夾緊果肉，慢慢地將邊角削圓。

《劃入刀痕》

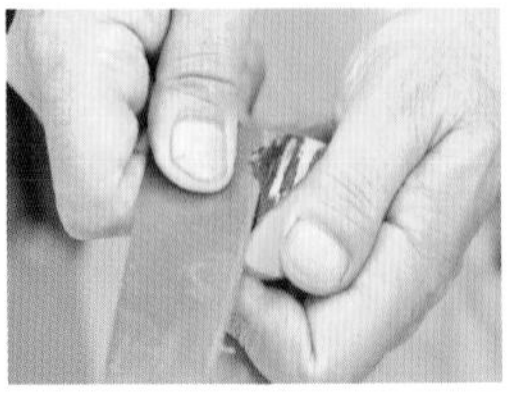

用刀頭在果皮劃上十字就可以了，這樣才會容易煮熟，也較好入味。

《刮除果囊》

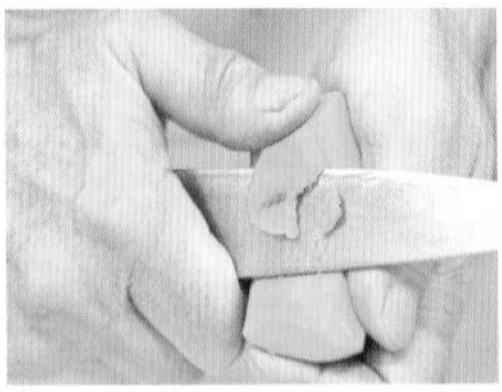

果囊有時會釋出苦味。削得乾淨一點，果肉不但較不易煮散，煮好的南瓜也會比較漂亮。

《削成薄片》

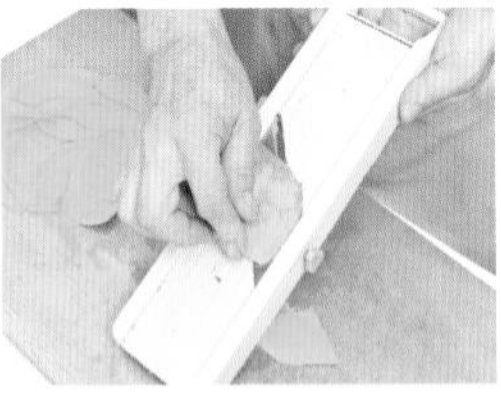

去皮之後切成容易處理的大小，再用切片器削成薄片。順著纖維削，口感紮實，反向削則口感柔順。用來煮國王烘餅或炒菜時要將纖維切斷。

加熱

用蒸的方式來取代水煮，甜味不但不會流失，外觀也會更加美麗。

讓南瓜裡的澱粉質慢慢糖化，將甜味提引出來。水煮的方式是先放入水中，以80℃的低溫煮至沸騰。已經切好的南瓜就用蒸的。

1 煎

用小火慢慢煎

《南瓜國王烘餅》

1 倒入1大匙的橄欖油，將切成2mm厚的南瓜片以兩端交相重疊的方式擺放。撒上1撮鹽，讓南瓜釋出水分，這樣會比較容易黏在一起。

2 煎的時候用鍋鏟壓住南瓜。南瓜如果水分不多，就蓋上鍋蓋，用小火蒸煮。

3 當南瓜片都黏在一起並且煎出色澤時，就翻面用大火煎熟。

2 炸

剛上市的南瓜適合清炸。只要放入170℃的油鍋裡稍微炸過就可以了。

剛上市的南瓜水分多（下半部），非常適合油炸。炸的過程，如果油的氣泡變小，就表示南瓜已經炸熟了。

3 蒸

蒸的時候果皮朝下，這樣果肉就不會散掉了。

1 先將南瓜過水，當蒸籠充滿水蒸氣時，放入蒸籠、果皮朝下擺放。已經切好的南瓜，也是如此。

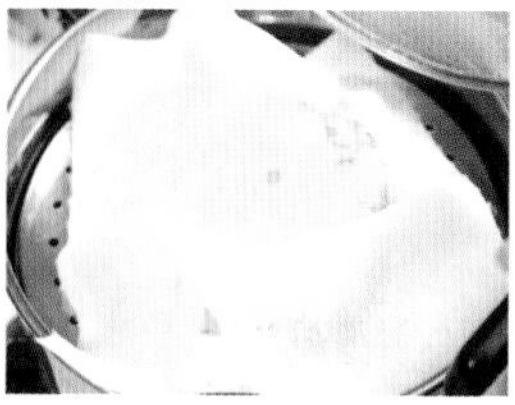

2 蓋上鍋蓋。最好在南瓜上面蓋上一層紙巾，如此一來，果肉就不會因為水蒸氣的水滴而遭到破損。

3 竹籤如果可以一下子刺穿果肉，就代表已經蒸熟了。基本上蒸20分鐘就足夠，但還是要視產季而定。

內田流 綻放南瓜的魅力

◎蒸過後再醃會更美

滷南瓜這道菜看似簡單，其實並不容易。如果不是非常在意外觀，最好的方式就是留下果囊，直接將生的南瓜丟入滷汁裡滷煮。果肉雖然會煮散，可是已經煮得軟爛的果囊卻可以黏在果肉上，味道既樸實又美味。如果想要把南瓜煮得美美的，那就要用「蒸浸」這個方式了。將剛蒸熟、還熱騰騰的南瓜倒入口味略濃的醃汁裡泡漬30分鐘，這樣味道就會慢慢地滲入果肉裡，口感鬆軟柔嫩，而且外觀紮實美麗。其實只要習慣了，這個方法反而會比較簡單，大家不妨試試看。

《蒸漬南瓜》

材料［4人份］

南瓜……½個（上半部）、洋蔥……½個、鴻喜菇……½包、油菜……適量、鹽（前置作業用）……少許、醃汁［乾香菇高湯（第22頁）……50c.c.、薑片……1片、醬油&味醂……各1大匙、鹽……1撮］

1 用湯匙將種子與果囊刮除，切成容易食用的大小後，再將邊角削圓，並在果皮上劃入刀痕。洋蔥縱切成⅛等分的薄片，鴻喜菇撕成小朵，油菜汆燙後切成容易食用的大小。

2 將醃汁的材料（除了薑片）倒入鍋裡，略為煮沸之後放入薑片。

3 依序將洋蔥、鴻喜菇、沾水的南瓜疊放在已經冒出水蒸氣的蒸籠裡蒸煮。

4 步驟3的材料與油菜放入2的醃汁裡泡漬至少30分鐘，如果能夠醃漬一晚，會更入味。醃汁會散發出一股蔬菜的風味，用來當做蓋飯類醬汁，滋味會更棒。

南瓜的品種

鬆軟、爽口 滋味千變萬化

黑皮栗南瓜

西洋南瓜的代表品種。口感類似芋頭，肉質鬆軟，滋味香甜。烹調範圍非常廣泛，可用來滷煮或做成湯品。

黑皮南瓜

日本具代表性的南瓜。澱粉質較少，水分多，甜味較淡。果肉不易煮散，適合與其他蔬菜一起蒸煮，或做成天婦羅等日本料理。

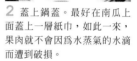

奶油瓜

特色是葫蘆外形與奶油色果皮。纖維質雖多，但是果肉柔軟，甜味爽口不膩，適合烹調成濃湯或燒烤等西式料理。

湯

讓南瓜的香甜整個濃縮

南瓜只要加熱，味道就會變得更加可口香甜，其中最典型的一道菜，就是南瓜濃湯。使用西洋南瓜，味道會十分濃郁，如果是用口味淡薄的奶油瓜，風味就會變得十分高雅。

《南瓜濃湯》

材料［4人份］

南瓜（使用奶油瓜更理想）……約450g、胡蘿蔔……80g、洋蔥……100g、芹菜……15g、大蒜……1片、橄欖油……2大匙、水……適量、鹽……適量，如有月桂葉與肉豆蔻則可加入。

※蔬菜切成適當大小。

※奶油瓜風味比較淡泊，因此香味蔬菜要多放一些。

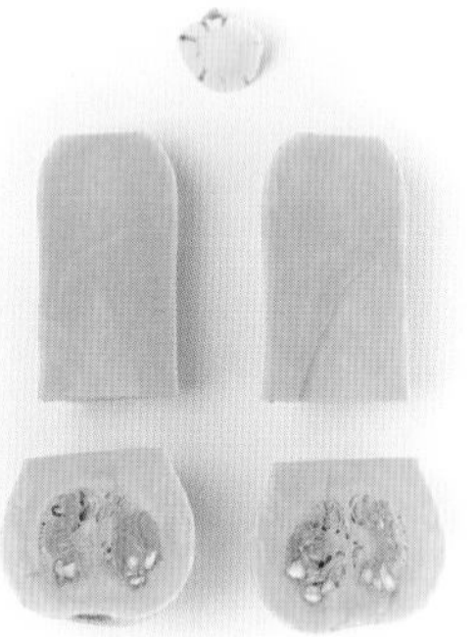

1 切塊

從上往下切開後再縱切成半。

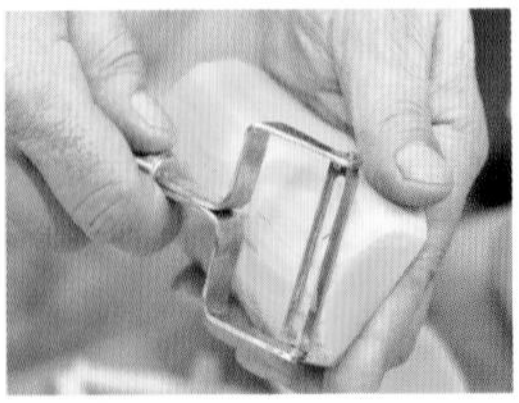

2 削皮

切成容易拿握的大小，削下一層厚厚的皮之後，再刮除種子與果囊。

3 切成小塊

切成小塊，風味會比較容易釋出。大小盡量一致。

4 下鍋翻炒

橄欖油與大蒜倒入平底鍋裡，熱鍋後依序加入洋蔥、胡蘿蔔、芹菜與南瓜翻炒。

5 燉煮

將材料倒入湯鍋裡，加入剛好可以蓋過材料的水以及月桂葉，撒入鹽巴燉煮10分鐘，直到材料煮軟爲止。

6 攪拌

稍微冷卻後倒入食物處理機或果汁機裡攪打，再倒入鍋裡溫熱，撒上鹽與胡椒即可。

製作可樂餅的訣竅

蒸煮過後趁熱搗成泥

想要做出口感鬆軟的可樂餅，就要挑選水分較少的南瓜，不需經過水煮，利用蒸煮的方式煮熟後，趁熱搗成泥。冷卻之後再塑整成形，這樣做出來的可樂餅比較不容易鬆散。

1 削皮之後蒸熟

如果想要善用果皮的那股澀味，可以帶皮蒸煮。倒入剛好可以蓋住材料的水。水量若是太多，南瓜會變得水水的。

2 搗碎

南瓜煮軟，水分蒸發後，趁熱在鍋裡大致搗碎，因爲南瓜變涼的話，口感會變得乾巴巴的。

3 與其他配料混合

趁南瓜還沒變涼時，加入已經調好味道的配料，混合兩者，使南瓜入味。

4 塑整成形

冷卻後將南瓜泥捏成一團，把南瓜泥裡的空氣擠出來塑整成形，這樣做出來的可樂餅比較不容易鬆散。

烹調的訣竅

提到風味，剛上市的南瓜如果用煙燻的方式，可以釋出適量的水分，而且味道會更加香醇，非常適合配啤酒。當然，拿來醃漬也不錯。南瓜切絲之後撒鹽搓揉，拌上昆布醃漬一晚即可。到了甜味倍增的成熟期，千萬不要錯過南瓜咖哩，因爲咖哩的甜味與辣味會讓南瓜釋放出獨特的絕妙好滋味！

咖哩的風味搭配蕈菇的甘甜

滿足的程度不輸鮮肉可樂餅

南瓜可樂餅

《時期：盛產～尾聲》

材料[4人份]

南瓜……½個（上半部）

洋蔥……¼個

蘑菇……4朵

鹽……2撮

胡椒……⅓小匙

綜合香料……2小匙

麵衣

麵粉（用水調勻）……適量

麵包粉……適量

沙拉油或油炸用油……各適量

1 南瓜削皮，切成適當大小。洋蔥切成碎末。蘑菇切除蒂頭後縱切成薄片。

2 沙拉油倒入平底鍋裡，熱好油後加入洋蔥，炒至透明時再加入蘑菇繼續翻炒。接著撒上綜合香料、鹽1撮、水1大匙調味。

3 南瓜放入鍋裡，倒入剛好可以蓋過材料的水蒸煮，變軟後直接在鍋裡搗碎。撒上1撮鹽與胡椒攪拌。

4 將**2**倒入**3**裡混合、冷卻。

5 將**4**捏成圓筒狀，撒上麵粉（分量外），拍落多餘的粉之後，沾上用水調開的麵粉水，撒上麵包粉。

6 將油加熱至170℃，把**5**放入鍋裡油炸即可。

重點☞ 配料與南瓜都必須趁熱混合攪拌。

※綜合香料／以小茴香為主，加入適量的薑黃與芫荽混合。

稍微蒸煮

清淡爽口的配菜

南瓜胡蘿蔔與洋蔥千層漬

《時期：上市》

材料[4人份]

南瓜（下半部）……⅛個

胡蘿蔔（切成長條狀）……5片

洋蔥（切成圓形片）……¼個

鴻喜菇……½包

鹽……1撮

蔬菜高湯（第18頁）或水與酒……各50c.c.

綜合醋汁

昆布高湯（第22頁）、醬油、酒、醋……各1大匙

1 南瓜切成5㎜厚的薄片。鴻喜菇切除菇根後撕成小朵，太大朵縱切成半。

2 依序將胡蘿蔔、洋蔥與南瓜放入鍋身較厚的鍋子或平底鍋裡，將鴻喜菇排放在周圍。

3 淋上蔬菜高湯或水與酒，撒上鹽，蓋上鍋蓋，以中火～小火蒸煮10分鐘，直到煮軟爲止。

4 盛入容器裡，淋上綜合醋汁即可品嘗。

重點☞ 將鴻喜菇放在鍋子周圍，讓所有材料都充滿甘甜滋味。

洋蔥炒成焦糖色之後，變化會更加豐富喔！

洋蔥［蔥科］

洋蔥的內外風味大相徑庭。

初秋上市的北海道洋蔥，風味格外鮮甜！這可不是我出身於北海道才這麼說。知名產地——南空知地區所產的洋蔥，風味爽口，甘醇濃郁，加熱後滋味更是絕佳。洋蔥適合栽種在日照時間長、氣候涼爽的地方。不過只要當地的土壤合適，也能夠種出風味絕倫的洋蔥。

世界各地的人之所以如此重視洋蔥，不光是它產量多與儲藏性佳，另外一個原因，就是使用方便。因爲那顆球體裡的每一層蔥肉都隱藏著不同的風味；外層辛辣味刺激，但越往內層風味越甜。將這些部分區分使用，透過加熱的方式讓風味產生變化，正是洋蔥的醍醐味。外層用炒的，內層拿來燉煮，中間的球心就算清炸也能成爲一道佳餚，而搖身變成調味料的新鮮風味更是讓人讚嘆不已！洋蔥只要一炒，果肉就會變爲透明；再繼續炒的話，就會變成黃色、焦糖色，甚至是咖啡色，慢慢釋出甘甜滋味與湯汁。如果炒成像焦糖洋蔥（右頁照片）的顏色，就能拓展菜色，進一步做成湯品、醬料，甚至是三杯醋。洋蔥這種蔬菜，眞的是面貌豐富啊！

◎原產地

中亞

◎產季

9月～11月

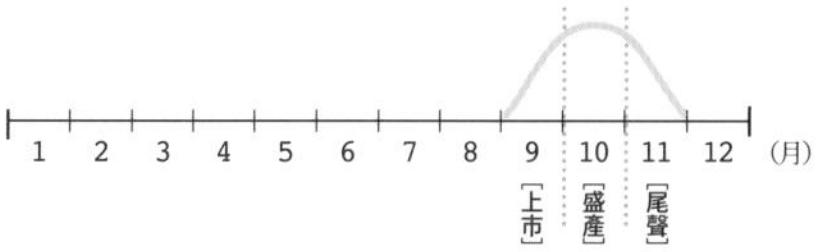

[上市] 水分多，味辛辣。

[尾聲] 水分少，味甘甜。

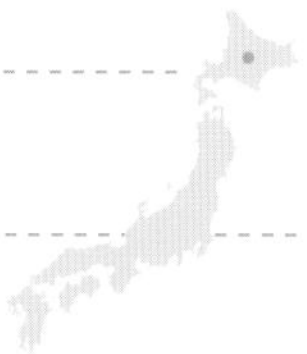

◎日本主要產地

北海道

◎臺灣主要產季和產地

12月～4月

中南部，尤以屏東的恆春與車城爲主

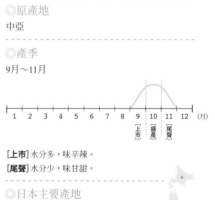

解體

基本上要分成內外兩側，善加利用外側的辛味與內側的甜味。

首先是解體

以從外側數來的第3層爲基準，分爲外側與內側。切法依料理而異，洋蔥初上市的季節，容易釋出澀味，因此要順著纖維縱切；到了纖維變粗的產季尾聲，就要橫切將纖維切斷。不管採用哪種切法，都可以把洋蔥分爲外側與內側。

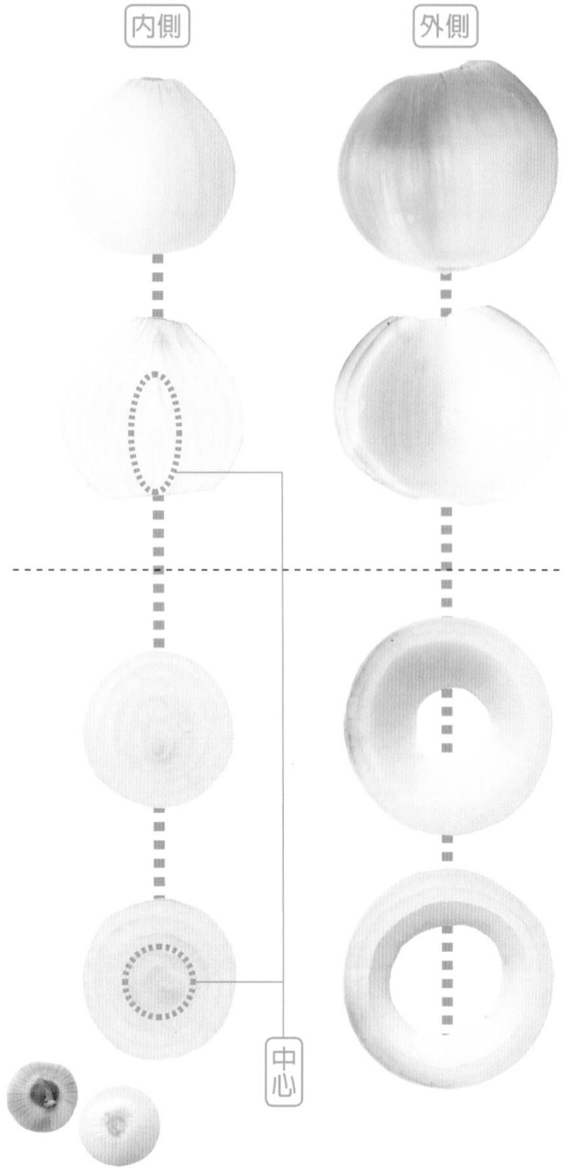

《上市・縱切切成兩半》

這個時候的洋蔥纖維細膩，容易釋出澀味，因此要順著纖維縱切，並且分爲外側與內側。

《尾聲・以圓形切法切成兩半》

這個時候的洋蔥纖維粗硬，不容易釋出澀味，因此要利用圓形切法將纖維切斷。外側可以用來做洋蔥圈。

◎如何挑選◎

1 外形圓滾，肉質堅硬且紮實。

2 表皮充分乾燥、紋路多。

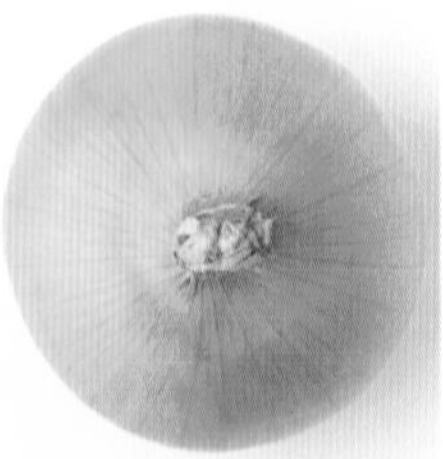

3 表皮頂部充分乾燥。

4 外側的蔥肉顏色越綠，代表這顆洋蔥越嫩，味道也就越辛辣。

《碎末切法》

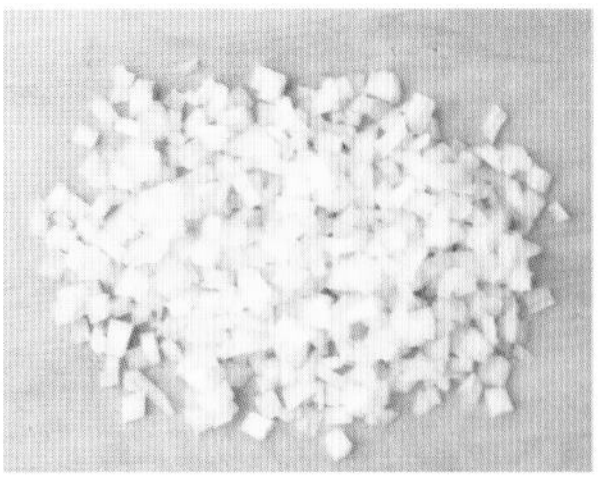

特徵◎將纖維切斷，讓洋蔥裡的酵素分解，可釋出辛辣味。
料理◎炒／沙拉淋醬／焦糖洋蔥

《半月形切法》

特徵◎慢慢加熱可以釋出甜味，存在感強烈，相當迷人。
料理◎燉／煮

《圓形切法》

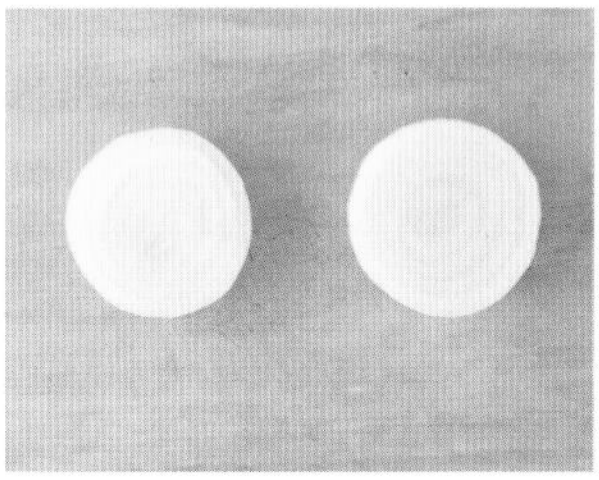

特徵◎可以細細品嘗到接近產季尾聲、甘甜多汁的洋蔥。
料理◎洋蔥排

《滾刀切法》

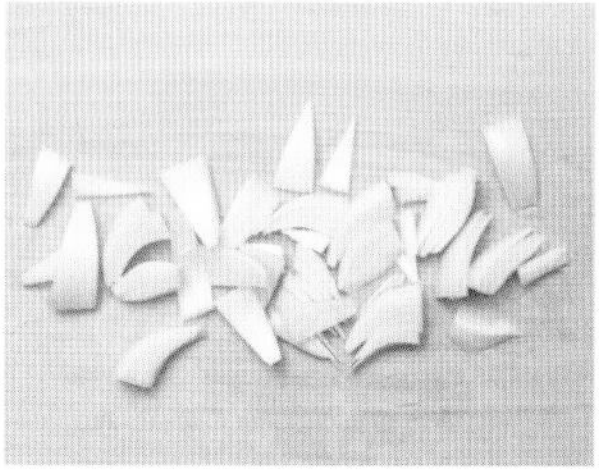

特徵◎將纖維切斷，這樣會更容易煮熟。適合外側果肉的切法。
料理◎炒／燉／煮

《圓形切法－洋蔥圈》

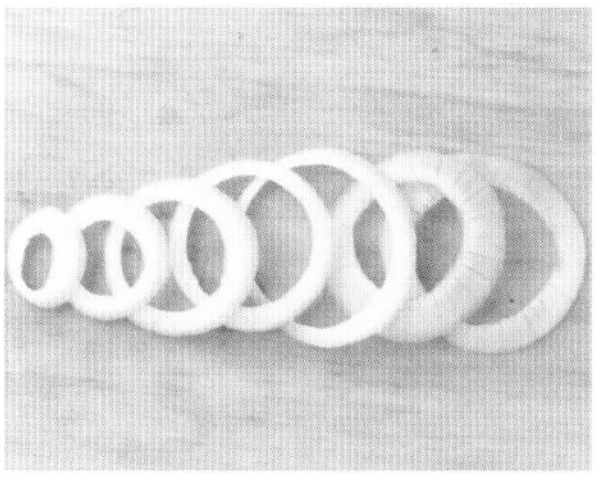

特徵◎將圓形切片拆成圈狀，享受有趣的外形與充分加熱後所帶來的香甜滋味。
料理◎炸／煎煮

《絲狀切法》

特徵◎沿著纖維切，比較不容易釋出辛辣味。如果想要直接生食，最好挑選剛上市的洋蔥。
料理◎沙拉／炒

外側

特徵◎最先成長的部位，纖維較為粗硬。風味辛辣，散發出一股濃厚又特殊的洋蔥香，可是只要一加熱，就會轉變成甜味。
料理◎炒／炸／沙拉淋醬

內側

特徵◎還在成長的部位，纖維較為細嫩。水分多，甜味勝過辛辣味。
料理◎洋蔥排／沙拉／醃漬物

中心

特徵◎肉質清甜。只要一加熱，就會格外甘甜。尚未烹調的中心部分如果散發出一股土腥味，有可能是栽種的過程中使用過量的肥料或農藥所造成。
料理◎炸／沙拉

解體方式

《圓形切片的時候》

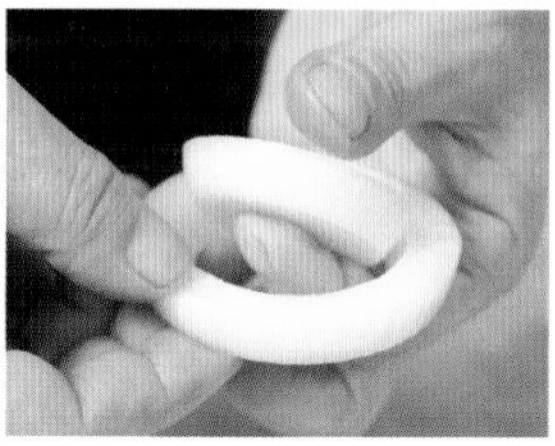

切成圓形切片，從外側剝下3圈果肉。

《縱切的時候》

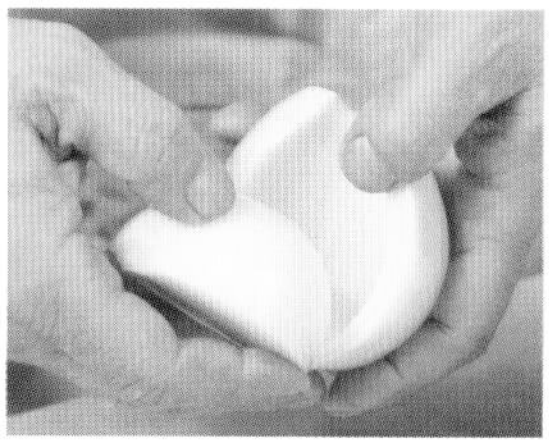

切成一半，從外側剝下3片果肉。

保存

放在太陽曬不到的地方可以保存數個月，但是保存的地方若是濕氣重，就會非常容易發芽。已經冒出芽的洋蔥，只要將中心部挖除就可以吃了。

烹調技術

可以辛辣，
也可以香甜。
只要善用洋蔥的特性，
就能讓它從主餐到配菜，
甚至是做成調味料。

基本烹調方式

1 以切法來區分使用辛辣味與甘甜味。
2 用小火加熱，釋出甜味。
3 當做香味蔬菜來釋出風味。

切法

**不要破壞纖維，
就能夠抑制那股刺鼻味。**

洋蔥的辛辣味以及讓人淚流不止的刺鼻味來自細胞內的二烯丙基二硫化物。只要不破壞細胞，順著纖維線條切，就能避免那股刺鼻味產生。

《半月形切法》

大小要切得一樣，這樣受熱才會均勻。以拉切的方式用刀刃切開。

《絲狀切法》

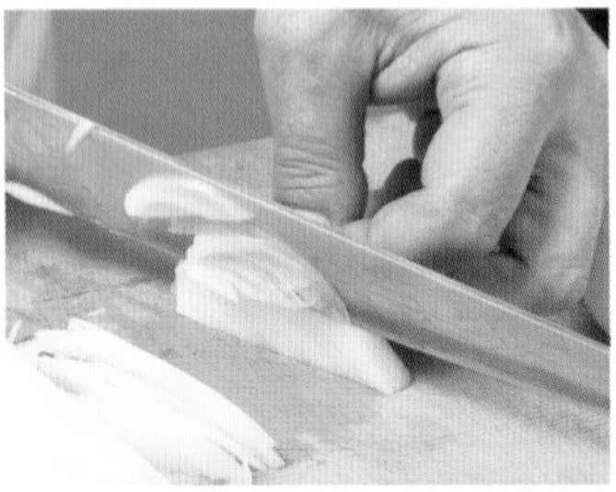

沿著纖維將線條切開，這樣就不會聞到刺鼻味或辛辣味，並且等距將洋蔥切成絲。切的時候菜刀往前推，以滑動的方式切即可。

《去心》

頂部的心是異味與澀味的根源。切成一半之後再將這個部分切除。

亦可將刀刃立起，以轉動洋蔥的方式將頂部的心挖除。

《圓形、圈狀切法》

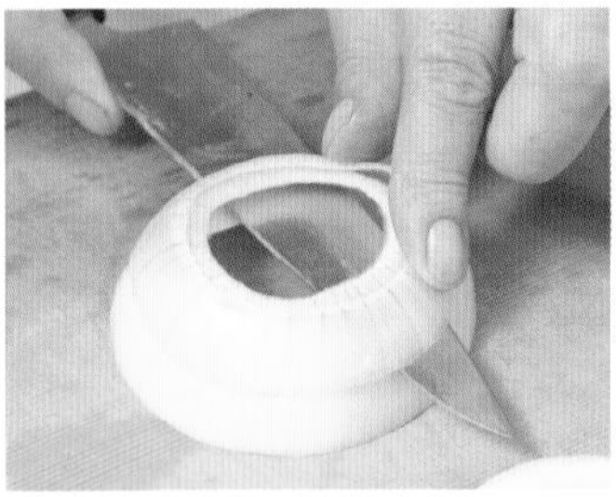

先將洋蔥橫切成半，再水平移動菜刀。

《碎末切法》

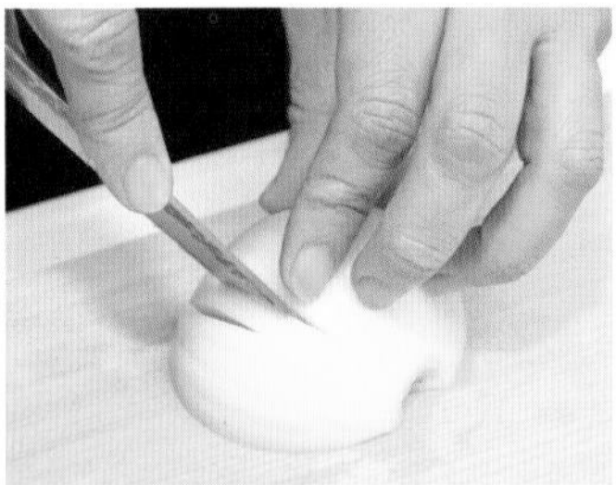

1 縱切成半，沿著纖維線條劃出間隔爲3～5 mm的切痕。

2 從頂端開始切，這樣洋蔥不但不會切散，大小也會一致。

事前處理

風味高雅與否，取決於澀味與辛辣味的處理。

切洋蔥時所產生的二烯丙基二硫化物會演變成辛辣味與澀味，但是只要事先經過「泡水」、「接觸空氣」、「撒鹽」這三個步驟，就能夠減緩這兩種味道，讓風味更加清爽高雅。

《泡水》

切成細絲的洋蔥非常容易釋出澀味，因此必須浸泡於水中約10分鐘，再用篩網撈起。

《晾乾》

將洋蔥整個攤開來，內側朝上擺放晾乾。只要接觸空氣1個小時，洋蔥的辛辣味就會完全散去。

《撒鹽》

1 翻面撒鹽。從表皮開始撒，鹽分較不會滲入纖維裡。

2 輕輕地將鹽撒在切面上，可以有效去除澀味，同時還可以預先調味。

洋蔥的品種

辛辣味與甘甜味略有差異

洋蔥含有豐富的糖分，生命力旺盛，連古埃及人也視它爲補充精力的食材。或許是這個原因，洋蔥直至今日依舊保留著原有的姿態，同時還分化出不少繽紛多彩的品種。除了主流的黃洋蔥，還有紅洋蔥、白洋蔥，以及尺寸較小的小洋蔥，烹調時可以依品種的不同來使用。

黃洋蔥
日本具代表性的品種。用途非常廣泛，可以熱炒，甚至是當做調味料的基本材料。

小洋蔥
將一般的洋蔥以密集的方式栽種、使其小型化的品種。可以整顆拿來燉煮，或是搭配肉類料理的配菜。

白洋蔥
富有透明感的白色，水分含量多。辛辣味淡，風味清爽。可做成沙拉或涼拌菜直接生食。

紅洋蔥
呈鮮豔的紫紅色，水分較多，滋味香甜。澀味與刺鼻味較淡，適合做成洋蔥片、沙拉或醋拌菜。

加熱

用小火慢慢釋出甜味

洋蔥的辛辣味只要一加熱，就會變成甜味。想要釋出這股香甜，就必須用小火慢慢烹調。如果要善加利用洋蔥輕脆的口感，那就讓油沾滿洋蔥，用大火一口氣翻炒。

1 炒

先讓所有洋蔥沾上油

先讓洋蔥都沾到油，這樣翻炒時就不會出水。

洋蔥切得大小一致也是訣竅之一。從表皮部分開始炒，水分比較不會流失。

2 煎 沾上一層麵粉，封住甜味

1 開始時先用大火

沾上一層麵粉再用大火煎，這樣水分就不會流失，而且還可以留住甜味。當兩面都煎出顏色的時候，就蓋上鍋蓋，以中火乾蒸。

2 最後起鍋前用大火

要起鍋之前，將水（高湯或酒）倒入並轉大火，利用蒸氣把洋蔥煎熟。

3 過熱水 用熱水汆燙數秒

做成涼拌菜時，洋蔥用熱水汆燙數秒，這樣就可以去除澀味與辛辣味了。

4 炸 用170℃的油鍋就不會失敗了

《炸》

將洋蔥放入170℃的油鍋裡，等待沉在鍋底的洋蔥浮上來。在炸的過程當中用菜筷撈起，使其接觸空氣，這樣炸出來的洋蔥表面就會變得十分酥脆。

炸洋蔥圈蓋飯

材料［4人份］

洋蔥……2個（外側）、香菇……4朵、鹽……少許、麵衣［麵粉、水、麵包粉……各適量］、油炸用油……適量、蓋飯用淋醬［醬油、味醂……以1：1的比例調和，適量］

1 洋蔥切成圓形切片後，將外側果肉剝成圈狀。香菇的正中央刻上星形刀痕。兩種材料均撒上鹽。

2 洋蔥沾上一層麵粉，裹上一層用水調和的濃稠麵衣，再放入麵包粉裡沾裹。

3 油鍋熱至170℃，放入2與香菇油炸。

※做成蓋飯時，先將材料放在飯上，最後再淋上醬汁。

用麵粉與水調製麵衣時，只要調出麵糊會滴落的濃度就可以了。

如何運用洋蔥的香辣風味調製調味料

洋蔥不只是熬煮蔬菜高湯或烹調燉煮菜時，不可或缺的香味蔬菜，生的洋蔥還可以製作成沙拉淋醬；加熱後還能做成焦糖洋蔥等可保存的調味料。只要掌握這些技巧，烹飪的內容也會跟著擴大喔！

1 洋蔥沙拉淋醬 善用生洋蔥的辛辣味

將洋蔥切成碎末，充分利用其所散發的辛辣味。稍微改變調味方式，就可以創造出鮮美的沙拉淋醬，所以只要好好掌握基本技巧，就能夠擴展應用範圍。想要去除苦澀味，釋放出高雅的風味，訣竅就是讓洋蔥先泡水，之後再把水分擰乾。

這種碎末狀的洋蔥可以製作成中西日式口味的沙拉淋醬，還有調味料的基本配料。

使用範例◎生醃魚肉的沙拉淋醬／漢堡的配料

2 焦糖洋蔥

可以做成醬汁，也可以做成湯品的萬能調味料。

事先做好存放著，需要時就可以派上用場的珍貴材料就是焦糖洋蔥。慢慢地把洋蔥炒成焦糖色，讓風味變得更加香甜濃稠，這樣就可以當做調味料，廣泛運用在各種料理上，例如做成洋蔥泥、做爲湯底或醋拌菜的基本配料，甚至搭配著炒菜。內田式的烹調方式是不加一滴油，直接加水翻炒。炒的時候要挑選鍋身較厚，或是氟樹脂加工的平底鍋。

照片中是縱切成薄片炒好的焦糖洋蔥。當做果醬塗抹在麵包上，滋味可是美味萬分。

1 用小火開始炒

將洋蔥碎末放入平底鍋裡以小火翻炒。切成碎末的大小要一致，這樣才能炒得均勻。

2 加水

炒出顏色後將水倒入，火力稍微開大，一邊讓水分蒸發一邊翻炒。湯汁如果煮乾了，就倒入適量的水。

3 集中在正中央

翻炒時，洋蔥碎末如果在鍋邊會很容易焦掉。所以集中在正中央翻炒較不會燒焦。

4 用大火讓水分蒸發

當洋蔥變成焦糖色，洋蔥的異味消失後，轉大火一口氣攪拌至水分完全蒸發爲止。

5 將黏在鍋緣的洋蔥刮下來

最後沿著鍋緣倒入少許水，把黏在鍋緣上的洋蔥刮下來。

6 大功告成

炒好的洋蔥色澤鮮豔，氣味香甜。

冷藏可以保存一週。裝入冷凍用保存袋可以長期保存。用途廣泛，可以拿來煮咖哩、洋蔥湯、增添沙拉淋醬的甘甜風味，甚至當做配菜。

《洋蔥沙拉淋醬的基本形》

1 撒鹽

輕輕撒些鹽在洋蔥碎末上。只要經過2～3分鐘水分就會釋出。

2 泡水

泡水10分鐘，釋出苦味與澀味。

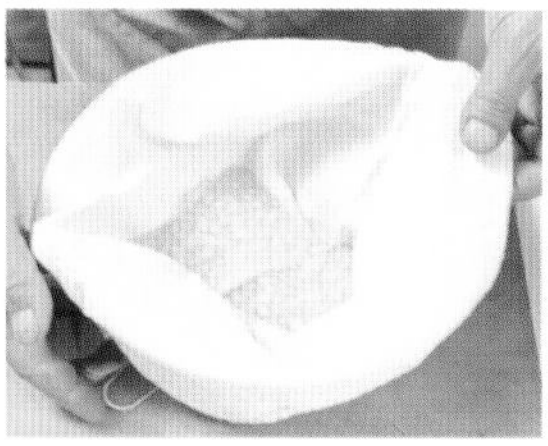

3 用布過濾

最好用白布。如果沒有，就用質地較厚的餐巾紙。

4 擰擠

將水分擰乾，去除纖維的苦澀味。

內田流 綻放洋蔥的魅力

◎搭配不同特色的蔥類

只要將同一系列的蔬菜組合起來，就可以讓滋味更加豐富深邃。不信的話可以用「青蔥」試試。主角洋蔥比例爲7，剩下的3就用分量相同的長蔥與青蔥，淋上香麻油，做成韓式涼拌菜。每一種蔬菜都獨具特色，但是風味反而相當協調，就連香氣也提升到更高的境界。同類伙伴攜手合作眞是所向無敵呢！

《三蔥溫豆腐》

材料［4人份］

洋蔥（內側）……1顆、青蔥……3根、長蔥……1根、香麻油……3大匙、鹽……⅔小匙、豆腐……1塊、昆布……5cm、水……400c.c.、柚椪醋（第131頁）……適量、醬油淋醬（醬油3大匙加上鹽1撮）

1 洋蔥縱切成片，長蔥切成5cm長之後再縱切成略粗的絲狀，青蔥切成2cm長。泡水後用篩網撈起。

2 昆布與水放入鍋內加熱，快要沸騰時將昆布撈起。豆腐切成4等分後放入鍋裡，略爲煮過。

3 將1倒入碗盆裡混合，撒上香麻油與鹽拌和。

4 將3滿滿地撒在2上面，淋上柚椪醋與醬油淋醬之後即可品嘗。

烹調要訣

洋蔥非常適合搭配醋汁。只要做成西式口味的泡菜，就是一道輕脆爽口的小菜。作法有兩種。如果要馬上上桌，可以將材料稍微炒過後，再醃漬於醋汁裡；如果要保存久一點，那麼稍微燙過再泡在醋汁裡。這道菜只要醃漬幾個小時就可以上桌品嘗，而且還能保存將近一週。

《西式泡菜》

材料

各種洋蔥［黃洋蔥……½個、紫洋蔥……½個、小洋蔥……2個、白洋蔥（外側2層）］、鹽……少許、醃漬醋汁［月桂葉……1片、大蒜……1片、白酒醋＆水……各150c.c.、粗糖……4大匙、鹽……⅓小匙、紅胡椒……2～3粒］

1 小洋蔥帶心縱切成4等分，黃洋蔥與白洋蔥切成半月形，紫洋蔥滾刀切成大塊。內側撒鹽，放置一段時間。

2 醃漬醋汁倒入鍋內，煮沸之後冷卻。

3 水倒入鍋裡，煮沸之後將1倒入，汆燙數秒，去除辛辣味與澀味，再用濾網撈起。

4 趁熱將3倒入2的醃漬醋汁裡泡漬，只要超過半天時間，洋蔥就會入味。約可保存一週。

適合組合搭配的蔬菜

除了同屬蔥科的蔬菜還有不少蔬菜適合搭配洋蔥

高麗菜　馬鈴薯　長蔥　胡蘿蔔

盡情享受3種生洋蔥的辛辣與爽口風味

洋蔥沙拉三重奏

《時期：上市～盛產》

材料［4人份］

黃洋蔥．紫洋蔥．白洋蔥……各½個（外側）※如果沒有白洋蔥，就改用相同分量的小洋蔥

鹽……少許

舞菇……80g

青蔥……2根

沙拉淋醬

- 蒜泥……1片分量
- 昆布高湯（第22頁）．醋．香麻油……各2大匙
- 醬油&味醂……各1大匙
- 鹽……1撮

1 洋蔥縱切成薄片，撒鹽醃漬；泡水10分鐘後用篩網撈起，倒入碗盆中，放入冰箱讓口感變得更加輕脆。舞菇分成小塊，青蔥切成蔥花。

2 將沙拉淋醬的材料倒入碗盆裡混合。舞菇燙過後，趁熱連同蔥花倒入沙拉淋醬裡，略為攪拌。

3 洋蔥與**2**的沙拉淋醬拌和即可。

重點☞ ①使用洋蔥的外側，善用原有的辛辣味。②與沙拉淋醬拌和的時候不要過度攪拌，以免水分釋出。

清甜芳香分量滿點

洋蔥排

《時期：盛產～尾聲》

材料［4人份］

洋蔥……1個（內側）

鹽……少許

胡椒……少許

麵粉……適量

香麻油……1大匙

酒……2大匙

沙拉淋醬

- 蘿蔔泥……½杯
- 青蔥……1根
- 薑&醋&味醂……各3大匙
- 鹽……1撮

油菜（配菜）……適量

舞菇……少許

1 洋蔥（內側）切成1.5㎝厚的圓形片，撒上鹽與胡椒，沾上一層麵粉。將配菜的油菜燙過。

2 製作沙拉淋醬。蘿蔔泥倒入篩網，讓水分自然瀝乾。青蔥切成蔥花。蘿蔔泥倒入碗盆裡，與醬油、醋與味醂混合之後加入蔥花，撒鹽調味。

3 香麻油倒入平底鍋裡加熱，放入舞菇，炒好之後取出。洋蔥下鍋煎約5分鐘，煎出顏色後翻面，蓋上鍋蓋繼續煎3分鐘，直到整個熟透為止。打開鍋蓋，淋上酒，開大火加熱。

4 將洋蔥、舞菇與油菜盛入盤中，淋上沙拉淋醬即可。

重點☞ ①事先沾上一層麵粉可以保留洋蔥的甜味。②煎洋蔥時，起先要用大火；煎出顏色時再轉中火。

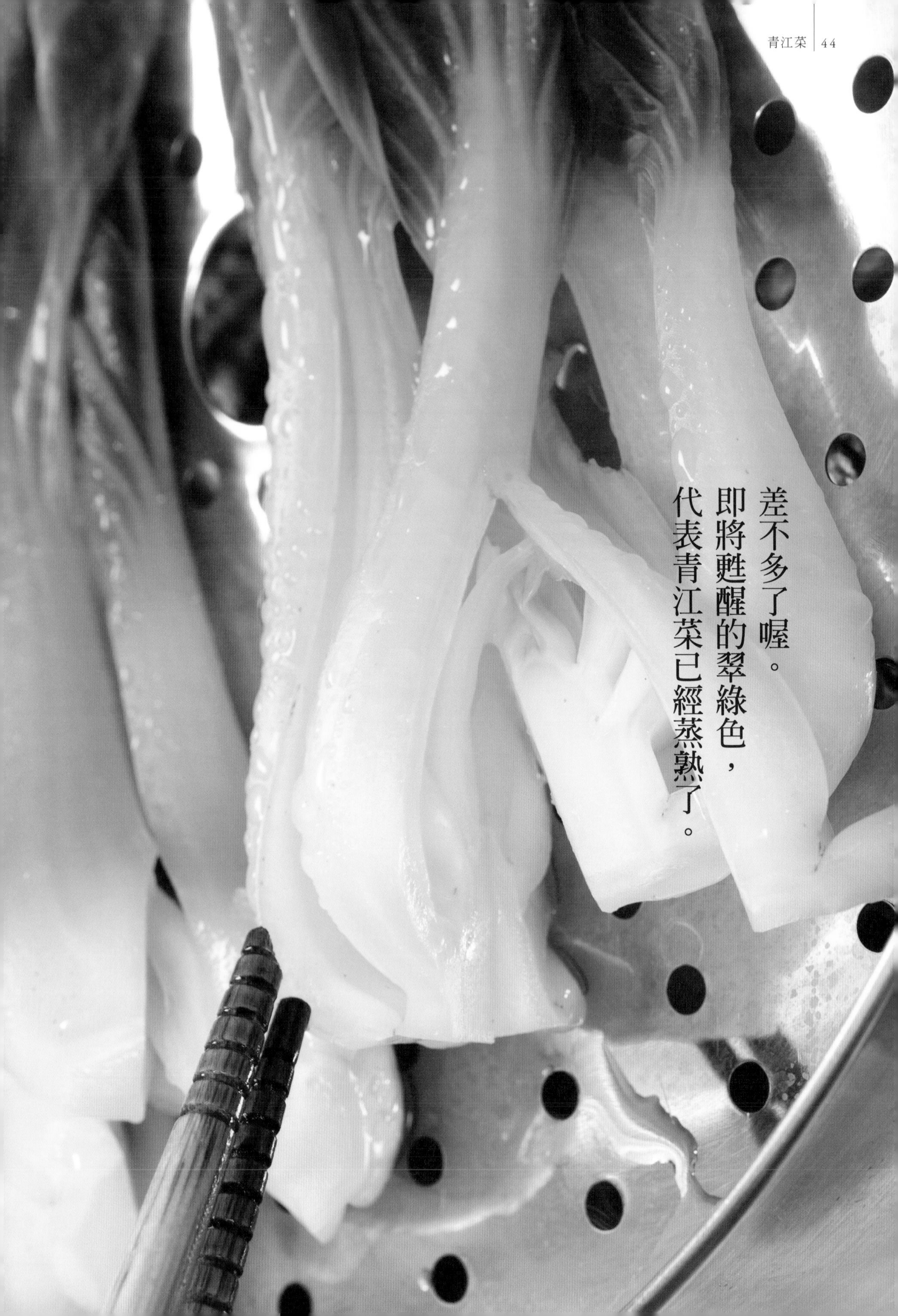

差不多了喔。
即將甦醒的翠綠色，
代表青江菜已經蒸熟了。

青江菜

［十字花科］

清爽的菜香與口感，越接近產季尾聲越濃郁。

談到最受日本人歡迎的中國蔬菜，莫過於青江菜。一九七〇年傳來日本之際，正值中日兩國外交恢復時期。雖然眾人都把焦點放在友好象徵的貓熊上，但是談到蔬菜，青江菜應該功勞不小。不管如何，青江菜的輕脆口感與淡泊風味在當時一炮而紅，加上沒有異味，非常容易烹調，因而成為全年上市的蔬菜。

不過，風味最棒的，還是迎接產季的秋季青江菜。充滿野性又爽口的青澀味，只要一嚼就會發出清脆聲響、充滿彈性的葉柄。即使加熱，菜葉也不會變得軟爛，非常耐煮。剛上市的青江菜適合用油烹調，像我最喜歡的就是中式口味的炒青菜，就算沒有肉絲，只要有大蒜和薑，就可以炒出一道分量滿點的青江菜，讓人不停配飯。不過唯一的缺點，就是加熱的時間點不容易掌控，畢竟青江菜的葉片與葉柄厚度不同，所以要分切開來，錯開時間加熱。我比較建議的烹調方式，是用蒸的。只要等五分鐘，顏色就會在那一瞬間變得鮮豔又美麗，色澤翠綠，而且還挑逗我們的嗅覺。接下來只要把青江菜泡漬在醃汁裡，這樣就夠了。

◎原產地

中國華中地區

◎產季

9月～11月

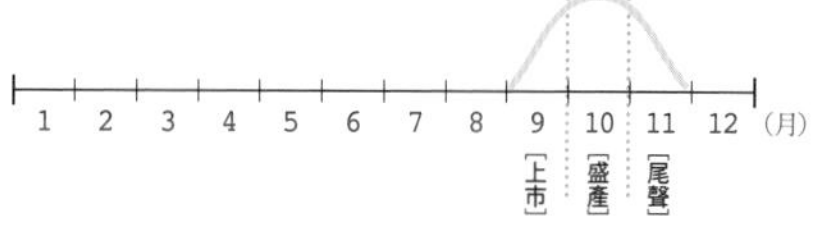

[上市] 葉片柔嫩，葉柄較細。

[尾聲] 葉片厚實，葉柄變粗，風味清甜。

◎日本主要產地

茨城、靜岡、群馬

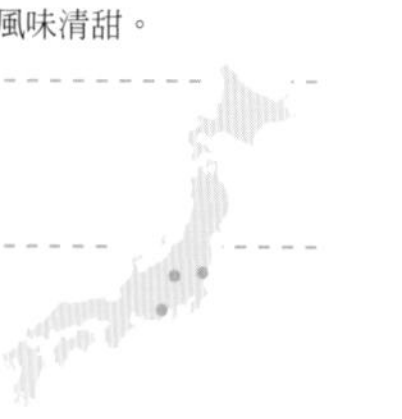

◎臺灣主要產季和產地

全年

雲林、臺北、花蓮

解體

將柔嫩程度不同的外葉與內葉，以及葉片與葉柄分切開來。胚軸的部分則原封不動。

首先是解體

外葉與內葉，葉片與葉柄，這些部位的纖維密度與柔軟程度都不同。烹調方式雖然因料理而異，不過調理之前先分切，之後的調理，例如控制火候大小等，就會比較容易進行。

內葉

特徵◎中心部比較年輕的葉片。口感柔嫩，甜味與風味比外葉還要濃郁。到了產季尾聲，菜葉纖維會變粗，而且富有彈性。

胚軸

外葉

特徵◎擁有菜葉應有的輕脆與爽口。菜柄會隨著時間慢慢變粗，水分也會變少，但是甜味倍增。

葉與柄

柔嫩程度與纖維質感不同，因此要調整切法與加熱時間。只要先分切開來，烹調時就會比較容易進行。胚軸滋味甘甜，記得要一起使用。

解體的方式

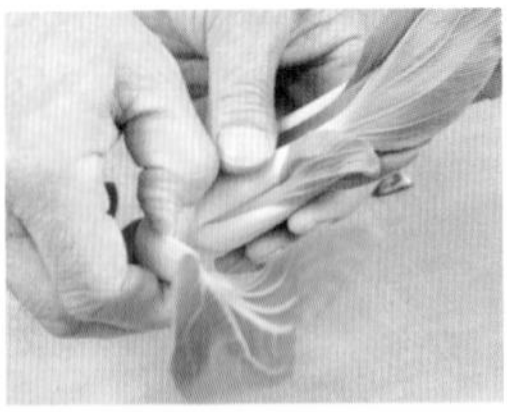

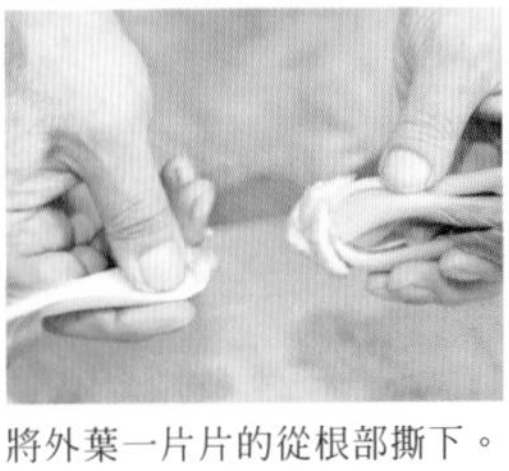

將外葉一片片的從根部撕下。

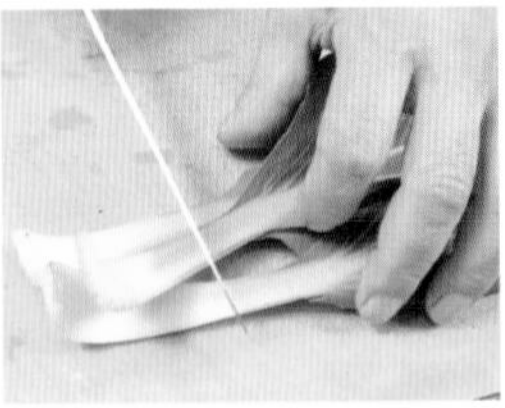

將葉片與葉柄分切開來，這樣就不會傷到纖維，看起來也比較美觀。

保存

用報紙包裹，放入冰箱。必須在3～4天內吃完。

◎如何挑選◎

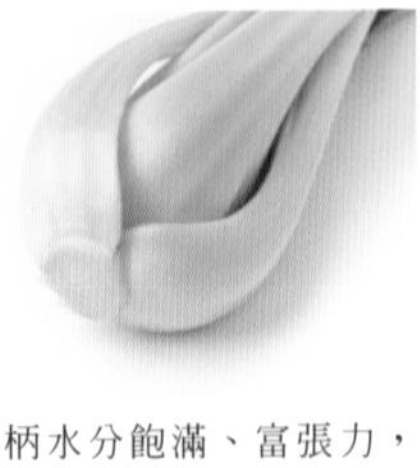

1 葉柄水分飽滿、富張力，底下的肉片厚實（照片中是剛上市的青江菜。到了盛產季，葉柄底下的白色部分會變得十分飽滿。）

2 葉片呈淺綠色，葉脈分布均勻，紋路清晰。

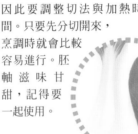

烹調技術

留意外葉與內葉、葉片與葉柄的差異，以改變切法與加熱時間。

基本烹調方式

1 盡量用手將葉片撕開，這樣比較不會傷到纖維。

2 剛上市時要用油烹調，到了產季尾聲則是透過蒸與煮的方式將風味提引出來。

3 按部位別來調整加熱時間。

切法

用手撕開葉片，按照要烹調的料理來分切外葉與內葉，葉片與葉柄。

青江菜的葉片會對金屬產生反應，因此要用手撕開。葉片與葉柄如果不分切而直接烹調，就用手從尾端（胚軸）撕開。

《縱向撕開再使用》

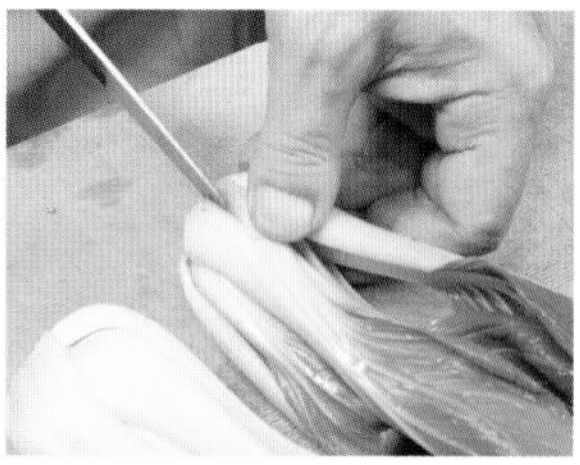

1 用菜刀在尾端（胚軸）劃上一條刀痕。

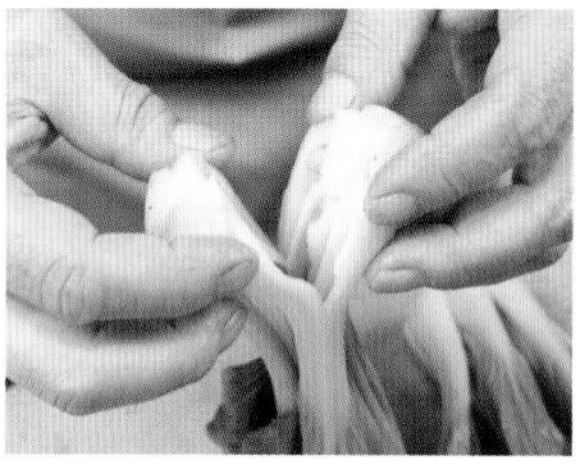

2 用手從刀痕處撕開。

《已經加熱的青江菜》

加熱後再用刀切，這樣就不會釋出澀味。想讓菜色看起來更美，建議用此方法。

《將葉片撕成小塊》

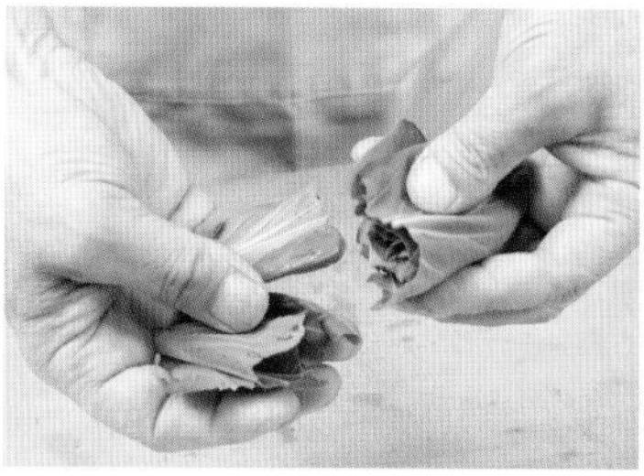

用菜刀切會很容易釋出澀味。如果像折斷纖維那樣用手橫向撕開，口感會變得比較柔順，而且也較容易入味。

《中心部》

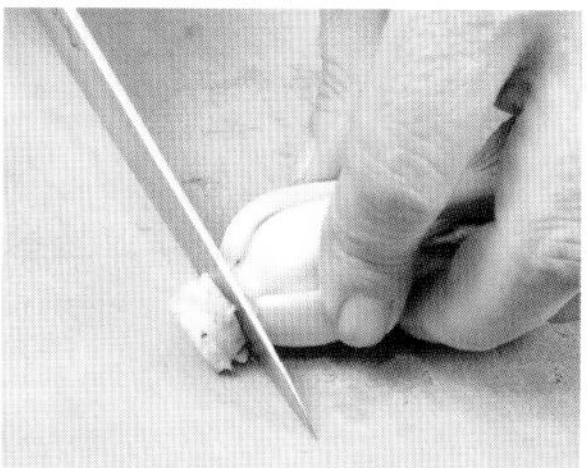

1 外葉撕下後，剩下的中心（內葉）尾端非常硬，因此要切除。

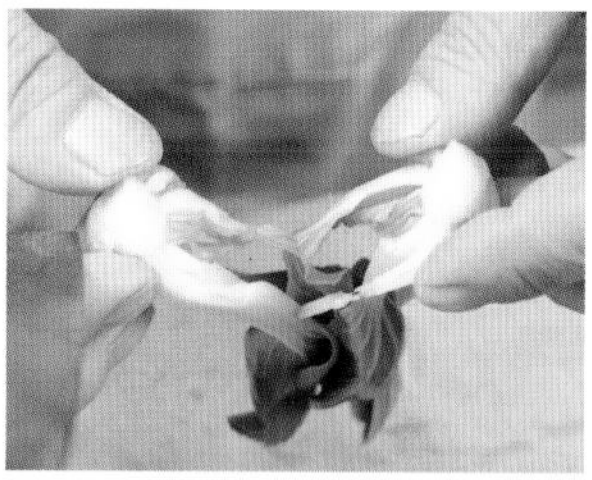

2 切成小塊時，可先在尾端劃上刀痕，再用手撕開。

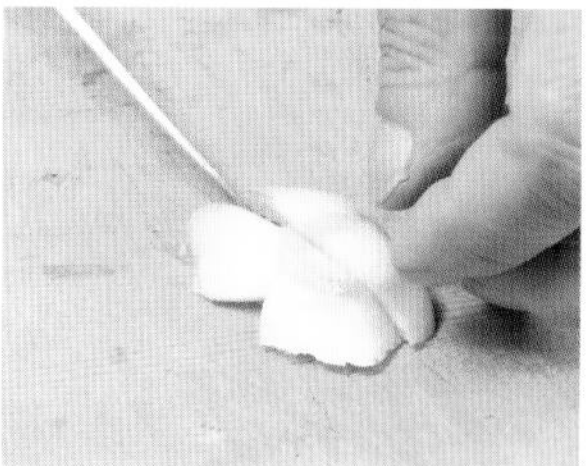

3 胚軸風味甘甜，可以切成小塊，混合使用。

事前處理

浸泡在水裡

有時菜根部分會沾上泥土。只要在分切的階段，將菜根浸泡在水裡10分鐘，就可以將泥土沖掉了。

加熱

葉片與葉柄的厚度不同，所以要算準時間加熱。

1 汆燙

抓住時間差，將葉柄與葉片放入煮開的熱水裡汆燙。

先把葉柄放入煮開的熱水裡汆燙。但是煮得太熟會讓口感與顏色變差，所以葉柄要燙得硬一些，再透過餘溫來加熱，這樣就能燙出美麗的青江菜了。

《葉片與葉柄分切的時候》

葉柄部分先放入鍋裡，看準時間差距再放入葉片。葉片變色時，即可撈起。

《葉片與葉柄不分切的時候》

葉柄先放入鍋內，等呈現透明感後再連同葉片泡進熱水裡。只要葉片色澤變成鮮豔的翠綠色時即完成。

《撒鹽》

加熱後先撒上鹽，這樣不僅可以預先調味，還能夠定色。

《燙好的青江菜》

攤放在篩網裡，直接冷卻。因爲是透過餘溫加熱，如果想讓口感硬一點，可以用扇子搧風，加快冷卻的速度。

2 蒸

整株菜加熱，善用原有的口感與色澤。

適於想保留整株菜的外形、口感與色彩的時候。訣竅就是要沾水補充水分。

1 在尾端劃上深深的十字，讓菜心也能夠蒸熟。

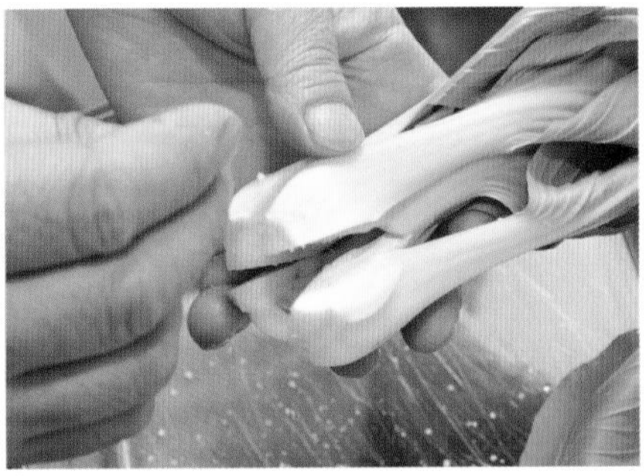

2 切口撒上鹽

切口先撒鹽，這樣蒸後便能去除澀味，而且還會釋出甜味。

3 沾水

葉片沾水，這樣纖維就不會因爲迎面而來的水蒸氣而遭到破壞，而且蒸熟的青江菜會更水嫩。

4 蒸

蒸籠預熱之後，把菜葉錯開排放在蒸籠裡，蓋上蓋子。當菜柄呈現透明感，葉片變得鮮豔翠綠時即算完成。大約蒸2~3分鐘即可。

3 炒

按照不容易熟的部位，將生的青江菜下鍋翻炒。

尾端（胚軸）的部分也可以直接下鍋翻炒，這就是青江菜的魅力。所有材料裹上一層油地翻炒，讓蔬菜熟得均勻。

1 內葉→外葉

先從不容易炒熟的內葉開始炒，等待內葉都沾上油後，再放進外葉。

2 加水

加入2~3大匙的水，將風味提引出來。

3 蒸煮

蓋上鍋蓋，讓鍋裡呈現蒸煮狀態。鍋內的蒸氣會產生對流，讓材料受熱均勻。

《中式青江菜炒蕈菇》

材料［4人份］

青江菜……2株、蕈菇（蘑菇與鴻喜菇等）……1包、蒜末＆薑末……各2小匙、香麻油……1大匙、水……½杯、鹽……少許、味醂＆醬油……各1大匙、用水調開的太白粉水……適量

1 用手將外葉撕下，內葉留下2～3片，並在尾端劃上十字。蕈菇撕成容易食用的大小。

2 將香麻油、大蒜與薑倒入平底鍋裡以小火加熱，炒出香味後倒入蕈菇翻炒。

3 蕈菇都沾上油後，依序放入內葉與外葉，使用菜筷翻炒，讓蔬菜沾上油。接著加水，蓋上鍋蓋蒸煮，材料變軟後撒鹽，依序加入味醂與醬油調味，最後再用調開的太白粉水勾芡。

訣竅☞ 剛上市的青江菜，炒的時間不宜過長，這樣才能享受到爽口的菜香與口感。

內田流

綻放青江菜的魅力

青江菜的味道固然淡泊，但是不代表這種蔬菜容易調味。僅依靠鹽與胡椒這種清淡的調味方式是沒有辦法把風味提引出來的；不過調味若是太濃，整個又會走味，甚至無法入味。怎麼辦呢？醃漬。青江菜蒸熟後，趁熱泡漬在醃汁裡，只要等待30分鐘，味道就會滲入纖維內部，不僅有股獨特的甘甜，還有一股淡淡的苦味呢。

《涼拌青江菜》

作法

青江菜（2株）蒸熟後，趁熱泡漬在已經加熱煮過的醃汁裡20~30分鐘。訣竅是不要重疊擺放，並且不時翻面。

醃汁［薑絲……1片的分量、昆布與乾香菇高湯（第22頁）……150c.c.、醬油＆味醂……各1大匙、酒……1小匙、鹽……1撮］

烹調要訣

想要享用青江菜淡泊的風味，那麼調味要濃一些，並且煮熟一點，如此一來，滋味會比清淡的調味方式還要來得更好。除了大蒜、薑、香麻油、蠔油醬等中式口味，想做成日式口味，那麼就要將青江菜泡漬在高湯裡了。這時候可以撒上一撮鹽預先調味。

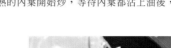

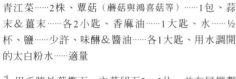

充滿輕脆口感的日式爽口小菜

芝麻醬佐青江菜

《時期：盛產～尾聲》

材料［4人份］

青江菜……3株
胡蘿蔔……3cm
昆布與乾香菇高湯（第22頁）……100c.c.
鹽……少許
芝麻醬
- 黑、白芝麻醬……各1大匙
- 蔬菜高湯（第18頁）或昆布高湯（第22頁）……6大匙
- 酒精揮發的醋（第22頁）……2滴
- 鹽……少許

1 青江菜用手縱向撕開，略爲汆燙之後撈起，撒上1撮鹽。胡蘿蔔縱切成絲，略爲汆燙之後撈起。
2 胡蘿蔔與青江菜倒入碗盆內，注入高湯，撒上1撮鹽。
3 黑白兩種芝麻醬分別用蔬菜高湯、酒精揮發的醋，以及1撮鹽調開。
4 輕輕地將**2**的水分擰乾，盛入容器裡，淋上**3**即可。

重點☞ ①青江菜燙好後撒鹽，將會比較容易入味。②蔬菜高湯倒入芝麻醬裡時，必須一點一點地加入，才能調出柔順的醬汁。

可以享受到輕脆口感的湯品

中式菜湯

《時期：上市～尾聲》

材料［4人份］

青江菜……2株
金針菇……1包
蒜片……2片
蔬菜高湯（第18頁）……2杯
水……1杯
香麻油……1大匙
酒……1大匙
鹽……½小匙
胡椒……2撮

1 在青江菜尾端劃上十字，放入煮開的熱水裡汆燙，接著用篩網撈起，冷卻後切段。
2 香麻油與蒜片放入鍋裡，熱好鍋後，將切除菇根並且分成小撮的金針菇放下去炒。等材料都沾上油之後，再倒入蔬菜高湯與水，撒上¼的鹽，並且撈去浮末。
3 青江菜從尾端開始放入，加入酒，再用剩下的鹽與胡椒調味即可。

重點☞ 青江菜如果事先燙過再放進，就可以保持菜香與色澤了。

與生命息息相關的蔬菜 column

生命之鑰

嬰兒在媽媽肚裡的這段期間是透過臍帶與媽媽相連的。蔬菜裡也有類似臍帶的器官，就是位在蔬菜正中央的「胚軸」。這個部分只要一發芽就會出現，與莖根葉連結，透過胚軸上下傳輸養分，堪稱生命之鑰。我挑選蔬菜時，一定會看胚軸，看看這個部分是否位在整體的中心部位，是否縮得小小的。如果答案是YES，就表示蔬菜長得非常健康。

但是為什麼胚軸越小越好呢？胚軸越大，輸送的養分不是會越多嗎？然而對於蔬菜來說，事實並非如此。最重要的，是要配合自己的速度成長。胚軸越小，養分的輸送與細胞重複分裂的速度也就越慢，如此一來，就能以自己的速度成長。萬一胚軸太大，養分會一直拼命地輸送，要蔬菜不停地吃呀吃，結果造成細胞一直肥大，無法分裂。細胞一旦肥大，每個部分的組織在成長時，便會無法完全成形，如此一來會長出不協調的部分，例如形狀扭曲、顏色不自然，

就連風味也會受到影響。

以葉菜類為例，人們往往只看葉片與葉柄這兩個部分；如果是根莖類，通常只看根莖這個部位。但無論是葉片還是根莖，都是生命的一部分。在大地上進行的光合作用、在地底下活動的微生物與根瘤菌，這些都與蔬菜的生命息息相關。以蘿蔔為例，在上頭呈放射狀展開的葉片是不可分割的生命根源，就連人們不吃的油菜菜根也是有生命的。胚軸其實常常把人們容易劃分為上下兩個部分的這個界線，偷偷地串連起來，讓生命循環更加活絡。只要時間一到，胚軸就會冒出花苞，與生命息息相關的花朵就會綻放。每當想到這點，心裡就會更加疼愛這個部位。

姑且不管這些因素，其實我在烹飪的時候，還是會留下胚軸這個部分，盡其所能地拿來炒菜或煮湯，因為這個部分營養價值高又好吃。胚軸畢竟是生命之鑰，為了維持生命而孜孜不倦，外觀難免會有點損傷。但是只要清洗乾淨，妥善處理好毛邊等部位，其實就能夠充分品嘗到那股維持生命的重要風味了。

秋高氣爽。
香甜的滷馬鈴薯，
擄獲人心。

馬鈴薯［茄科］

不可以咕嘟咕嘟地燉煮。

九月，每當春天播種的北海道馬鈴薯一送來，我的腦海就會閃過一大片馬鈴薯田的風景。美瑛町與富良野一帶到了七月，白色與粉紅色的馬鈴薯花田就會將平坦的地平線與藍天的交界處整個填滿。躲在地底下的樸實馬鈴薯長得胖嘟嘟的。光是想像，就讓人疼愛不已。

馬鈴薯的魅力，就是烹調方式多彩豐富，無論蒸、炒、煮、炸、搗成泥，都可以讓人盡情享受各種不同的口感。但不管是用哪種方式烹調，關鍵都在於要如何運用「澱粉質」這個主要成分。例如削皮後，只要將馬鈴薯泡在水裡，就可以去除多餘的澱粉質，讓口感更加輕脆；如果沒有泡水，馬鈴薯的口感會變得有點黏滑。如此差異，可以運用在料理上。另外一個方法，將澱粉質加熱使其糖化，水煮時，如果過程順利，馬鈴薯會變得非常鬆軟香甜，但是萬一不幸失敗，馬鈴薯就會變得水水，令人扼腕。訣竅就是「慢慢加熱」，不可以讓水咕嘟咕嘟地沸騰喔！最好是用低溫的方式讓水面嘟嚕嘟嚕地冒泡。這樣剛煮好的馬鈴薯只要撒些鹽，滋味就會變得格外甘甜。

五月皇后

北方之光

印加馬鈴薯

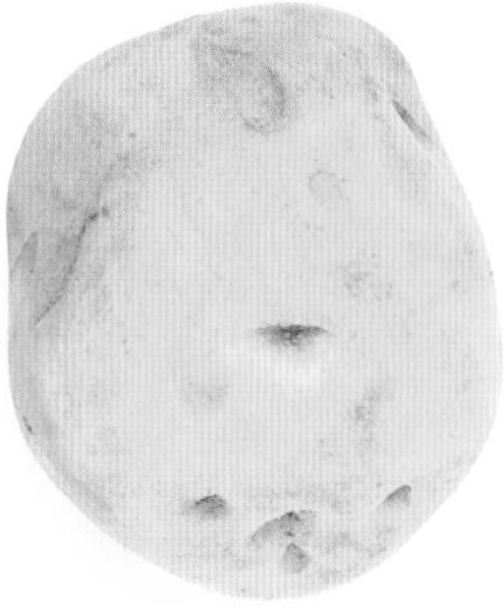

男爵

◎原產地

安地斯高地

◎產季

9月～11月

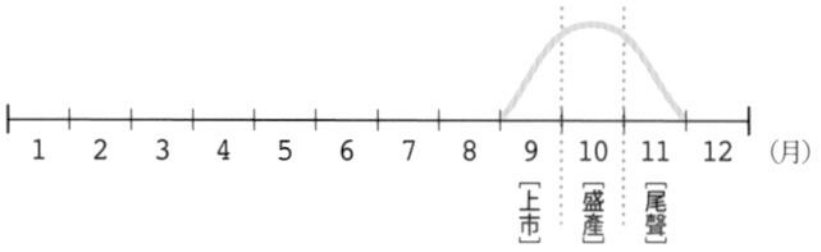

[上市] 水分多，味淡泊。

[尾聲] 水分少，澱粉質多，風味甘甜。

◎日本主要產地

北海道

◎臺灣主要產季和產地

12月～4月

臺中、雲林、嘉義

烹調技術

想要讓口感變得鬆軟香甜，就要整顆馬鈴薯連皮用低溫慢慢加熱。

基本的烹調方式

1. 切好後，泡水就不會變色。
2. 皮要削得厚一點，表面沒有凹凸不平，才不會煮散。
3. 放入水中以低溫慢慢煮熟，這樣風味會更加香甜。
4. 搗成泥時必須趁熱處理。

事前處理—皮與芽眼的處理

芽眼要連皮一起處理

基本上芽眼與皮要一起處理，削去外皮時，削得厚一點便可除去。如果帶皮水煮，可用牙籤剔除。這個部分如果用菜刀處理，水分會從挖除芽眼後的孔洞滲入，這樣會讓煮熟的馬鈴薯變得水水的。

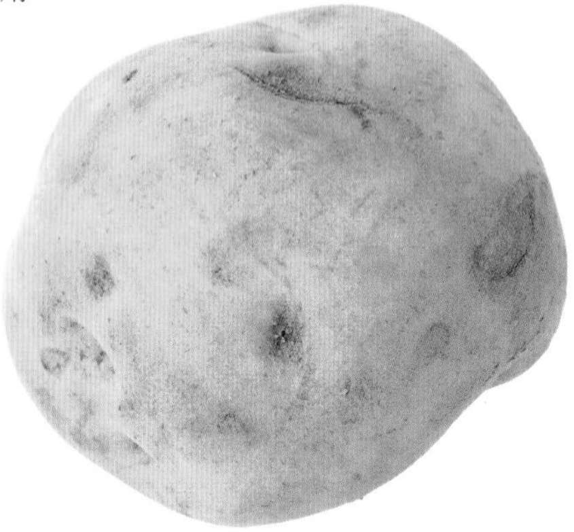

《馬鈴薯澱粉質的處理方式》

1. 澱粉質一旦接觸到空氣，會因爲氧化而變色，甚至釋出黏液。
2. 只要慢慢加熱，就會產生糖化反應（味道變甜）。

《清洗》

用塊柔軟的布，將表面污垢刷洗乾淨。

《去芽眼》

用牙籤剔除，盡量不要挖出孔洞。

《削皮》

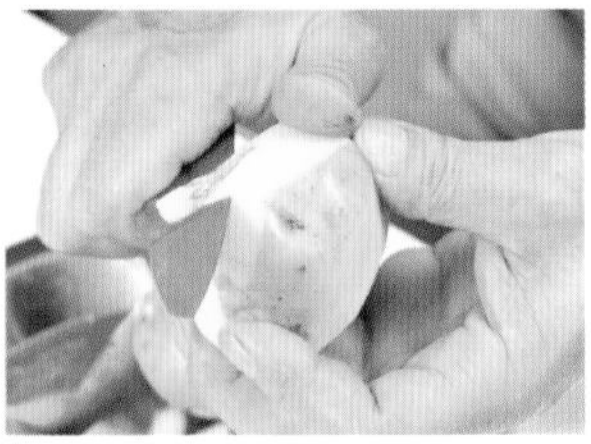

配合料理切成適當大小後，再削去一層厚厚的皮，這樣成品看起來會比較美觀。芽眼也要一起削除。表面如果有稜角，烹煮的過程很容易會煮散，因此要削得平滑些。

《馬鈴薯皮的用途》

若想多加利用外皮，可以稍微曬乾後，再下鍋油炸。
滋味芳香酥脆，適合做下酒菜。

◎如何挑選◎

1 飽實沉重，外型圓滾。

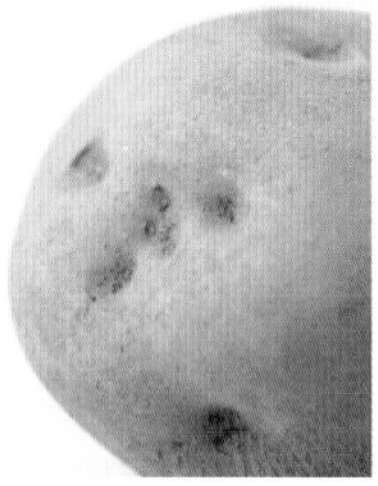

2 還沒發芽的芽眼（凹洞）多。

保存

用報紙包裹，或是裝入紙袋裡但不折口，直接放在通風陰涼的地方，如此可保存將近一個月。帶有泥土的馬鈴薯，保存性比較高。

切法

只要切口增加，澱粉質會非常容易釋出。若想利用澱粉質的黏性，就要將馬鈴薯切碎。爲了避免馬鈴薯整個散掉，削的時候要去除邊角，讓表面變得更加平滑，這樣比較不容易煮散。

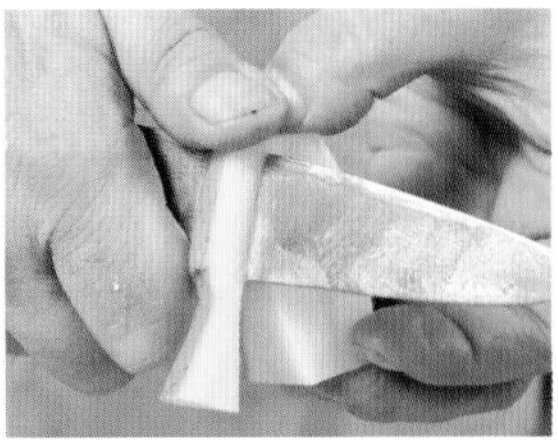

馬鈴薯切成需要的大小，削去一層厚厚的皮。表面沒有凹凸不平的芽眼。

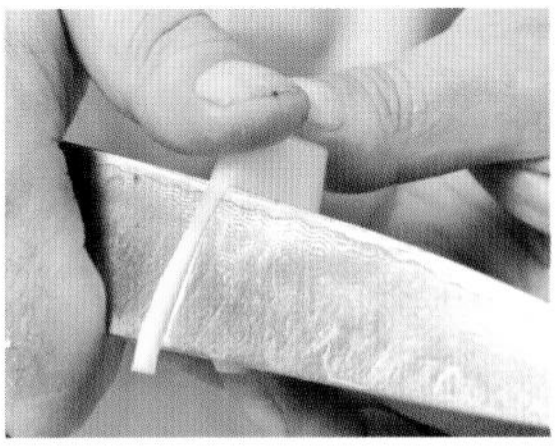

表面削圓，使其成形。切面如果削圓，烹煮時比較不容易散開。

《城堡切法》

將邊角削圓，讓表面變得更加平滑，這樣馬鈴薯就不容易煮散。可以做成燉菜或乾燒菜，甚至是做配菜。

《塊狀切法》

切口多，直接使用會很容易釋出澱粉質。如果不想讓馬鈴薯變得黏稠，且要保持輕脆口感，就必須先泡水。

《絲狀切法》

《圓形薄片切法》

切口增加，容易釋出澱粉質。若沒有事先將馬鈴薯泡水，會變得黏稠，適合用來製作馬鈴薯泥等料理。想要用熱炒的方式品嘗到脆勁口感，就必須先泡水。

前置作業—泡水

泡水以防變色

馬鈴薯削好皮後直接擺放著，外觀顏色會因爲氧化而變得有點紅，因此切好後要立刻泡水，這樣還能去除澀味。

切成小塊狀，接觸到空氣的面積也會跟著增加。泡水10分鐘後用篩網撈起，這樣就能夠去除多餘的澱粉質。

放入水中浸泡10分鐘，水面必須剛好蓋過馬鈴薯，但是不可久泡，以免澱粉質過度流失。

加熱

連皮一起水煮、蒸、炸

馬鈴薯如果連皮一起加熱，不但不會變得水水的，口感還會又鬆又軟。水煮時必須要用低溫慢慢進行。就算用油炸，也要先水煮過，讓馬鈴薯糖化，這樣味道才會比較美味。

1 連皮一起水煮

放入冷水裡慢慢加熱至80℃

水一旦煮沸，馬鈴薯會因爲組織遭到破壞而口感變得粉粉的。煮好後趁熱剝皮，可以做成馬鈴薯泥、馬鈴薯沙拉或炸馬鈴薯。

連皮放入鍋裡，倒入剛好可以完全蓋住馬鈴薯的水量。快要沸騰時轉小火，讓水溫保持在80℃（熱水的表面會晃動），花些時間慢慢煮。這樣煮熟的馬鈴薯風味會更加香甜，口感也會變得比較鬆軟。

2 削皮水煮

讓水分蒸發，呈現粉粉的狀態

這個方法會比帶皮水煮還要容易快熟，不過外型卻會因此變得碎爛，因此適合做成如馬鈴薯泥等搗碎之後再來使用的料理。只要加入少許砂糖，口感就會變得更加蓬鬆。

1 放入冷水裡開始煮
馬鈴薯放入鍋身較厚的鍋子裡，注滿剛好可以蓋過馬鈴薯的水量，加入½大匙的砂糖。以小火煮至快要沸騰的溫度，並保持溫度繼續煮。

2 讓水分蒸發
當馬鈴薯煮至九分熟時，將熱水倒掉，以大火讓水分蒸發，呈現粉粉的狀態。

3 炸

用170℃的油鍋油炸，切勿過度翻面

煮過再炸，表面香脆，皮也更香了。

1 帶皮的那一面先炸
倒入少量油，加熱至170℃之後，從帶皮的那一面開始炸，但不要翻面。

2 翻面炸
翻面，但次數不要太頻繁。

3 接觸空氣
途中將馬鈴薯撈起，使其接觸空氣，如此一來口感會更加酥脆。

4 增添香氣
利用香草植物增添香氣時，在最後1分鐘放入油鍋裡一起油炸即可。

《馬鈴薯皮的用途》

材料［4人份］
印加馬鈴薯……4個、大蒜……2片、百里香＆迷迭香……各2根、鹽……2撮、油炸用油……適量

印加馬鈴薯連皮放入冷水裡，當水將沸騰時，轉小火繼續慢慢煮。煮熟後切成4等分。將油與大蒜倒入鍋裡，加熱至170℃，放入印加馬鈴薯下去油炸。在炸的過程，將大蒜取出，快要起鍋的前1~2分鐘放入香草植物。炸好撈起後撒鹽即可。

4 蒸

加熱均勻，就不會變得水水的

短時間內均勻加熱，蒸煮出水分不會過多的馬鈴薯。適合拿來做可樂餅。

1 放入已經充滿水蒸氣的蒸籠裡，若馬鈴薯大小一致，蒸熟的時間就會比較一致。

2 15分鐘後用竹籤刺看看。如果能輕易刺穿，代表已經蒸熟。

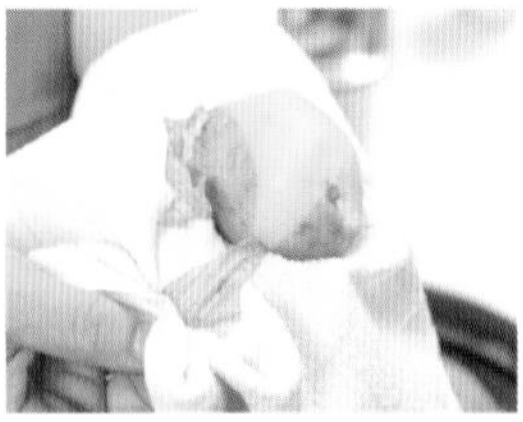

3 趁熱用手巾將馬鈴薯取出並剝皮。

馬鈴薯的基本菜色① — 好吃的可樂餅作法

重點就是「要趁熱」

使用水分不多的男爵馬鈴薯。如果用水煮，馬鈴薯會變得水水，所以用蒸的比較好。這裡是用味道較醇厚的蔬菜來取代肉類，切碎後可以拿來當做配料。

用義大利香醋替代醬汁。

材料［4人份］

馬鈴薯（男爵）……4個、配料A［洋蔥、牛蒡、胡蘿蔔］……占馬鈴薯1~2成的分量、香菇……1朵、大蒜……½片、薑片……1片、香麻油……1大匙、鹽……適量、水……2大匙、醬油&味醂……各1小匙、胡椒……1撮、麵衣［麵粉&水……適量、麵包粉……適量］、油炸用油……適量

1 大蒜、薑、香菇，與配料A切碎。香麻油、大蒜與薑倒入平底鍋裡，熱鍋後依序倒入洋蔥、牛蒡、胡蘿蔔與香菇。炒出香味後加入2撮鹽、水、醬油與味醂調味。

2 在進行1的同時，馬鈴薯連皮放入已經加熱完畢的蒸籠裡，蒸20~30分鐘。如果竹籤可以輕易刺穿，代表馬鈴薯已經蒸熟了。此時要趁熱剝皮並且搗成泥。

3 加入1，撒上1撮鹽與胡椒混合。略爲冷卻後，分成8等分，一邊壓出裡頭的空氣，一邊捏成圓筒狀，塑整成形後，沾上一層麵粉（分量外）。

4 將用來製作麵衣的麵粉用水調開，裹上3的材料，再沾上一層麵包粉。

5 油炸用油熱至170℃，將4放入油鍋裡油炸。

1 搗碎
馬鈴薯蒸熟之後去皮，趁熱搗碎。

2 混合配料
馬鈴薯泥與配料趁熱混合，這樣較容易密合。

3 塑整成形1
取單手可以握住的分量，每顆大小必須一致。

4 塑整成形2
一口氣捏緊，將裡頭的空氣擠出，材料較不易散開。

5 塑整成形3
塑整成圓筒狀。

6 下鍋油炸
放入170℃的油鍋裡，炸成外觀酥脆的金黃色即可。

內田流 綻放馬鈴薯的魅力

◎渾然一體的香甜馬鈴薯

雖然現在已經很少人吃馬鈴薯粥，但是在不久以前，我相信很多人家裡的餐桌上，一定經常出現這道菜。作法非常簡單，只要將切成骰子狀的馬鈴薯、與米和高湯一起熬煮就好。至於口感是要清爽一點，還是濃稠一點，就看個人喜好了。那股米飯與馬鈴薯渾然成爲一體的滋味，樸素又溫和，不僅暖和了肚子，也療癒了心。

《馬鈴薯粥》

材料［4人份］

馬鈴薯……1個、米……1合（約150g）、蔬菜高湯（第18頁）與昆布高湯各半（第22頁）……250c.c.、鹽……1小匙、茼蒿（葉）……適量

1 馬鈴薯削皮後，切成5㎜大小的塊狀，置於水中浸泡。米粒洗淨。

2 將蔬菜高湯、昆布高湯、米，以及馬鈴薯倒入鍋裡，以中火熬煮。過程中水分如果煮乾，就倒入適量的水。馬鈴薯煮至呈現透明時，加入茼蒿，並且撒鹽。米心煮軟後即可熄火。如果想讓粥更加濃稠，就繼續再熬煮一會兒。

馬鈴薯的品種

鬆軟、濕潤、爽口。每種口感都大不同。

以南美洲安地斯山脈海拔高達三千公尺的高原地帶爲故鄉的馬鈴薯，十五世紀末期來到歐洲，十七世紀初從雅加達傳來日本。馬鈴薯營養價值高，儲藏性佳，栽種在低地也能夠適應良好，因而普遍栽種於全球。今日馬鈴薯的品種數約有二千種。除了主流的男爵與五月皇后，日本也是到了近年才開始流行其他品種的馬鈴薯，而且各個口感不同，有的是鬆軟的粉質馬鈴薯，有的是濕潤的黏質馬鈴薯，不妨以料理的項目來挑選。

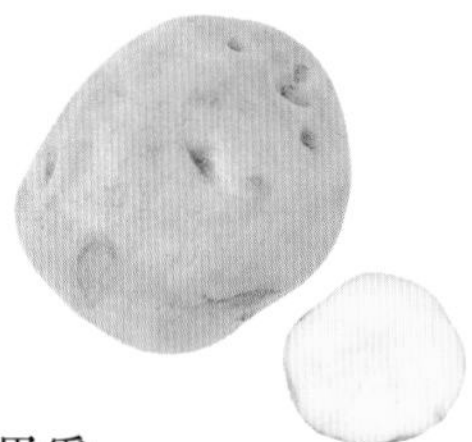

男爵

外觀爲滾圓的球形，果肉白皙，充滿粉質，十分鬆軟。非常容易煮散，適合用來製作乾炒馬鈴薯、可樂餅與沙拉。

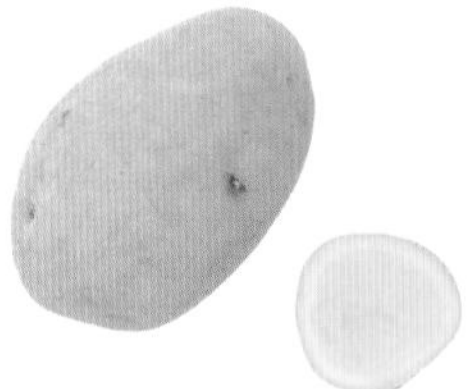

印加馬鈴薯

熱門品種。深黃色加上黏稠的肉質，滋味如同核果與栗子般甜蜜。不易煮散，適合燉煮或油炸。

北方之光

肉質呈明亮的鮮黃色，有股類似男爵的鬆軟粉質口感，而且香氣佳。非常容易煮熟，適合用來製作馬鈴薯泥或乾炒馬鈴薯。

五月皇后

肉質呈淺黃色，質地細膩，富黏性。不容易煮散，非常適合用來燉肉、滷煮或油炸。外觀以長卵形爲佳。

烹調要點

上桌的模樣會因爲處理澱粉質的方式而改變。例如要讓馬鈴薯燉肉品嘗起來更加爽口，馬鈴薯就要先泡水；如果要煮糊以呈現濕潤口感，就直接用油炒過後再蒸。另外，削下來的皮，味道也是十分香甜，切成略粗的馬鈴薯絲後下鍋炸，就是一道口感酥脆的洋芋片了。

適合組合 搭配的蔬菜

含有澱粉質的蔬菜、根莖類、豆類。

胡蘿蔔

洋蔥

馬鈴薯的基本菜色②——乾燒馬鈴薯

完美地塑整成形。用大火一口氣熬煮收汁。

材料［4人份］

五月皇后……3個、醬油&味醂……各2大匙、砂糖……1大匙

1 五月皇后削好皮後，縱切成8等分，將邊角削圓，讓形狀變得圓滾，接著放入水中浸泡。

2 把1倒入鍋內，注入剛好可以蓋過馬鈴薯的水量；當馬鈴薯煮至透明時，把水倒掉，加入醬油、味醂與砂糖，轉至大火，一邊滾動馬鈴薯一邊使其裹上醬汁。熬煮的過程中，馬鈴薯如果不夠熟，就加水熬煮。竹籤刺入馬鈴薯裡，如果可以立刻刺穿，代表已經全熟了。當散發出香氣，馬鈴薯完全裹上醬汁時，則可起鍋。

1 注入剛好可以蓋過馬鈴薯的水量水煮，會熟得比較快，吃起來也不會水水的。

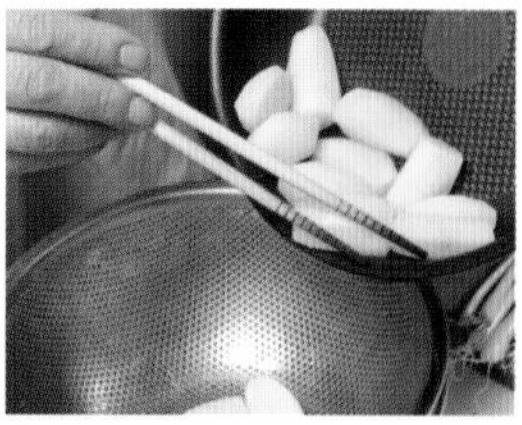

2 **把水倒掉**
因爲接下來要熬煮加熱，因此水煮馬鈴薯時，讓馬鈴薯稍微留些硬度。

3 **調味**
重點是要用大火。醬汁如果煮乾就加入水，讓味道滲入其中。

4 **起鍋**
搖動平底鍋的同時，一口氣讓馬鈴薯裹上醬汁。要注意的是千萬不可以燒焦。

風味香辣的芥末醬 讓人一吃就上癮

屬於大人的馬鈴薯沙拉

《時期：盛產～尾聲》

材料［4人份］

馬鈴薯（男爵）……中等大小2個
洋蔥碎末……外側3層分量
慈蔥……1根
鹽（洋蔥用）……1小匙
砂糖……1小匙
沙拉淋醬
- 鹽……2撮
- 芥末粒……2小匙
- 橄欖油……1大匙

1 馬鈴薯削去一層略厚的皮，泡水後對切成半。慈蔥切成蔥花。洋蔥碎末撒鹽，充分揉和後放置一段時間，接著再泡水並用布巾擰乾水分。

2 馬鈴薯放入鍋內，注入剛好可以蓋過材料的水量，加入砂糖煮熟。

3 馬鈴薯煮軟後撈起，將水倒掉，再將馬鈴薯放回鍋裡，以中火一邊滾動鍋子一邊將水分煮乾。

4 將洋蔥碎末與沙拉淋醬的材料倒入**3**裡，以切的方式用木杓攪拌混合；撒上蔥花，稍微攪拌即可。

重點☞ ①水煮時加入砂糖，口感會變得更加鬆軟。
②馬鈴薯趁熱加入油與調味料，口感變得更加綿密。

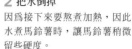

水煮之後再炸，
這樣蓮藕就會
發出不同的
滋嚕、
滋嚕、
滋嚕聲。

蓮藕

［蓮科］

由於可以看穿前方，表示可預先看到未來，而被視爲好兆頭，所以經常出現在日本喜慶上的食物就是蓮藕。蓮藕有許多孔洞，這些孔洞也是救生索。蓮藕是蓮花肥大的地下莖，父、子、孫三代會在泥濘之中串連起來，透過水面上的葉片，將生長時不可或缺的空氣往內輸送的，就是這個孔洞，所以挑選時，這個孔洞非常重要。只要正中央有一個，周圍有八至九個左右並排在一起的孔洞，就代表這根蓮藕長得非常健全。

正中央1個。周圍8～9個。這些孔洞的數量是有理由的。

市面上以外形略粗的中國品種爲主流，不過奈良時代傳來、並且根深柢固於日本的本地品種也具有令人難以割捨的魅力。外形纖細而且有點歪曲；切開一看，裡頭呈現淡淡的奶油色。肉質細膩，只要一加熱，口感就會變得非常有彈性。這種蓮藕非常適合拿來滷煮，堪稱高級餐廳裡的熱門食材，可惜栽種上十分麻煩，而且生長的地方比中國品種的還要深，因此產量稀少。不過日本的熊本縣卻讓同一系列的「水子蓮藕」重現江湖，拿來炸成脆片，口感極佳；做成蓮藕球的風味更是Q彈香甜，散發出千餘年在日本的泥土裡，長壽又強韌的生命風味。

中國品種

本地品種

◎原產地

中國、埃及等，眾說紛紜

◎產季

9月～11月

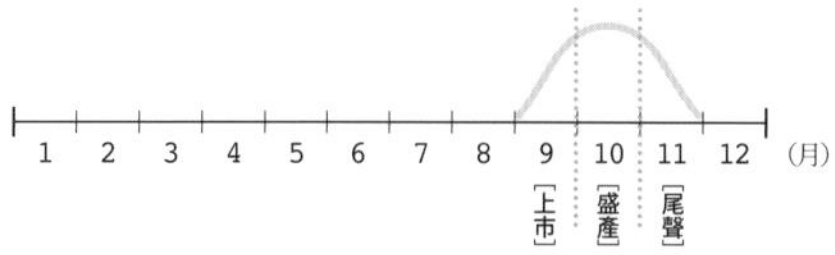

[上市] 水潤，澀味淡。口感輕脆味淡泊。

[尾聲] 水分少，纖維密實。風味甘甜鬆軟。

◎日本主要產地

茨城、德島、愛知、熊本

◎臺灣主要產季和產地

9月～12月

臺南白河鎮、

臺南市郊、嘉義等地。

解體

按照成長的順序分爲父、子、孫，每一節的大小與風味均不同。使用時，不妨從較嫩的孫子部位下手。

父（上／大尺寸）

特徵◎第一個成長的部位，纖維粗，口感脆。富澱粉質，只要一加熱，風味就會變得更加濃郁。

料理◎滷／炒／炸

子（中／中尺寸）

特徵◎纖維密實，口感輕脆。只要一加熱，口感就會變得鬆軟。易處理，烹飪的方式十分廣泛。

料理◎滷／炸／醋拌／炸

孫（下／小尺寸）

特徵◎還在成長、比較幼嫩的部分。纖維細膩柔軟。咔嚓咔嚓的脆勁相當迷人。

料理◎醬油辣炒／沙拉／醋拌

保存

用報紙包裹，置於常溫下保存。如果已經切開了，用餐巾紙包裹後，放入保存袋裡冷藏保存。

◎如何挑選◎

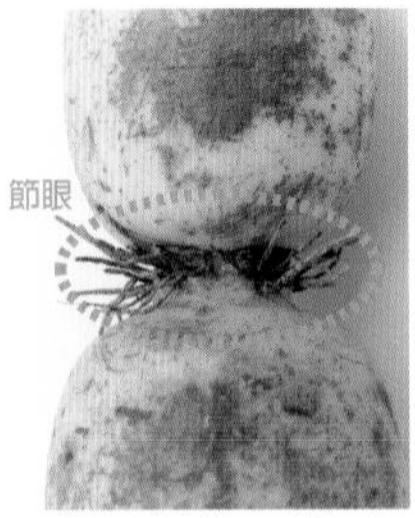

1 整體飽滿，節眼緊縮。

2 周圍有8～9個孔洞，大小幾乎一致。

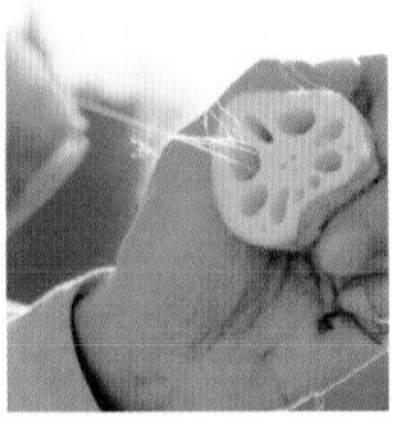

3 越新鮮，拉出的絲就越長。

※以帶泥土、沒有漂白的爲佳。

烹調技術

口感會隨著切法與加熱方式的不同而產生七種變化。酥脆、輕脆、鬆軟，口感變化萬千，充滿樂趣。

基本烹調方式

1 產季初期與尾聲的切法必須隨著部位而改變。

2 低溫慢慢加熱。

前置作業—皮的處理

產季尾聲的蓮藕皮要削得厚一點

蓮藕味道最香甜的地方，在皮與肉之間。一直到盛產季之前，蓮藕的外皮較薄，可以連皮一起烹調，這樣風味會更棒。到了產季尾聲，蓮藕皮會整個膨脹且有股澀味，這時候皮稍微削得厚一點，並且把果肉浸泡在醋水裡，如此就可以去除澀味了。

《削皮》

如果一點一點地削去，表面會乾澀，因此要用削皮器一口氣把皮削掉。

《泡醋水》

浸泡在滿滿的醋水（水1杯：醋½小匙）裡4～5分鐘。泡太久會有股醋臭味。

切法

沿著纖維切，還是切斷纖維，這兩者口感都不一樣。

剛上市與產季尾聲的蓮藕纖維密度不同，風味與口感也會隨之而異。切的時候要注意纖維，有縱切和橫切兩種方式。

《縱向切法》

適合纖維細膩、容易釋出澀味的上市期。沿著纖維切成1cm寬，口感就會變得十分輕脆，適合以醬油辣炒或熱炒的方式烹調。

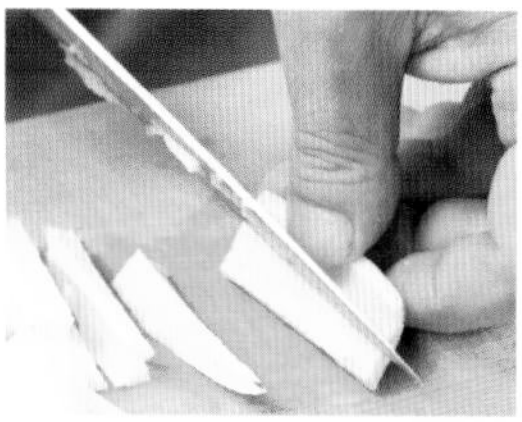

切口朝上，刀刃從孔洞的凹槽處縱向切開。

《滾刀切法》

這個切法會把纖維切斷，較適合不容易釋出澀味、產季以後的蓮藕。因爲切面大，易入味。稍微加熱，便會充滿嚼勁。充分加熱後，口感變得鬆軟，可用來滷或炒。

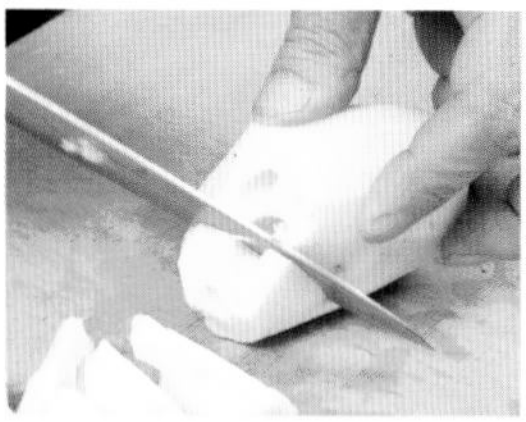

蓮藕放在手邊，一邊轉90度，一邊從切面頂端斜切成塊。

《圓形切法》

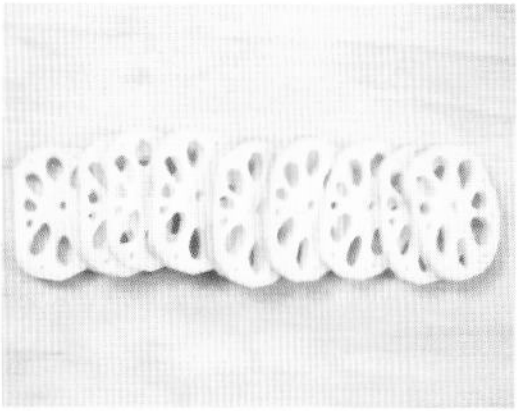

這個切法會把纖維切斷，較適合不容易釋出澀味、產季以後的蓮藕。切成薄片後，口感充滿嚼勁，適合做成醋拌藕片或沙拉。切得厚一點可以拿來熱炒或滷，口感會十分鬆軟。

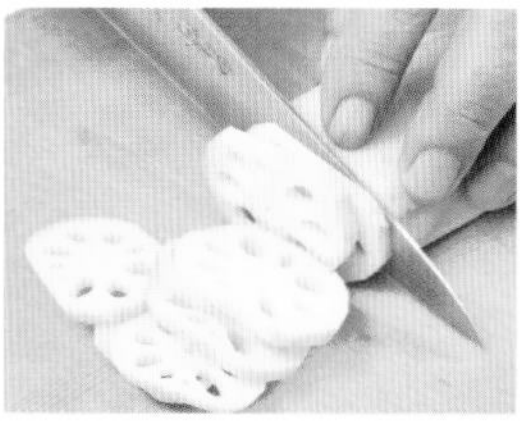

刀刃貼在砧板上，以向前滑動的方式切，這樣比較不會把蓮藕切破。

想將蓮藕切得非常薄，而且厚度一樣，那就用削片器。蓮藕貼著刀片垂直劃過即可。

加熱

1 水煮

以低溫方式將整條蓮藕慢慢煮熟

想利用烹飪方法讓蓮藕有鬆軟口感時，就要整條下水煮。將蓮藕放入冷水裡，以小火加熱到80℃的水溫煮熟，如此一來澱粉質就會慢慢糖化，煮出溫和的甜味。

放入冷水裡煮。當水快要煮沸時，將火候關小，讓水面維持波動的狀態，一面加水一面煮1小時。如果將水煮開，蓮藕會變得非常黏滑。

只要竹籤可以輕易地刺穿即可。

2 汆燙

放入熱水裡略爲汆燙

想做出醋拌藕片等善用蓮藕輕脆口感的料理時，可以用熱水稍微汆燙。

熱水煮開時放入藕片，汆燙20～30秒即可。

3 炒

炒到呈現透明感爲止

生的蓮藕下鍋炒，口感會十分輕脆爽口。一開始先用大火讓所有材料沾上油，等到其中的澱粉質糖化，蓮藕就不會黏黏滑滑的。

炒出透明感時，就代表已經炒熟了。

產季時要縱切。

4 炒蒸

用蒸的方式會比較快熟

將生的蓮藕炒過之後再蒸，不但可以保留喀滋喀滋的輕脆嚼勁，還有一股淡淡的綿密口感。

1 用木杓攪拌，以免澱粉質黏在鍋底。

2 加入高湯、調味料與酒等水分後，蓋上鍋蓋蒸煮。如此一來蓮藕不但可以煮熟，風味也會完全提引出來。

醬油辣炒藕條

材料［4人份］

蓮藕……200g、胡蘿蔔……30g、薑片……1片、香麻油……2大匙、醬油&味醂……各2大匙、鹽……1撮、紅辣椒（去籽）……1根、水……50c.c.

蓮藕與胡蘿蔔連皮切成略粗的條狀之後，將蓮藕浸泡在醋水裡（分量外），並且瀝乾水分。香麻油與辣椒放入平底鍋裡加熱，散發出香氣後放入薑片、蓮藕與胡蘿蔔，並轉大火翻炒。將水倒入，加入醬油、味醂與鹽調味，繼續用大火熱炒。起鍋後可依個人喜好撒上炒過的白芝麻與蘿蔔芽。

用大火翻炒讓水分蒸發，炒出來的菜會較有光澤。

5 炸

水煮之後再下鍋油炸，口感會更加綿密香甜。

蓮藕整條水煮過後，再用低溫油炸，可以保留嚼勁，並且釋出甜味。如果用生蓮藕直接下鍋油炸，雖然口感會比較酥脆，但是蓮藕內的水分也會完全蒸發，反而容易焦掉。

1 用冒出細小氣泡的溫度（160℃）油炸。藕片要一片一片分開下鍋，才不會黏在一起。

2 有時撈起藕片使其接觸空氣，或是起鍋再炸一次，表面就會變得比較酥脆。

3 把鹽撒在剛炸好的藕片上。若是冷卻再撒，鹽會不容易附著在上面。

炸藕片

蓮藕連皮放入冷水裡用小火慢慢煮熟。當竹籤可以輕鬆刺穿時，撈起放在篩網上冷卻。用削片器削成薄薄的圓形片，放在餐巾紙上將水分擦乾。油熱至160℃後，藕片下鍋炸3～4分鐘，撈起放在盆子裡撒鹽。

磨成泥做成蓮藕球

善加利用澱粉質黏性做成的料理，就是蓮藕球。蓮藕磨成泥，與用來黏和的太白粉一起攪拌後，揉成球狀再丟入熱水裡，以中火煮3～4分鐘，等蓮藕球浮起來就完成了。或是將蓮藕球放入油鍋裡，做成炸丸子，吃起來的口感外酥內軟。製作時還可以加入蝦仁或蕈菇等能夠增添甘甜滋味的材料。只要一上手，就可以增加菜色喔。

蓮藕不需削皮，直接垂直貼在磨泥器上慢慢磨成泥，如此一來質地會比較細膩。

蓮藕泥揉成球狀後，放入160℃的油鍋裡慢慢油炸，這樣口感會比較Q彈。

內田流 綻放蓮藕的魅力

◎與適合搭配的蔬菜夾在一起，下鍋炸！

可以夾在蓮藕裡的配料有蝦仁與絞肉，每一種都十分可口美味。那麼，可以用什麼蔬菜搭配呢？馬鈴薯非常適合，但可惜味道太過平凡。這時候閃過腦海的，就是芥末蓮藕。我試著在馬鈴薯泥裡加些芥末，發現味道美味極了！原本風味刺激的芥末竟然變得如此香醇。剛炸好的蓮藕，口感不但綿密，而且還非常酥脆呢！自此之後，每當我拿到當季的蓮藕，這道炸藕餅都會做上2～3次。

材料［4人份］

蓮藕……5～6㎝的分量、馬鈴薯（男爵）……2個、洋蔥……⅛個、馬鈴薯泥的調味料［鹽……1撮、橄欖油……1小匙、日本黃芥末醬……1～2小匙］、麵粉（用水調勻）＆麵包粉……各適量、鹽＆胡椒……各適量、油炸用油……適量、葉菜類生菜……適量

1 製作馬鈴薯泥。馬鈴薯削皮後，切成¼放入鍋裡；倒入洋蔥粗末與剛好可以蓋住材料的水量煮至柔軟。瀝乾水分搗成泥之後，再用鹽、橄欖油與日本黃芥末醬事先調好味道。
2 蓮藕帶皮切成16片厚3～4㎜的圓形片。
3 將1揉成球狀，拿2片蓮藕片夾住；裹上麵粉，將多餘的粉拍落；沾上調勻的麵粉水，再裹上一層麵包粉。
4 油鍋熱至170℃，將3炸成金黃色之後，撒上鹽與胡椒。
5 連同葉菜類蔬菜一起盛盤即可。

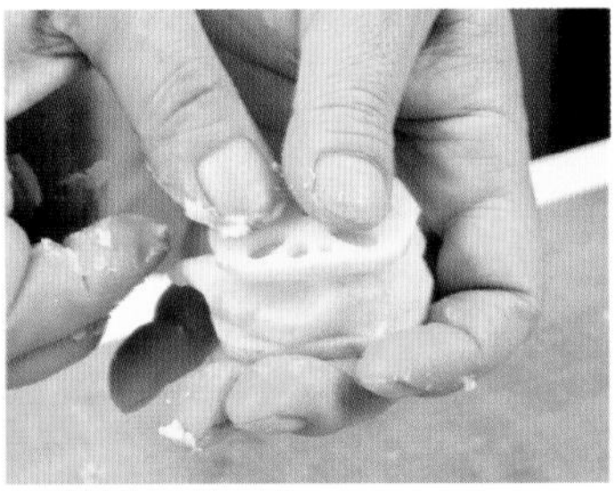

馬鈴薯泥的分量要塡塞到可以從蓮藕溢出來。

烹調要訣

蓮藕的口感非常獨特，調味時，味道濃一點會比較協調。以醬油、味噌與醋等發酵調味料爲主，再搭配芥末醬或辣椒增添風味。搭配咖哩等辛香料也相當不錯。

適合組合搭配的蔬菜

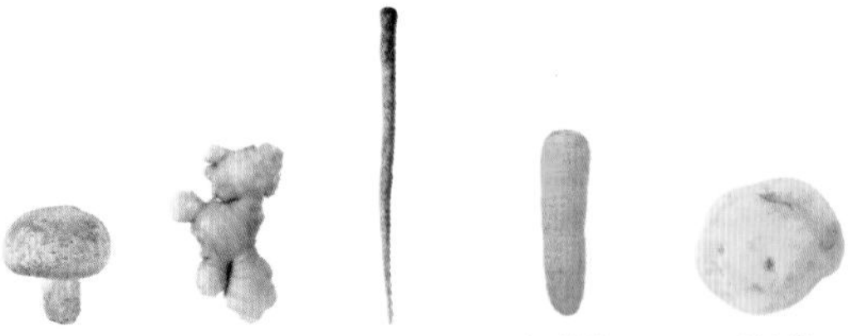

簡單的料理

醋拌藕片

酸酸甜甜，輕脆不膩爽口的小菜

《時期：上市～尾聲》

材料［4人份］

蓮藕……50g

紅（或黃）洋蔥……⅛個

醋漬液

- 砂糖……2大匙
- 白酒醋（或一般的醋）……100c.c.
- 鹽……¼小匙
- 蔬菜高湯或水……100c.c.
- 月桂葉……1片

紅胡椒……10粒

1 醋漬液的材料倒入小鍋裡煮至沸騰，再倒入淺盆裡。

2 蓮藕削皮之後，用削片器削成2㎜的薄片，稍微過熱水汆燙。紅洋蔥連心淋上熱水。

3 將**1**趁熱倒入**2**裡醃漬，撒上搗碎的紅胡椒後，只要醃漬1個小時即可上桌。放置1天後會更入味。

重點☞ ①蓮藕與洋蔥要趁熱倒入溫熱的醋漬液裡醃漬，才會比較入味。②醃漬後，醋漬液會變得混濁，因此盡量不要攪拌藕片。

蓮藕味噌煮

適合下飯，讓人筷子停不下來的配菜

《時期：盛產～尾聲》

材料［4人份］

蓮藕……200g

香菇……3朵

青蔥（綠色部分）……1根

沙拉油……2大匙

綜合調味料

- 昆布與乾香菇高湯（第22頁）或水……1½杯
- 薑皮……1片
- 酒……1大匙
- 味醂……1½大匙

味噌……2大匙

鹽……1撮

水……1杯

1 蓮藕削皮，滾刀切成一口大小。青蔥切成蔥花，香菇切成4塊。

2 製作綜合調味料。高湯與薑皮倒入鍋裡煮，散發出香氣後，加入酒與味醂。

3 沙拉油倒入鍋身略厚的鍋子裡，熱好鍋後倒入蓮藕，一邊攪拌，一邊用大火翻炒；倒入香菇，沾上油之後撒鹽，再倒入**2**並蓋上鍋蓋。

4 燜煮20分鐘，等蓮藕變軟後，加入味噌與水，繼續熬煮10分鐘。最後撒上蔥花稍微攪拌即可。

重點☞ 蓮藕要一邊攪拌，一邊用大火翻炒。

千萬不要因爲不想輸給山藥的黏性，
就用蠻力把它磨成泥喔。

山藥
[薯蕷科]

◎原產地
山藥／中國　日本山藥／日本（野生）

◎產季
10月～3月

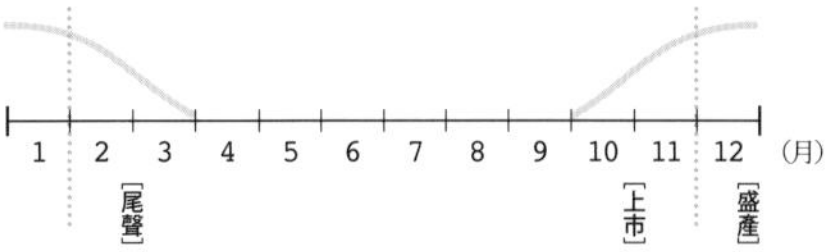

[上市] 水分多，肉質水潤。味道清爽淡泊。
[尾聲] 水分多少會減少，不過風味卻會增加。

◎日本主要產地
家山藥／青森、北海道

◎臺灣主要產季和產地
10月～4月
臺北郊區、南投、花蓮、臺東等

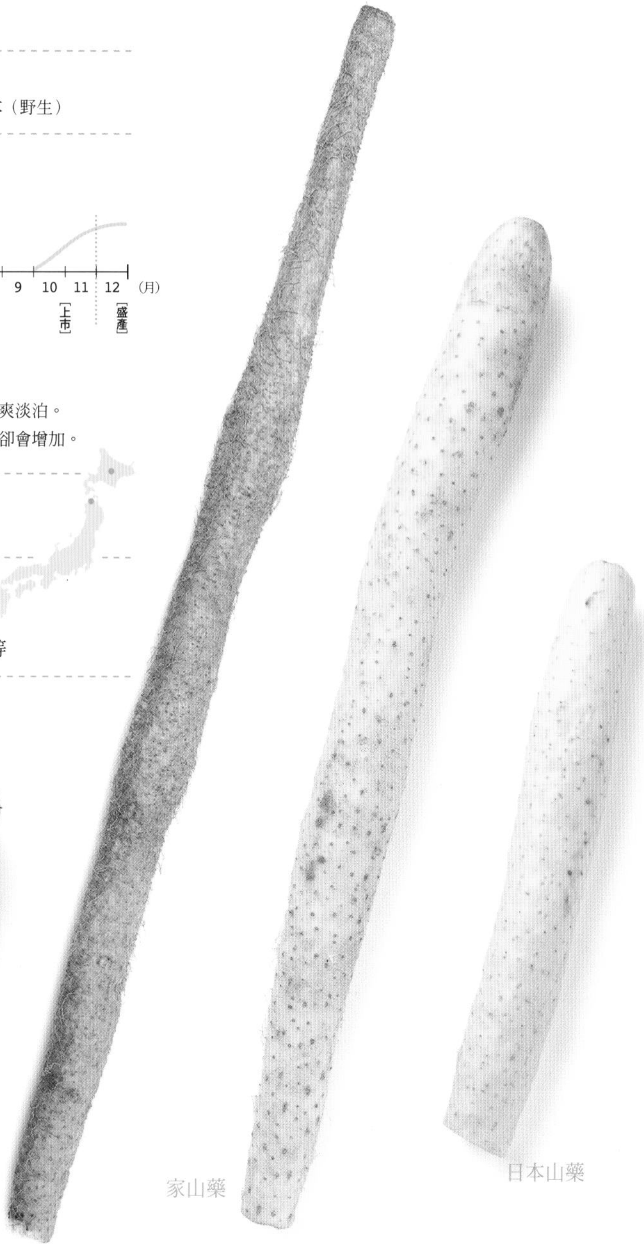

輕脆、濃稠
變化自在的迷人魅力。

山藥可分爲野生山藥，還有長山藥與日本山藥這兩個系統，兩者均富有黏性，散發出一股在山野土壤裡成長的自然風味，也是世界上唯一可以生食的芋類。烹調時，每種山藥都有自己的特色，區分使用會非常有趣。自古以來在山野中自然生長的野生山藥，滋味濃厚香甜，而且黏性不亞於年糕，磨成泥做成山藥泥蓋飯，通常都會使用這種山藥。另一方面，來自中國的家山藥黏性就比不上野生山藥了。不過生食這種山藥，口感輕脆爽口，做成沙拉不但美味，加熱後口感更是鬆軟。屬於同一系統的日本山藥是我們家製作大阪燒時，不可或缺的食材。磨成泥加入一些在麵糊裡，大阪燒的口感會變得十分蓬鬆，風味也會更棒。一想起這些山藥，腦海裡不禁浮現各種形容口感的擬態語。鬆脆、輕脆、濃稠、鬆軟。總歸一句話，如此豐富多樣的口感，全都塞滿在這潔白的肉質裡。

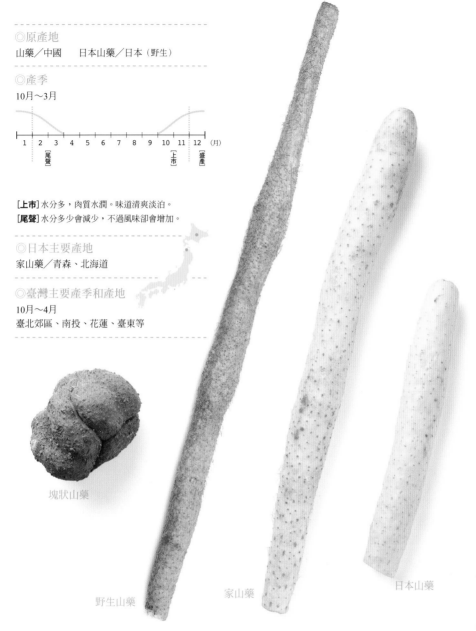

解體

剛上市時縱切，產季尾聲時橫切。切好之後再烹調，甘甜滋味滿溢！

首先是解體

山藥每個部位的滋味雖然不同，不過最大的差異還是在時期。剛上市的山藥，水分多，澀味重，因此要順著纖維切；產季尾聲的山藥，纖維密實，加上澀味變淡，因此分切時要將纖維切斷。

《上市－縱切／條狀切法、細絲切法》

特徵◎生的山藥可以享受到纖維的鬆脆口感與水潤風味。切得越細，切面就會增加，表面會變得非常黏滑，讓口感更加滑順。
料理◎沙拉／涼拌／醋拌

《尾聲－橫切／圓形切法》

特徵◎如果要加熱，通常會切成圓形片。至於是輕脆的口感，還是鬆軟的口感，完全取決於加熱的程度。
料理◎山藥排／煎／炒煮／炸

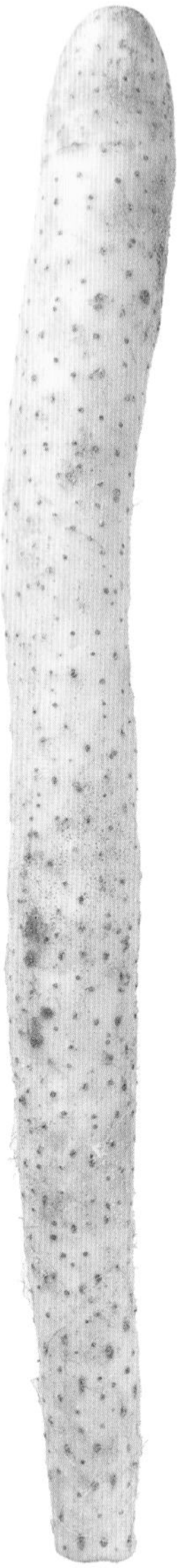

家山藥

◎如何挑選◎

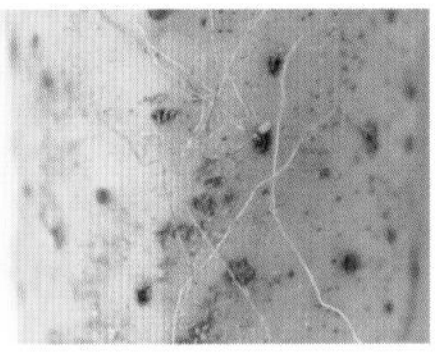

1 表皮光滑，多見鬚根或鬚根的痕跡。

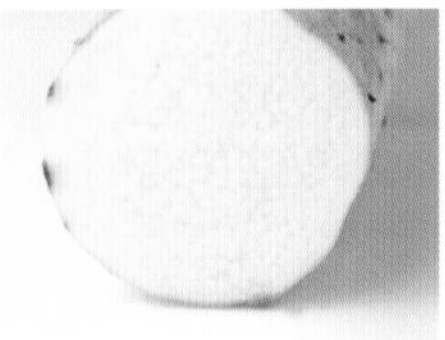

2 切面呈圓形，肉質白色及多水狀。

3 不夠筆直也沒關係，只要表面少凹凸的地方即可。

4 挑選沒有被漂白的。

※照片中爲家山藥，不過其他種類的山藥挑選重點幾乎一樣。

保存

不要分切，直接用報紙包裹，置於常溫下可保存1個月。如果已經分切，就用餐巾紙包裹後，放入保鮮袋裡冷藏保存，並且盡量在2～3天內吃完。

烹調技術

除了生吃，口感與風味還會隨著切法與加熱程度的不同而改變。

基本烹調方式

1 以不同的切法、磨法與加熱程度，盡情享受充滿變化的口感。

2 皮要削得厚一點，鬚根要先用火燒去。

《盛產～尾聲／塊狀切法》

特徵◎切面增加，剛上市的山藥澀味重，因此建議使用產季之後的山藥會較佳。輕脆的口感與恰當的黏滑口感，品嘗起來格外美味。
料理◎涼拌／炒／炸

《盛產～尾聲／磨泥》

特徵◎利用山藥的黏性。黏稠程度因品種而異，可視用途加入高湯。磨成泥後加熱，口感會變得又鬆又軟。
料理◎山藥泥湯／山藥泥蓋飯／焗烤／蝦仁薯丸的黏和材料

家山藥　事前處理—燒鬚根

鬚根燒乾淨，就可以帶皮烹調了

略為洗淨，直接將鬚根放在火爐上燒，如此一來可以連皮磨成泥、煎或油炸。

山藥放在爐火上一邊轉動一邊烤。鬚根只要一碰到火，就會啪吡啪吡地燒光。

薯蕷科根莖類的伙伴

塊狀山藥
外形凹凸不平，充滿重量感。黏性強，味濃厚。可用高湯稀釋做成山藥泥，或是做成山藥球當做湯料。

日本山藥
黏性比家山藥還要強，散發出一股高雅的清甜滋味。可做成山藥泥湯或大阪燒的黏和材料。

野生山藥
自古以來的野生種。黏性強，甜味濃郁。可倒入高湯做成山藥泥。

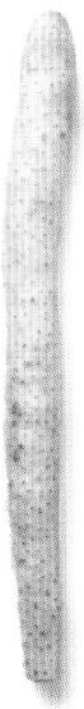

家山藥
肉質粗，水分多；黏性少，味淡泊。可做成沙拉或山藥泥湯，亦可用來煎或炸。

切法

一邊留意纖維一邊分切

剛上市的山藥要沿著纖維縱切，這樣比較不容易釋出澀味；到了產季尾聲改用橫切，味道會比較甘甜。切山藥前，將手先浸泡在醋水裡，就不會因爲山藥釋出的黏液而發癢。

《削皮》

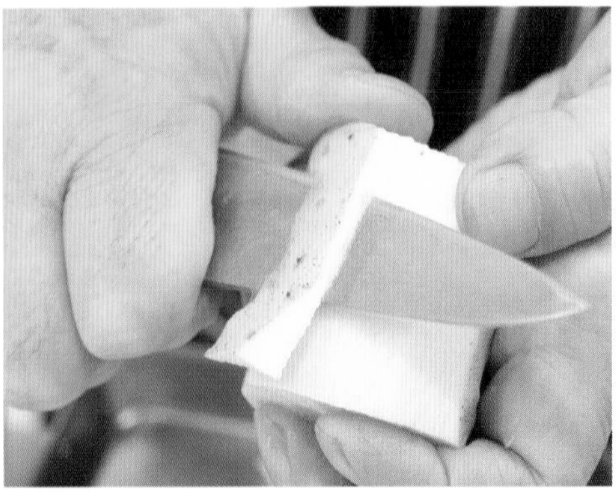

表皮與果肉之間有澀味，因此皮要削得厚一點。先把山藥切成可以一手握拿的大小，並且一口氣把皮削下來，這樣表面就不會變得乾巴巴。

《產季尾聲要橫切》

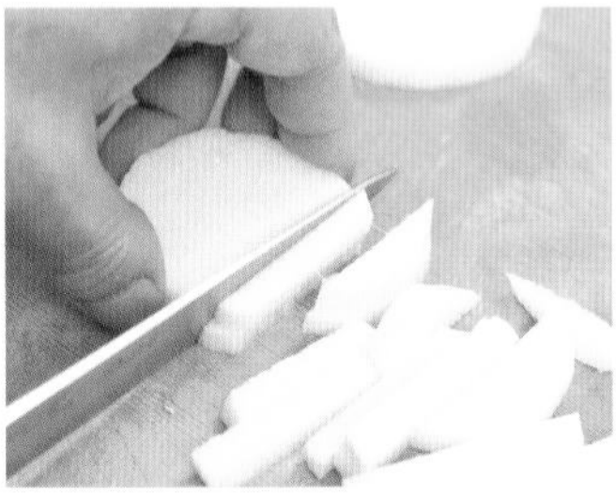

山藥切成圓形片後，疊放切成條狀，這樣味道會更甘甜。

《剛上市要縱切》

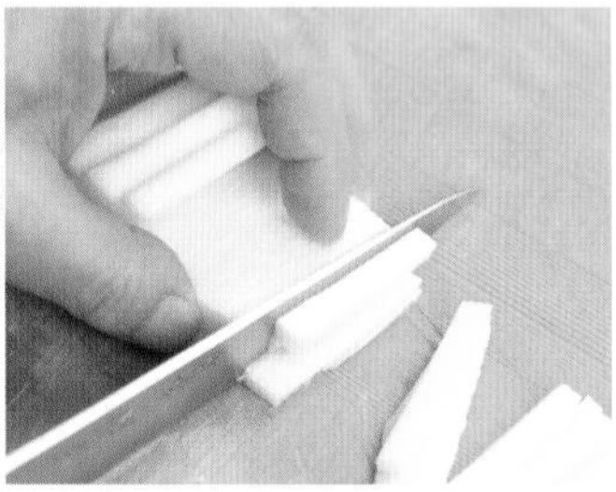

山藥切片後，錯開疊放，縱切成條狀。

《磨泥》

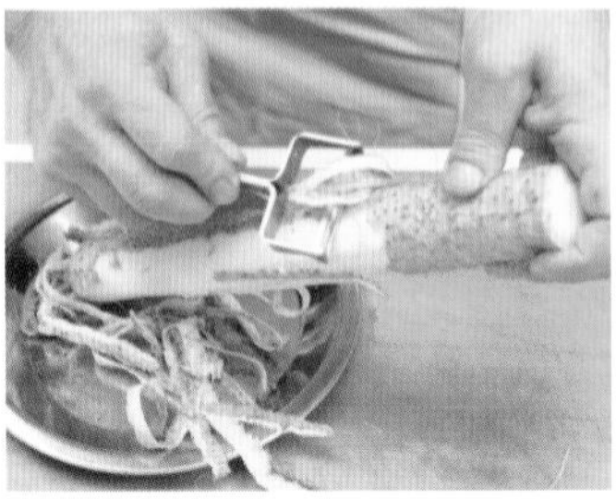

1 取要磨成泥的分量，先用削皮器削皮。

2 握住有皮的部分，這樣磨泥時，手才不會滑，皮膚也不會發癢。如果使用擂缽或陶瓷材質的刨絲器，磨出來的山藥泥不僅沒有澀味，口感還會更加的滑順。

浸泡醋水

用醋水去除澀味

山藥去皮後，會因爲氧化而變色。如果沒有立即調味，就必須浸泡在醋水裡，以免澀味釋出。

碗盆裡倒入可以蓋住山藥的水量，滴上1～2滴的醋。只需浸泡10分鐘，浸泡太久山藥會有一股醋臭味。浸泡醋水會讓山藥的黏性變少，風味變得更加爽口。

加熱

倒水加熱煮熟

要讓山藥表面酥脆，裡面鬆軟，就要先煎過，再倒入水，用大火一口氣將山藥煮熟。

兩面煎至金黃色後，加入高湯或開水。

以大火滾煮至水分收乾。

烹調要訣

要善用山藥的濃稠與黏滑特性，就必須掌握分量調整與作法的訣竅。

1 想要呈現清爽口感

想要善加利用那股宛如沙拉般的輕脆口感，訣竅是不要過度攪拌，這樣山藥就不會變得又黏又滑。另外，切好後浸泡醋水，口感會變得比較水潤。事先將調味料備妥，山藥切好之後，立刻調味即可。

切好後立刻拌和。使用寬底的淺盆容器會比碗盆好，這樣在攪拌時比較不會釋出黏液，而且可以均勻沾到調味料。

2 高湯要慢慢地倒入

將高湯或調味料倒入山藥泥裡時，不要一口氣倒入，要一點一點慢慢加進。如果能夠用擂缽一邊搗碎一邊加入，磨成的山藥泥會更加滑順與更有彈性。

一口氣倒入的味道會分布不均，因此要一點一點地分批倒進。

3 當做麵糰來使用

磨好的山藥泥只要一加熱，就會變成質地蓬鬆的麵糰，可以直接倒入平底鍋裡像鬆餅般的煎熟，也可以與其他材料混合，做成焗烤口味的麵糊。

與其他材料攪拌均勻，讓所有材料合爲一體。

4 當做黏和材料

磨好的山藥泥可做爲大阪燒的黏和材料，讓口感與分量更加飽滿。

《大阪燒的分量範例》

山藥泥放多一點，口感蓬鬆；放少一點，則滋味淡泊。由左到右爲高麗菜、麵粉與日本山藥。（請參照第16頁）

直接品嘗山藥泥的滋味與風味

山藥泥蓋飯

材料［2人份］

日本山藥……250g、青蔥……3根、糙米飯（白米飯也可以）……2碗、稀釋用高湯［乾香菇高湯（第22頁）&醬油&味醂……各50c.c.］

1 將稀釋用高湯的材料倒入鍋裡，加熱後冷卻。

2 日本山藥削皮後，用格眼較小的刨絲器磨成泥狀。青蔥切碎。

3 將1倒入山藥泥裡，攪拌均勻後撒上青蔥。

4 將3倒在米飯上，再依個人喜好添加山葵醬。

烹調要訣

山藥原本的風味特別淡雅，若要直接生食，可以加入味噌、醬油與醋等發酵調味料，將味道調濃一些，這樣滋味會更加出色。加熱會讓風味完全凸顯出來，煎的時候只要有橄欖油、鹽與胡椒就相當美味了。

適合組合搭配的蔬菜

茼蒿

胡蘿蔔

香菇

發揮家山藥特色的鬆脆小菜

山藥拌山葵

《時期：上市》

材料［4人份］

家山藥……300g

綜合醋汁

- 醬油&醋&味醂……各2大匙
- 鹽……1撮
- 山葵……適量

1 將綜合醋汁的材料倒入碗盆裡混合備用。

2 家山藥削皮，切成長約5㎝的細條狀。

3 將**2**倒入**1**裡拌和即可。

重點☞ 山藥切好後要立刻與綜合醋汁拌和，這樣才不會變色，看起來也較為美觀。

在同一道菜裡品嘗兩種不同口感的山藥

味噌焗烤家山藥&日本山藥

《時期：盛產～尾聲》

材料［4人份］

家山藥……350g

沙拉油……1大匙

蔬菜高湯（第18頁）或水……50c.c.

橄欖油……少許

茼蒿葉……少許

麵包粉……適量

焗烤奶油醬

- 日本山藥……150g
- 洋蔥……¼個
- 香菇……2朵
- 蒜末……1小匙
- 橄欖油……1大匙
- 味噌……1½大匙
- 白葡萄酒……2大匙
- 蔬菜高湯或昆布高湯（第22頁）……3大匙
- 鹽……2撮

1 家山藥帶皮將鬚根燒去後，切成1.5㎝的圓片，浸泡於水中5分鐘後，將水分拭乾。日本山藥削皮後磨成泥。洋蔥和香菇縱切成薄片。

2 沙拉油倒入平底鍋裡，熱鍋後放入家山藥，用中火煎。最後倒入蔬菜高湯，用大火煮。

3 製作醬汁。橄欖油與洋蔥倒入平底鍋裡，炒出香味後，放入洋蔥與香菇。充分炒好之後加入味噌與白葡萄酒，注入高湯略爲攪拌，再倒入日本山藥混合，並撒鹽調味。

4 在烤盤表面塗抹一層橄欖油，擺上家山藥，撒上茼蒿葉，將**3**的醬汁與麵包粉倒在上面，放入烤箱，讓表面烤出顏色即可。

重點☞ 洋蔥要充分炒熟，讓甜味釋出。若是炒得半生不熟，會殘留一股土腥味。

內田流 1 column

烹調芋類的基本規則
重點就是加熱 用低溫慢慢進行

1 前置作業

製作滷煮菜時，先切成適當大小，削下一層厚厚的皮，芽眼也順便挖除。為了避免煮散，邊角要削圓，讓外形線條滑順。削皮後，表層會變得黏滑甚至變色，因此要浸泡在水裡。

2 加熱

芋類只要一加熱，味道會因為澱粉質糖化而變得更加香甜。若用大火煮，果肉會因為煮散而來不及糖化，吃起來的口感就會變得粉粉的。如果不分切，整顆放到冷水裡，低溫慢慢加熱煮熟，是最基本的烹調方式。

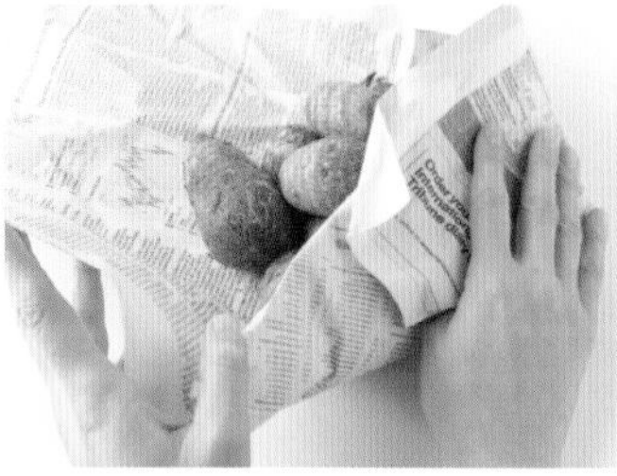

保存

用報紙包裹，放置在溫度變化不大的陰涼處保存。在保存的期間，澱粉質會糖化，如此一來味道會變得更甜。

削皮——一口氣削到底

切成要烹調的大小，再一口氣把皮削掉，這樣表面會變得更加平滑。皮若是削得太薄，表層會凹凸不平，而且還有纖維存留。所以訣竅是一邊塑整外形，一邊把皮厚厚地削乾淨。

水煮——帶皮放入冷水裡用低溫煮

適合澱粉質已經糖化、接近產季尾聲的芋類。帶皮放入冷水裡煮，快要沸騰之前把火候轉小，以80℃左右的溫度慢慢煮熟。如果讓水咕嘟咕嘟地沸騰，芋類的外側與內側會因為溫度差而整個碎爛。

炸——煮過之後再炸

適合剛上市的芋類。帶皮煮過之後再炸，這樣內側會變得鬆軟，但是外側卻十分酥脆，連皮的風味也能夠保留下來。如果直接用生的芋類下鍋油炸，雖然裡面會熟，但很容易炸焦甚至變硬。

蒸——甜味不會流失

所需時間比用水煮的方式還快。用蒸的甜味比較不會流失，肉質也不會變得水水的。如果要把芋類搗碎做成可樂餅，可以用這種方式。不過皮要趁熱剝除。

橙色的力量，
讓胡蘿蔔
穩坐配角女王之位。

胡蘿蔔

［繖形花科］

胡蘿蔔女孩，活躍的時候，是配角。

群山楓葉轉爲豔紅之前，在土裡捷足先登、第一個帶來秋天訊息的，就是胡蘿蔔。散發出初上市氣息的鮮豔美麗橙色，香氣更是鮮明。細瘦的姿態令人感覺很溫柔，讓我馬上聯想到性情溫和的小女孩。其實胡蘿蔔原是一種菜心風味十分強烈的蔬菜，原產於阿富汗山腳下寒暖溫差甚大的乾燥地帶，在傳至東西之際，不但品種增加了，同時還攀上常備蔬菜這個屹立不搖的地位。

胡蘿蔔原本就是不可或缺的香味蔬菜，出場的機會當然不少。可是，如此豔麗的存在感，爲何沒有當上主角呢？這就與個性派演員跑去演配角一樣，胡蘿蔔所扮演的角色，其實就是配角。例如滷東西時，只要加些胡蘿蔔，整道菜看起來就會十分華麗，讓人胃口大開。運用相同的點子，我最常做的就是沙拉淋醬。只要把胡蘿蔔與洋蔥一起磨成泥，調好味道之後攪拌均勻，最後再和茼蒿稍微拌和，讓人看了驚豔萬分。不，等一下喔，不是還有一道只用胡蘿蔔，便能表演出色的佳餚嗎？胡蘿蔔濃湯！這可是一道無愧爲嬌豔美人的美食呢！

◎原產地

中亞

◎產季

10月～12月

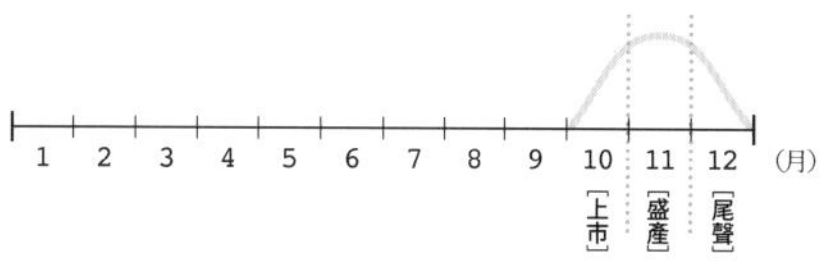

[上市] 水分多，果皮薄。風味清爽，易釋出澀味。
[尾聲] 水分少，果皮厚。風味與甜味濃郁。

◎日本主要產地

北海道、千葉、德島

◎臺灣主要產季和產地

12月～4月
中南部地區

（※編註：將小魚和貝類的肉、海藻等海草中加入醬油、調味醬、糖等一起熬煮的食物。因其甜、辣、調味濃重，因此保存期長。江戶時代作爲常備食品被大家所珍視。也經常當作飯團和茶泡飯的配料。這道料理發源於江戶前漁業的據點之一的佃島——現在的中央區佃周邊，因此而得名。）

解體

上方三分之一處爲解體的基準。上方甜，下方水潤。

首先是解體

買來帶葉的胡蘿蔔後，將菜葉與菜根分切。整體來說，根部果肉的風味並沒有多大的差異。如果要分切使用，以上方的三分之一處爲基準來切。上方的纖維較粗，下方則是因爲還在成長，所以纖維較細嫩。

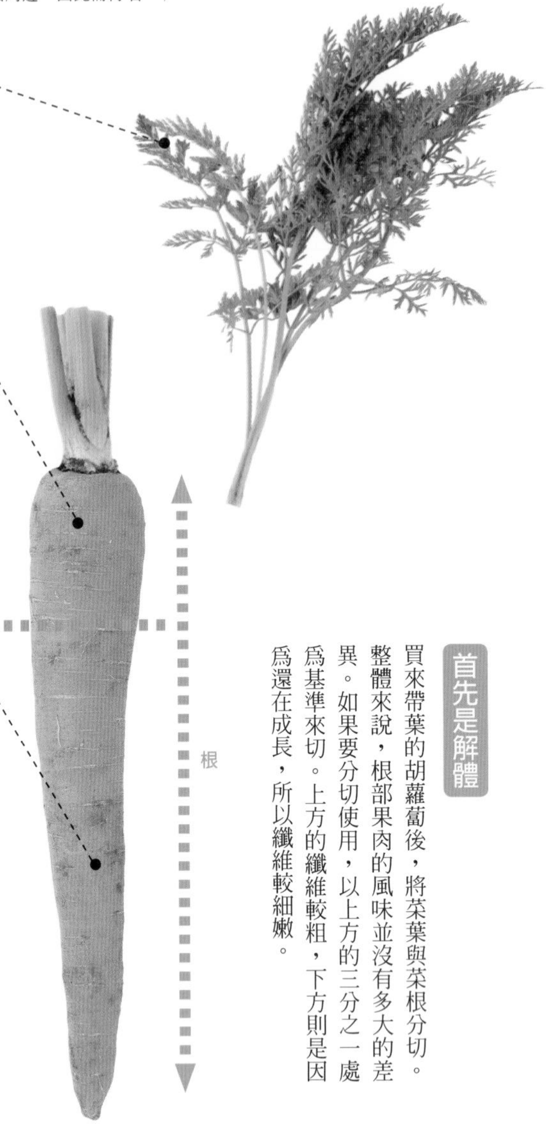

葉

氣味芳香，營養價值高。適合搭配油脂烹調，可用來熱炒或油炸。菜梗的部分較硬而且有筋，可以切碎後做成佃煮※。

上

特徵◎組織已經完全成長，纖維粗硬且果皮厚。無論滋味與香味都比下方濃厚。

料理◎滷煮／糖霜／炒（醬油辣炒、炒蔬菜等）／沙拉淋醬／湯品

下

特徵◎還在成長，因此纖維細嫩且果皮薄。滋味與香味較水潤，也比較容易釋出澀味。

料理◎沙拉／炒（炒蔬菜等）

保存

如果吹到風，會非常容易腐敗，因此要用報紙包裹，置於常溫下保存。若帶泥土則可保存1週～10天。

◎如何挑選◎

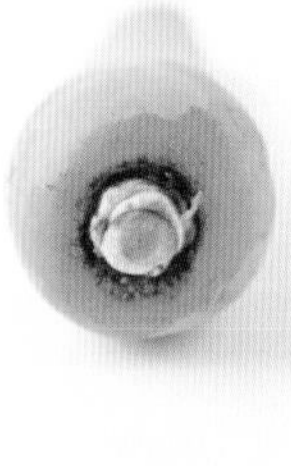

1 心小且位在正中央。

2 頭寬，越往尾端體型越來越纖細。

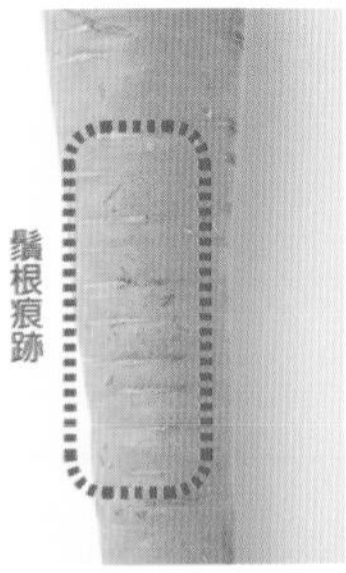

3 鬚根痕跡間隔等距，幾乎成一直線排列。

4 越往中心，呈現的橘色越鮮豔（五吋胡蘿蔔）。

烹調技術

剛上市與產季尾聲的胡蘿蔔會因產季不同而改變風味，因此透過切法與加熱方式讓滋味更加香甜。

基本烹調方式

1 初上市與產季尾聲的胡蘿蔔，其切法與加熱方式不同。

2 透過切法讓口感更有變化。

3 若將整條胡蘿蔔用小火煮熟，風味會完全釋放出來。

洗

充滿風味與營養的果皮

果皮滋味香甜，只要清洗乾淨，可以的話，使用時盡量不要削皮。如果要用來滷煮或做成菜泥，就用削皮器削下一層薄薄的皮即可。

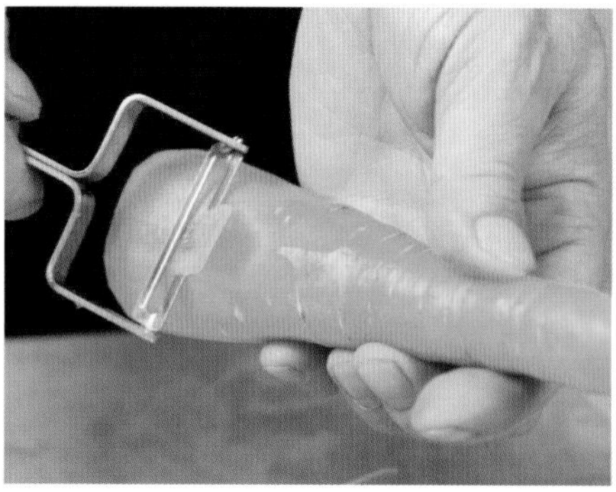

切法

剛上市的要縱切，產季尾聲的要切成圓片。

若將剛上市的胡蘿蔔的纖維切斷，會非常容易釋出澀味；不過到了產季尾聲，胡蘿蔔的纖維會變得又粗又硬，這時就算把纖維切斷也不太會釋出澀味。因此在烹調時得注意一下這個差異，下刀時稍微改變一下切法。

《適合上市～盛產的切法》

沿著纖維縱切

《縱向薄片切法》

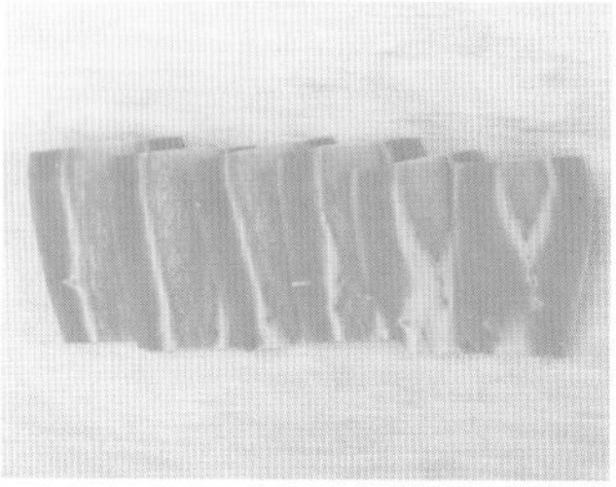

果肉會變得柔軟，口感也會更加滑順。可以撒鹽做成醃漬菜或是熱炒。

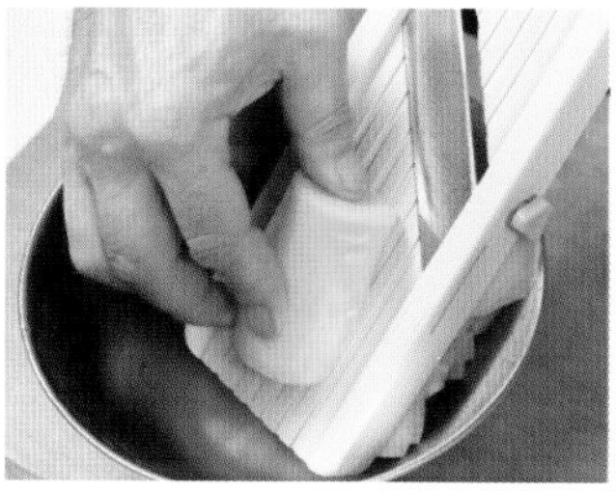

切成薄片時可以利用削片器。決定好長度後，將胡蘿蔔貼在刀刃上，由上往下推壓削成片，這樣就能夠迅速切出厚度一樣的胡蘿蔔片。

《條狀切法》

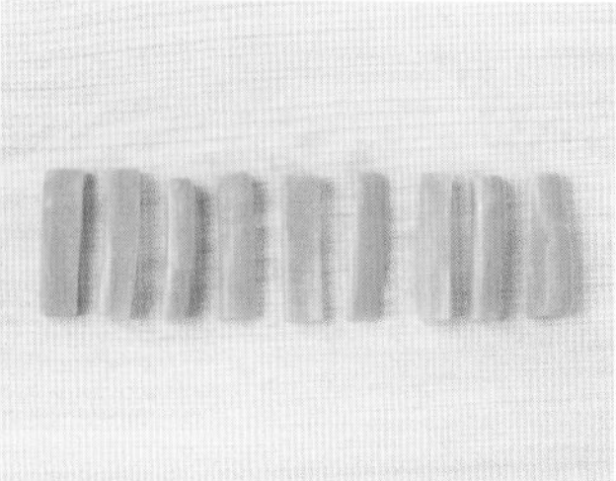

就算加熱，也能夠保留適度輕脆的口感。可用來做成醬油辣炒、炒煮，或是醃漬菜。

《絲狀切法》

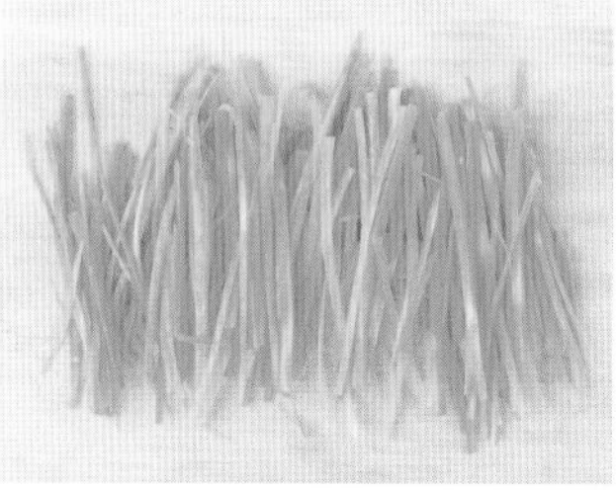

讓剛上市的水潤口感完全提引出來。可以撒鹽做成沙拉，或熱炒。

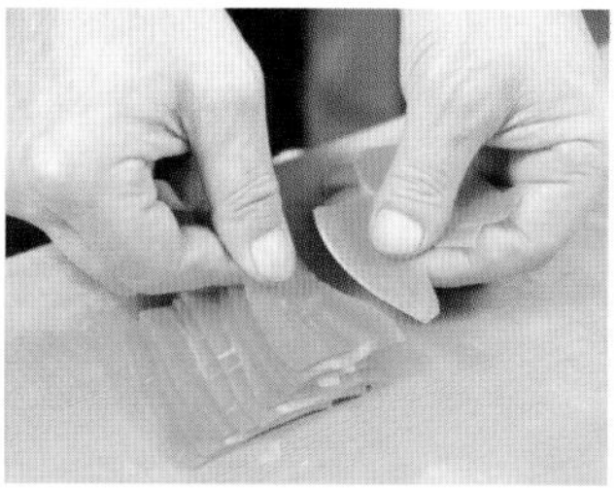

削成薄片後，等距離錯開排放。

▼

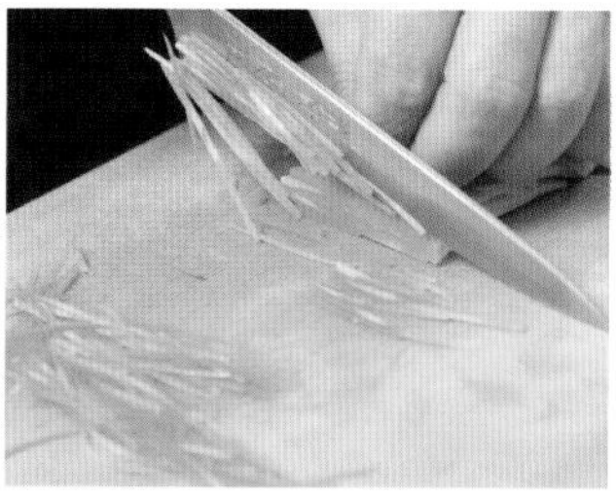

從邊端開始切。菜刀刀頭貼著砧板壓切，這樣就不會漏切。

將纖維切斷之後再橫切

《適合盛產～尾聲的切法》

《絲狀切法》

產季尾聲的胡蘿蔔可以先斜切成薄片後，再切成絲狀。這種切法可將纖維切斷，吃起來口感會較柔嫩。

斜斜地切成大片薄片後，再整齊錯開排列，從邊端切成絲。

《滾刀切法》

以斜切的方式把纖維切斷，可以展現出恰到好處的口感與存在感，適合用來滷煮或燉煮。

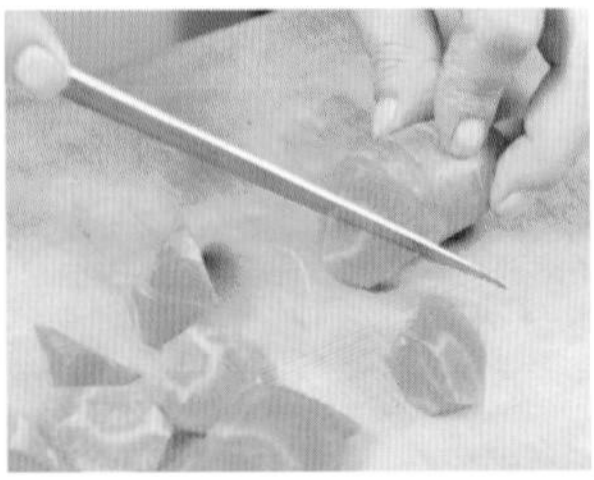

拿在手邊，一邊轉90度一邊用菜刀斜切。

《圓形切法》

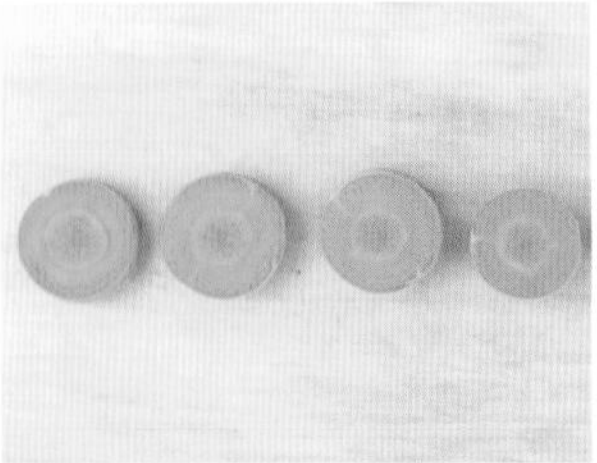

只要一加熱，甜味就會提升。適合滷煮或當做配菜，甚至燉煮。

配合要烹調的料理來切

《適合任何時期的切法》

《薄片》

縱向削成長條形的薄片狀。生食口感輕脆，過熱水氽燙則口感柔軟。適合做成甜醋漬或沙拉。

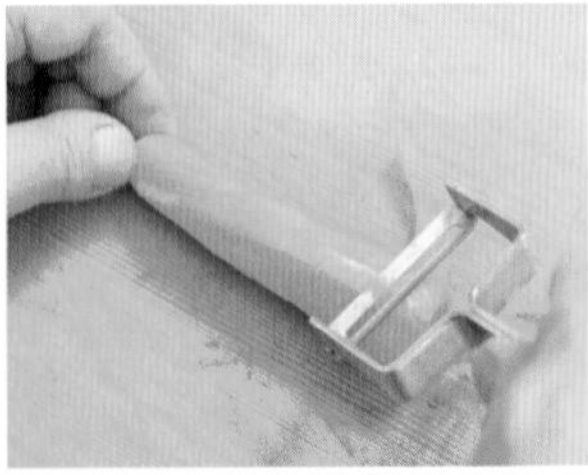

平行放在砧板上，以拉的方式用削皮器削成薄片。削好之後泡水。

《菜泥》

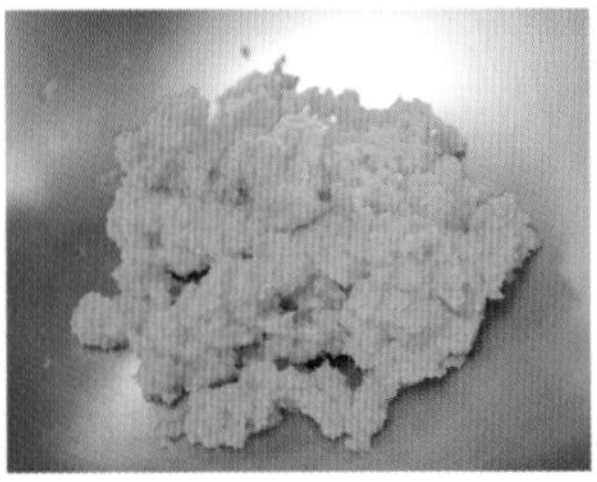

讓纖維變得細膩，可以感受到一股濃烈的甜味與芳香。可用來製作沙拉淋醬或涼拌菜。

皮削好後，垂直貼在磨泥器上以畫圓的方式磨成泥。

《塊狀切法》

分量飽滿，胡蘿蔔風味濃郁。適合滷煮與做成糖霜。

《切丁》

只要把纖維切斷，就不用擔心嚼起來會太硬，而且口感佳。適合熱炒。

《塑整成型》

可以避免果肉煮散，又能煮得漂亮

為了避免纖維的筋與邊角破壞口感，可以先處理外形，讓滋味變得更加美妙。

《削圓》

將邊角削圓，這樣果肉比較不會煮散，口感也會較好。

《削下厚厚的一層皮》

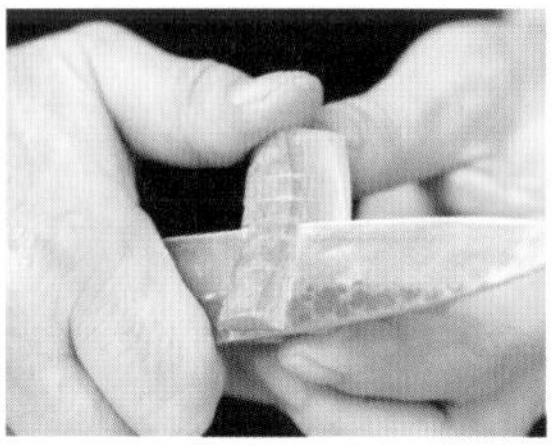

果皮內側充滿筋，非常容易失去水分。如果將果肉切成外形較大的柱狀時，要削去厚厚的一層皮，好讓口感變得更加滑順。

※成型後，切剩下的菜屑可以當做味噌湯的配料。

直接生食—沙拉、醋拌

撒鹽讓胡蘿蔔變軟

撒鹽讓纖維變軟，這樣會比較容易入味。

每1條胡蘿蔔撒上½小匙的鹽，放置一段時間後，澀味就會連同水分一起釋出。

▼

醃漬5分鐘後泡水，去除苦澀味，讓菜絲變軟。

加熱

整條下水煮熟後再烹調

整條胡蘿蔔帶皮水煮後，可以用來滷煮、油炸或做成菜泥，這樣甜味比較不會流失。

1 水煮

用低溫將整條胡蘿蔔煮熟

整條胡蘿蔔放到鍋裡，注入剛好可以蓋過材料的水量；水沸騰後轉小火，以80℃～85℃慢慢地煮熟。

煮的時候，水面是呈波動的狀態。只要煮約30分鐘，風味與甜味就會被提引出來。

2 熱炒

用大火熱炒可以保留口感

把胡蘿蔔切得小一點，生胡蘿蔔直接下鍋翻炒。當材料都沾上油之後，再轉大火繼續炒，這樣就不會釋出水分。

從口感較硬的胡蘿蔔開始炒。只要顏色一變，就代表胡蘿蔔已經炒到七分熟了。

3 滷煮

水煮之後泡漬在煮汁裡

不要用生的胡蘿蔔滷煮，先水煮，然後再放入煮汁裡醃漬。這樣風味不但不會流失，還會剛好入味。

煮汁與胡蘿蔔都要趁熱醃漬，才會入味。

醋拌雙色蘿蔔

材料［2人份］

胡蘿蔔、黃蘿蔔……各½條、核桃……3～4粒、油菜……1株、鹽……1小匙、甜醋［醋……100c.c.、砂糖&味醂……各1大匙、鹽……2撮、柚子皮細絲……少許］

1 胡蘿蔔縱切成長3㎝的菜絲，撒鹽醃漬一段時間後泡水。核桃放入烤箱裡烤約10分鐘。油菜汆燙後用篩網撈起，切成與胡蘿蔔絲一樣的長度。
2 將甜醋的材料混合。
3 胡蘿蔔與油菜放入碗盆裡混合後，倒入2拌和。
4 盛入容器，撒上核桃即可。

胡蘿蔔的品種

從中亞分成東西兩派，衍生了歐洲品種與亞洲品種。經由中國傳來的是亞洲品種，有紅、白、紫等顏色，種類非常豐富；可惜之後被歐洲品種超越，如今只剩金時胡蘿蔔。至於歐洲品種，則衍生了不少新品種。

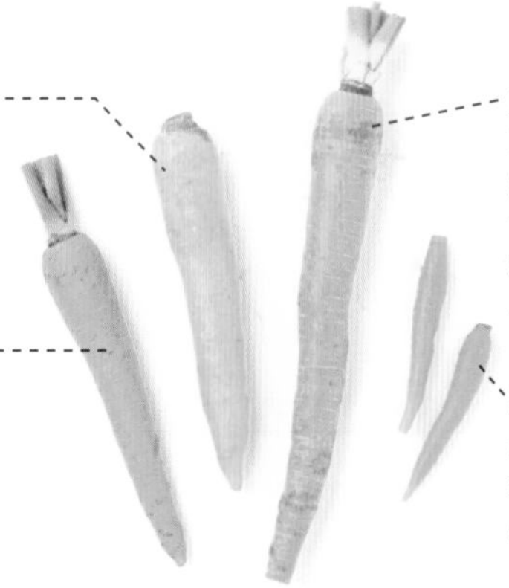

黃蘿蔔
與中國品種的胡蘿蔔交配而成的黃色品種。長約20㎝，果肉柔軟無澀味。可生食。

五吋胡蘿蔔
日本的主流品種，長約15～20㎝，頂端風味較濃。烹調範圍非常廣泛，可以滷煮甚至做成沙拉。

金時
又稱爲京蘿蔔。鮮豔的紅色，長約30㎝。味道甘甜，沒有胡蘿蔔的澀味，而且果肉柔軟，適合滷煮。

迷你胡蘿蔔
長約10㎝的小型品種。氣味淡，味甘甜。大多用來生食。

※歐洲品種的橙色是胡蘿蔔素，亞洲品種的紅色是茄紅素。

胡蘿蔔泥與胡蘿蔔濃湯

胡蘿蔔獨有的鮮豔色彩與芳醇香氣

胡蘿蔔泥色彩鮮豔、甜味濃厚，使用範圍非常廣泛。可用來搭配溫蔬菜※，甚至做成魚類或肉類料理的淋醬。倒入蔬菜高湯做成湯品，滋味會更加出色。

（※譯註：加熱的蔬菜。相對於生蔬菜的說法。烹調方式以水煮或蒸為主。）

《胡蘿蔔濃湯》

胡蘿蔔的土腥味完全去除，滋味香甜，風味馥郁。

材料［2人份］
胡蘿蔔泥……1杯、蔬菜高湯（第18頁）或水……1～1½杯、鹽……適量

將胡蘿蔔泥與蔬菜高湯倒入鍋裡溫熱，倒入適量的水，調成喜歡的濃度，最後再撒鹽調味即可。

《胡蘿蔔泥》

材料［成品1½杯］
胡蘿蔔……1½根（300g）、芹菜……20g、洋蔥……50g、百合根……50g、蒜片……1片、橄欖油……2大匙、水……適量、鹽……少許

使用方法◎溫蔬菜沾醬／涼拌（水煮胡蘿蔔、柿子、南瓜）／魚類或肉類醬汁／湯品

1 材料用油炒過後燉煮

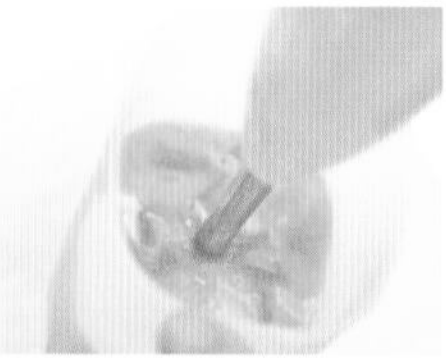

2 倒入食物處理機中攪打

3 溫熱

4 過篩

內田流 綻放胡蘿蔔的魅力

◎秋天的基本沙拉淋醬

最能夠展現當季胡蘿蔔新鮮滋味的，就是沙拉淋醬，不但可以凸顯出風味，味道也會更甘甜。當然，色彩的鮮豔更是無可挑剔。只要附上一點在蕪菁或茼蒿沙拉上，就會讓人難以忘記其美味。製作的時候，重點是要連皮磨成泥，這樣才能夠保留胡蘿蔔的芳香。充分攪拌使其乳化，可以讓口感變得更加圓潤香醇。

材料
胡蘿蔔……½條、洋蔥泥……1大匙、A（調味料）［橄欖油……5大匙、白酒醋……1½大匙、蔬菜高湯（第18頁）……1大匙、鹽&胡椒……各2撮］

胡蘿蔔連皮磨成粗泥之後，與洋蔥泥一起倒入碗盆裡，加入A，用打蛋器攪打至醬汁滑順爲止。

口感好、香氣佳
秋季蔬菜愉快的競賽表演

胡蘿蔔、蕪菁與茼蒿綜合蔬菜沙拉

《時期：尾聲》

材料［4人份］

胡蘿蔔……⅓條
蕪菁……1個
茼蒿……2株
蒜片……1片
橄欖油……1大匙
鹽……½小匙
胡椒……1撮
蔬菜高湯（第18頁）……1大匙

1 胡蘿蔔與蕪菁削皮後，切成5㎜的丁塊。茼蒿的菜莖與菜葉分切開來。

2 橄欖油與大蒜放入平底鍋裡，爆出香味後將大蒜取出，倒入胡蘿蔔並用大火翻炒。等表面的橘色變淡了，再倒入蕪菁繼續炒。當蕪菁炒至透明時，放入茼蒿莖，撒上2撮鹽與胡椒，注入蔬菜高湯，加入茼蒿葉，再用剩下的鹽調味即可。

重點☞ 由硬到軟的順序將材料下鍋翻炒，不要炒得過熟，這樣口感才會比較剛好。

慢慢滲入的煮汁
風味溫和順口

胡蘿蔔滷油豆腐皮

《時期：盛產～尾聲》

材料［4人份］

胡蘿蔔……1根
煮汁
- 薑片……1片
- 蔬菜高湯（第18頁）或乾香菇高湯（第22頁）……100c.c.
- 醬油……40c.c.
- 味醂……50c.c.

油豆腐皮……1片
油菜……1株

1 胡蘿蔔削皮後，整條水煮，再以滾刀切成塊。油豆腐皮過熱水，去油後切成條狀。油菜燙熟。

2 將油豆腐皮放入煮汁裡煮開。

3 胡蘿蔔與油菜放入2的煮汁裡醃漬即可。

重點☞ 胡蘿蔔與煮汁要趁熱泡漬，才能比較入味。

鋁箔紙裡頭
藏著
熱呼呼的烤甘藷。

甘藷［旋花科］

想要讓風味更棒，靠的不是烹調技術，而是要等待、等待，再等待。

到了十月中旬，就算已經進入秋天了，某農家的甘藷還是沒有送來。雖然一直急著問對方：「還沒嗎？還沒嗎？」生產的農家卻老神在在地說：「再等一下吧。」結果送來御廚的時候，已經是和往年一樣，正式進入寒冷季節的十一月下旬了。不過，這值得等待。因爲色彩鮮豔、姿態飽滿的甘藷所釋放的甜味與鬆軟口感，堪稱一絕，充滿了農家拍胸脯保證的「成熟」滋味。

甘藷原產於中美洲的熱帶地區，即使土壤貧瘠，也能夠茁壯生長。不只是容易栽種，甘藷還有豐富的澱粉質。每逢饑荒時，靠著甘藷熬過飢餓的故事時有耳聞，加上滋味香甜，就算吃得不多，依舊可以得到飽足感。與其花時間精心烹調，用烤的或是蒸的反而可以直接品嘗到最原始的甜味，這股樸實的風味可是會讓人上癮的。蒸的半個小時，烤的約一個小時即可。如果要炸成天婦羅，切片後先放在太陽底下曬個半日，甘味就會濃縮，而且味道會更甜美。沒錯。成熟的甘藷也是一樣。滋味甘甜的關鍵在於「時間」。等待，就是最好的烹調技術！

◎原產地

中美洲

◎產季

9月～11月

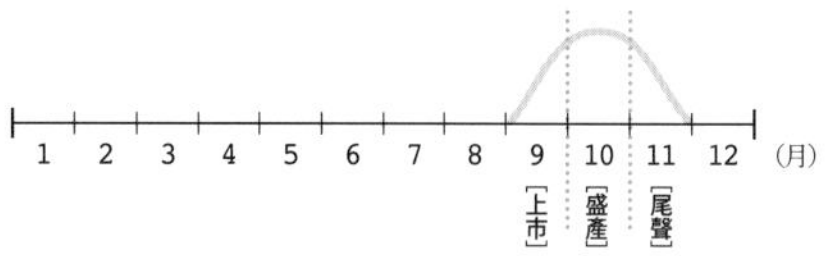

[上市] 水分多，甜味淡。適合與油品調理。

[尾聲] 水分少，甜味會因爲澱粉質糖化而倍增。

※「上市」是剛收成的甘藷，「尾聲」是收成後，儲藏熟成超過1個月的甘藷。

◎日本主要產地

鹿兒島、茨城、千葉、德島

◎臺灣主要產季和產地

全年皆有

新北市、桃園、雲林、臺中、彰化、南投、臺南、花蓮

烹調技術

讓甘藷完全成熟，將甜味提引出來。剛上市時水分含量較多，因此要用油烹調，或是稍微曬乾之後再調理。

基本烹調方式

1 初上市的甘藷水分多、澀味重，因此要用油烹調。成熟後再改用水煮或蒸的方式調理。

2 想要提引出甜味，就必須用低溫慢慢加熱。

切法

初上市的要斜切成大塊。成熟的則切法自由。

如果將剛收成的初上市甘藷的纖維切斷，會非常容易釋出澀味，所以要盡量以斜切的方式切成大塊。

《斜切》

斜切時，切面面積盡量大一點。初上市的甘藷如果用這個切法切片曬乾，水分蒸發之後，味道會變得十分甘甜。料理◎炸天婦羅／清炸

《條狀切法》

斜切或切成圓片後，再從邊端切成條狀，如此一來味道會變得更香甜。適合成熟甘藷的切法。料理◎糖霜／拔絲地瓜／炒

《滾刀切法》

切面只要越大，就越容易煮熟。適合成熟甘藷的切法。料理◎拔絲地瓜／滷煮

朝手邊，一邊轉90度，一邊從切口頂端切下。

《圓形切法》

將增加成熟甜味的甘藷切成厚厚的圓片。料理◎滷煮

◎如何挑選◎

1 表皮色澤鮮豔，鬚根或鬚根痕跡多，並且均等的呈一直線排列。

2 甘藷如果從果軸分泌出糖蜜，代表已經成熟，而且甜味倍增。

3 飽實沉重。

保存

如果帶泥巴可直接保存。若是已清洗乾淨，則用報紙包起來置於常溫下保存。

事前處理

泡水去澀味

甘藷澀味濃，只要一接觸空氣就會變黑，所以切好後要立刻泡水。

切好後要立刻浸泡在大量的水裡。當水變得又白又濁時，即可撈起。

加熱

低溫慢慢加熱，會變得更香甜。

想利用澱粉質糖化的方式來提升甜度，就必須利用低溫長時間加熱。將整條甘藷下鍋煮，甜味非但不會流失，口感也會變得更加黏密。

1 水煮

整條甘藷用低溫慢慢煮熟

將整條甘藷放入裝滿水的鍋子裡煮，當水將要沸騰時，把火轉小，以80℃左右的低溫慢慢加熱煮熟。煮出來的甘藷甜味不但不會流失，口感還會變得十分黏密。

3 炸

要讓口感酥脆，就要炸兩次

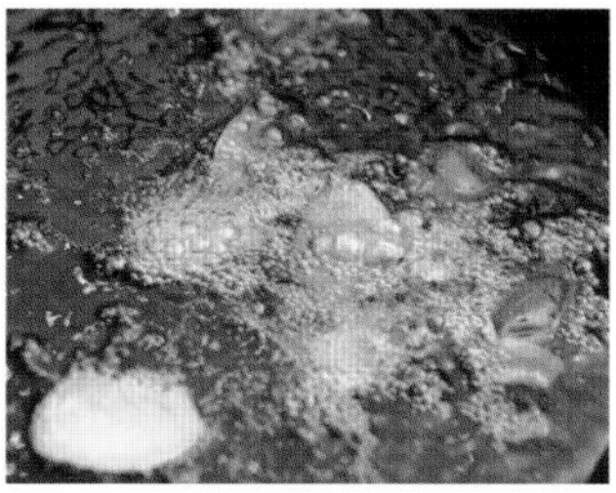

用生的甘藷油炸，會很容易焦掉，因此要先用160℃的低溫慢慢炸。想要炸出酥脆口感，油鍋的溫度就要提升至170℃，然後再下鍋炸第二次。

2 蒸

口感不會變得水水的，而且還十分鬆軟

1 連皮的甘藷擺放在充滿水蒸氣的蒸籠裡。

2 蓋上一層餐巾。

3 竹籤如果可以一口氣刺穿，就代表已經蒸熟。時間約40分鐘。

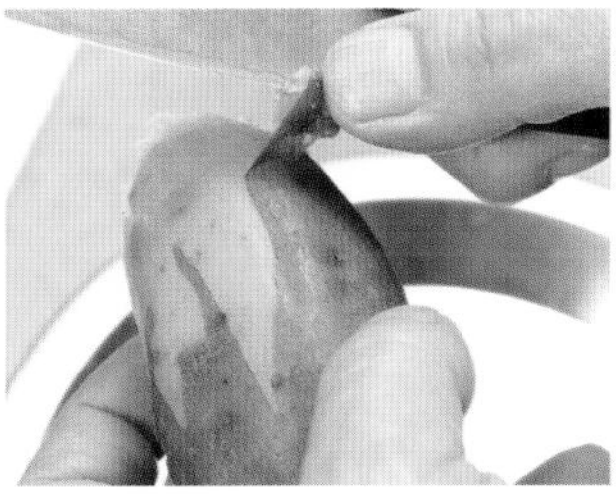

4 剝皮要趁熱。用菜刀根部按夾住果皮的頂端，將皮剝除。

甘藷的品種

當人們對於甜度要求越來越高時，以「甜度」品質爲競爭項目的甘藷品種也就越來越多。其中最具代表性的，就是種子島的特產──安納芋，這種甘藷口感黏稠，甜度強。另一方面，傳統的金時甘藷則是散發出一股高雅的甜味。每種甘藷的甜度都各有千秋，使用的時候記得配合本身的特性，區分運用在料理與甜點上。

安納芋

果肉呈橘色。口感黏稠，甜味濃郁。可做成烤甘藷、甘藷羊羹，還有甘藷點心。

金時甘藷

主要栽種地爲西日本。（編註：通常指的是近畿以西，狹義的範圍包括中國、四國、九州三大地區，廣義的包括中部地方以西。）甜味高雅，以美麗的豔紅色與鬆軟的口感爲特色，適合用來滷煮或做成拔絲地瓜。

紅吾妻

以日本關東地區爲主要栽種地，屬於最受歡迎的品種。纖維少，甜度高。適合做成黃金薯泥或炸地瓜條。

甘藷的基本菜色①

蒸熟之後只要搗碎凝固，就可以如實呈現安納芋香甜黏稠的風味。

充分利用安納芋香甜滋味的樸實甜點

甘藷羊羹

手作羊羹滋味樸實，在嘴裡擴散著沉緩的甜香。撒上肉桂也很好吃。

材料［4人份］

安納芋……450g（約3個）、粗糖……40g、鹽……2撮、水……100c.c.、酒……少許、寒天粉……4g、水（寒天用）……150 c.c.

1 將酒撒在安納芋上，用大火蒸約40分鐘。
2 蒸好去皮後，趁熱放入鍋裡搗成泥。
3 將水倒入寒天粉裡，攪拌後加熱。
4 粗糖與水倒入2裡，用小火攪拌至柔順後撒鹽。在攪拌的過程當中，寒天水要分2～3次倒入，並且攪拌均勻。
5 將4倒入篩網裡，過濾後攪拌均勻。
6 倒入模具中，用橡皮刮刀將表面整平後，放入冰箱裡凝固。只要1個小時即大功告成。

重點☞ 粗糖、水與甘藷必須趁熱攪拌，材料才會融合在一起。

1 蒸
淋些酒，味道會更香甜。

2 搗碎
趁熱比較容易搗碎。

4 攪拌
用小火慢慢攪拌。寒天要分次倒入，否則會非常容易結成塊。

5-1 過濾
果肉裡如果含有纖維，吃起來口感會變差，因此要用網眼較小的篩網細心過濾。

5-2 混合
用刮刀攪拌均勻，讓材料變得更加滑順。

6 倒入模具裡
一邊將表面整平，一邊倒入材料，最後再咚咚地敲打模具，讓裡頭的空氣跑出來。

甘藷的基本菜色②

曬乾後再下鍋炸，去除適量的水分，讓口感變得更棒。

外層酥脆，內層鬆軟
金時甘藷的真正價值

拔絲地瓜

材料［4人份］

金時甘藷……2條、油炸用油……適量、A［粗糖……20g、蜂蜜……約2大匙、水……1大匙］、鹽……1撮、醬油……1滴、檸檬圓形切片……1片、炒黑芝麻……1小匙

1 金時甘藷滾刀切成小塊，放在篩網裡曬乾30分鐘。
2 油鍋加熱至160℃，倒入1清炸。
3 將A倒入鍋裡，煮開後加入2一邊翻炒一邊拌和。撒上鹽與胡椒調味，放入檸檬略爲混合後再將檸檬取出。撒上芝麻，稍微翻炒即可。

重點☞ ①將甘藷曬乾，蒸發多餘的水分，讓滋味更加鬆軟。②加入檸檬，甜味會比較爽口不膩。不過檸檬片一放進去就要馬上取出，若是一直放在裡面，味道會越來越酸。

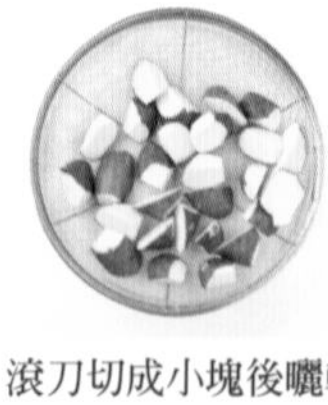

1 滾刀切成小塊後曬乾
每一塊盡量切得大小一致，這樣炸的時候才不會生、熟不均。曬過的味道會更甜。

2 炸
放入160℃的油鍋裡炸成金黃色。

3 拌和
迅速拌和，讓甘藷均勻地裹上糖漿。

內田流 綻放甘藷的魅力

◎做成滷煮菜時不滷，水煮過後再泡漬

想讓澱粉質順利糖化，與其切成小塊再加熱，不如先將整條甘藷用水煮或蒸的方式來烹調，這樣甜分才不會從切口流失，果肉也不會變得水水的。製作滷煮菜時，構思亦同，與其切好再烹調，先煮熟再浸泡在醃汁裡，不但可以保留甜味，甘藷也比較不會煮散。製作的訣竅是，不管是甘藷還是醃汁，都要趁熱放入泡漬，等30分鐘。在冷卻的這段期間，甘藷會變得十分入味，成為一道鬆軟清雅的滷煮菜。

《甘藷醬油漬》

材料［4人份］

甘藷……2條（約500g）、醃汁［薑片……1片、昆布與乾香菇高湯（第22頁）……1½杯、醬油……1½大匙、粗糖……1小匙、味醂……2小匙］

將整條甘藷放入鍋裡，注滿剛好可以蓋住材料的水，煮至可以用竹籤刺穿即可。醃汁材料倒入鍋裡，煮開後將切成圓形片的甘藷趁熱放進泡漬。

甘藷與醃汁趁熱倒在一起，會比較容易入味。

甘藷的基本菜色③

先沾水再用鋁箔紙包起來，這樣表皮不但不會太乾，還可以保留濕潤的口感。

令人回味無窮的香黏安納芋

烤甘藷

完全成熟的甘藷用烤的就可以了。這樣就能夠大啖那股黏稠的口感與濃厚的香甜。

材料［4人份］

安納芋……3個

1 安納芋沾水，讓表皮濕潤後，用鋁箔紙包起來。

2 放入烤箱裡烤出顏色。差不多1個小時就可以烤熟。

1 沾水

藉由補充水分來防止表皮乾燥，讓口感更加濕潤。

2 用鋁箔紙包起來

包的時候留一些空間好讓蒸氣能夠在裡頭流通，這樣鋁箔紙會比較容易剝下來。

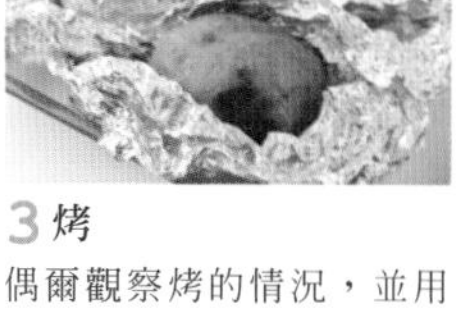

3 烤

偶爾觀察烤的情況，並用竹籤確認軟硬程度。

烹調的重點

如果太過專注在「善用甜度」這一點，甘藷就會變成甜點而不是配菜了。烹調時只要用醬油或鹽等基本調味料簡單調味即可。還有，只限於與適合的材料做搭配，沒有必要硬將甘藷與其他材料搭配。簡單地單獨品嘗，才能夠享受到甘藷最純真的風味。

適合組合搭配的蔬菜

胡蘿蔔

◎其他食材

芝麻

天哪！
茼蒿泥的綠色力量
竟然可以貫穿身體。

茼蒿

[菊科]

充分利用產季尾聲特有的濃郁菜香

吃火鍋絕對不能沒有茼蒿。然而原本生長在野地的茼蒿，眞正的產季卻有點偏離火鍋季節。秋風吹起時，就會看見它的蹤影；一旦聽到臘月的腳步聲，就代表即將告別。原本以為那股格外獨特的芳香與滋味會緊緊虜獲我們的味覺，卻沒有想到它就像斷了線的風箏，突然宣告產季結束。之後，茼蒿的產地從關東南下，並且慢慢改為溫室栽種。這些都是活躍於火鍋的角色呢！

茼蒿從初上市到產季尾聲，外形會大大地改變。剛上市的茼蒿葉片華美，香氣清爽。這個時候最適合做成沙拉生食。口味清爽的茼蒿好吃到讓人停不下來。不過茼蒿香味最濃郁的時期，是在產季尾聲的時候，菜莖粗硬，菜葉飽實。姿態如此豐滿的茼蒿，散發出一股撲鼻的濃濃香味。此時茼蒿美味的取決點，在於加熱，看是做成整個香味都封住的炸天婦羅，還是完全燙熟的涼拌菜。我最拿手的，就是拌黑芝麻。菜莖與菜葉分切好之後，透過時間差距把兩者燙熟。燙好的茼蒿與現磨的芝麻拌和，最後再附上蓮藕片點綴，就是一道完美的佳餚了。要配啤酒還是葡萄酒呢？這個問題常常讓我感到困擾不已。

◎原產地

地中海沿岸

◎產季

9月～11月

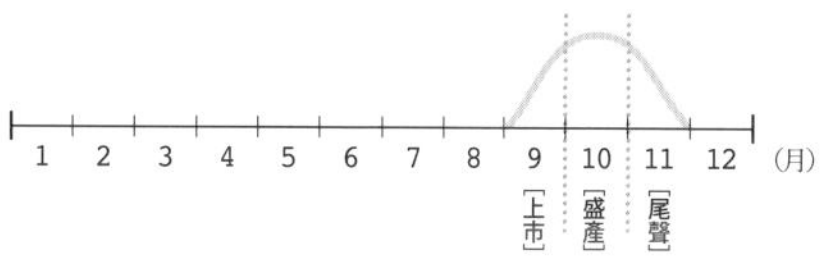

[上市] 香氣雖濃，卻十分清爽。菜葉與菜莖口感柔嫩。

[尾聲] 香氣濃厚，苦味明顯。菜莖生硬。

◎日本主要產地

栃木、千葉、茨城

◎臺灣主要產季和產地

10月～4月

嘉義、彰化、雲林、臺北近郊

解體

注意葉、莖、中心部位的差異，參考時期與料理來改變分切方式。

首先是解體

初上市與產季尾聲的茼蒿解體方式要隨著料理改變。剛上市的茼蒿，整體非常柔嫩且菜葉茂盛，可以整株直接烹調；到了產季以後，菜葉與菜莖在硬度與風味會出現差異，所以要分切開來，並且善用各個部位的特色來加熱、烹調。

分為三個部位

葉

特徵◎剛上市的茼蒿柔嫩纖細，可以生食。

中心部

特徵◎菜莖前端的部位。算是葉子最年輕的部分，柔軟色淡，香氣與苦味亦十分溫和。

莖

特徵◎剛上市的茼蒿水分多、纖維細，不過澀味卻非常重。到了產季尾聲，菜莖會變得飽滿且香氣出色。

1 摘下葉片

從外側往中心部位將葉片摘下，留下顏色較淺、位在中心部位的葉片。

2 從中心部折斷

最後用手將中心部折斷，讓葉片與莖分開。

◎如何挑選◎

1 綠色的葉片看起來像是覆蓋著一層白膜，香氣濃郁。

2 葉片茂密生長至根部。

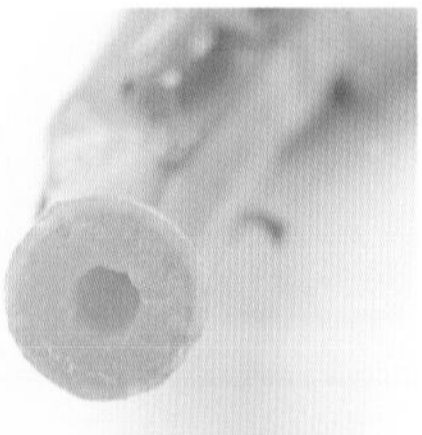

3 菜莖粗圓。根部如果成空洞狀並沒有問題，但是菜心如果出現白色，則要避免食用。

分成兩個部位

到了產季尾聲時，菜葉與菜梗的風味會出現極大的差異。分切成兩半後，烹調方式也要跟著改變。
料理◎（葉）火鍋／涼拌、（莖）炸蔬菜餅

《葉與莖分開》

抓住最下方長葉子的地方，一口氣折斷。

整株菜

剛上市的茼蒿菜葉與菜莖十分茂密柔嫩，可以直接整株汆燙。
料理◎燙青菜／涼拌

保存

從袋裡取出，整個攤開。

茼蒿買回來之後從袋子裡取出，用手搖晃蔬菜，讓空氣滲入縫隙裡，這樣可以恢復蔬菜的鮮度。接著再用報紙包裹，噴些水霧以免乾燥，並放入冰箱裡。4～5天內必須吃完。

烹調技術

菜莖比菜葉還難煮熟。想要讓茼蒿熟得均勻，加熱時記得要有段時間差。

基本烹調方式

1 用手撕開。
2 按照菜莖與菜葉的順序，保留一段時間差加熱。

切法

不用菜刀，用指尖摘下菜葉。

如果用菜刀切，茼蒿會因爲對金屬產生反應而釋出澀味。用手分摘，味道會比較溫和。

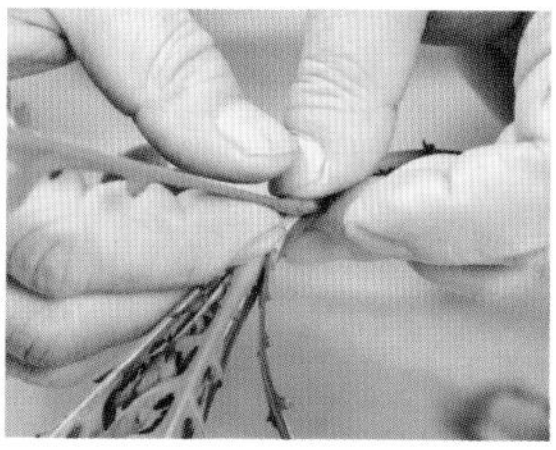

手指用力，用捏的方式摘下。

《如果菜莖較粗》

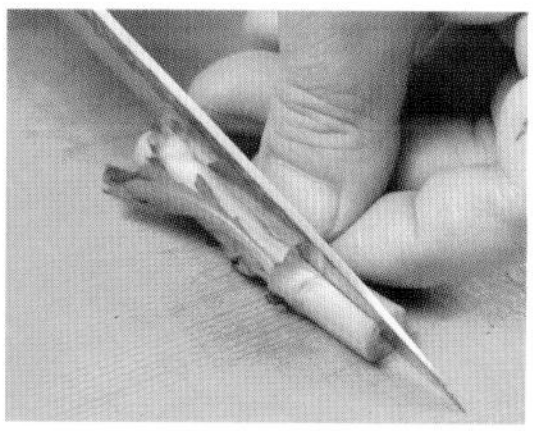

菜莖根部較粗的茼蒿可以用菜刀縱切。

《菜心的處理》

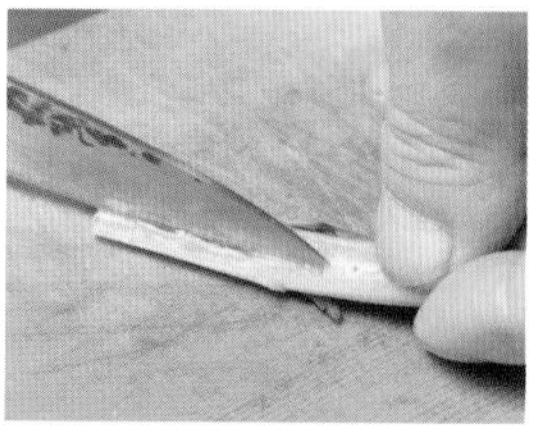

白色的菜心是澀味的來源。這時要把菜莖切成兩半，用刀刃將其刮除。

泡水

生食的時候要泡水

做成沙拉生食時，必須把茼蒿泡在水裡，用水的沖擊力將澀味去除後，再把菜葉與菜莖分切開來。如果切好後才泡水，吃起來會水水的。

《生食的時候》

菜葉與菜莖整個浸泡在大量水裡。泡太久香氣會完全消失，故以10分鐘爲基準。

《加熱的時候》

加熱的時候，先將容易釋出澀味的菜莖泡在水裡一會兒，這樣就能夠去除雜味。

加熱

1 汆燙

按照菜莖、菜葉的順序，留段時間差距來汆燙。

依照不容易燙熟的順序，將茼蒿放入煮沸的熱水裡汆燙。茼蒿如果分切成菜葉、菜莖與中心部這三個部位，就按照菜莖→中心部→菜葉等順序汆燙。如果急著使用，不用分切也可以。這時候用手拿著茼蒿，從菜莖開始燙，算好時間差再慢慢放入菜葉。

《分切之後汆燙》

將菜莖放入咕嘟咕嘟煮開的熱水裡，汆燙20秒後用篩網撈起。

利用同一鍋熱水將中心部燙好之後撈起，接著再放入菜葉汆燙，若顏色變得更加鮮豔即OK。每一部分各汆燙約10秒。

《不分切直接汆燙》

整鍋水煮至沸騰之後，將茼蒿拿在手上，菜莖放入熱水裡燙20秒。

菜莖煮軟後，菜葉也放入熱水裡汆燙10秒，直到菜葉變色爲止。

《冷卻》

如果泡在水裡冷卻，茼蒿的口感會變得水水，甜味也會流失。所以茼蒿燙好之後攤放在竹簍上，用扇子搧至冷卻即可。

2 炸

一邊將菜葉攤開，一邊放入170℃的油鍋裡炸。

茼蒿雖然不適合用油炒，不過做成炸天婦羅，香味反而會整個散發出來。在將菜葉攤開來炸之前，先在表層撲上一層麵粉，這樣菜葉就不會完全黏在一起了。

《撲上一層麵粉》

撲上一層薄薄的麵粉。如此可以提高麵衣的密集度，菜葉也不會黏在一起。

《下油鍋炸》

麵衣不要太厚。油鍋熱至170℃後，將茼蒿葉攤開下鍋炸，並在油裡塑整成形。炸的時候順著菜筷將麵衣灑落在上面，會炸得比較漂亮。

炸茼蒿

菜莖與菜葉用手分摘，撒上一層麵粉。菜葉攤開，裹上一層天婦羅麵衣（以5：1的比例將麵粉與太白粉混合後，和水調勻）。一邊將菜葉攤開，一邊放入170℃的油鍋炸。最後撒鹽即可。

茼蒿泥

利用芳香馥郁倍增的尾聲茼蒿來製作

在所有秋冬蔬菜當中，茼蒿最適合做成蔬菜泥。尤其是產季尾聲的茼蒿散發出一股覺醒的芳香與色彩，盛放在盤上格外醒目。重點就是要調整火候。如果煮得太熟，顏色會整個跑掉；不夠熟又會留下纖維。

材料［4人份］

茼蒿……200g、洋蔥……⅙個、胡蘿蔔……3cm、芹菜……4cm、百合根（馬鈴薯）……15g、沙拉油……1小匙、蔬菜高湯（第18頁）……100c.c.、水……1杯、橄欖油……1大匙、鹽……1撮

1 用手將茼蒿的菜葉與菜梗分摘後，切成小段。洋蔥、削好皮的胡蘿蔔以及芹菜切成段。

2 平底鍋熱好油後，將洋蔥、胡蘿蔔與芹菜倒進鍋裡炒，接著再加入百合根繼續翻炒。放入茼蒿菜莖，倒入水後，沒多久就會散發出香味，接下來將茼蒿菜葉與蔬菜高湯倒入鍋裡，把菜葉煮熟。在煮的過程當中，水分若是變少了，就適量加入補足。

3 將2與鹽、橄欖油一起倒入果汁機或食物處理機中攪打。

1 香味蔬菜先下鍋炒，等材料都沾上油後，再放入菜莖翻炒。

2 放入菜葉的同時亦注入蔬菜高湯，煮至菜莖柔軟，菜葉可以用手壓破。

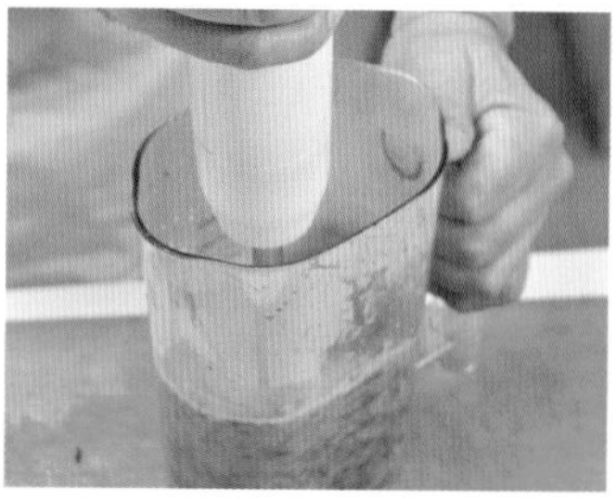

3 倒入食物處理機中攪打至成濃稠狀的蔬菜泥爲止。

內田流

綻放茼蒿的魅力

◎使用新鮮的生茼蒿，盡情品嘗蔬菜芳香

提到茼蒿的魅力，非那股香氣與苦味莫屬。只要一加熱，這個特色就會更加明顯出色，但如果是剛上市的茼蒿，即使是生食也能夠大啖一番。不，風味清爽的尾聲茼蒿，澀味比較沒有那麼突兀。那麼做成沙拉，要怎麼調味比較好呢？我試了各式各樣的方法，想要調出可以媲美那股苦味與香氣的口味，味道必須達到某個程度的濃度，而且滋味突出。最適合搭配的，就是韓式涼拌菜的作法。這可是一道會讓啤酒更加美味的佳餚喔！

《韓式涼拌茼蒿》

材料［4人份］

茼蒿……4株、食用菊花……3朵、A［香麻油……1大匙、鹽……⅓小匙、味醂1小匙、蒜泥……½小匙、一味辣椒粉……⅓小匙］、白芝麻……適量

1 茼蒿用手將葉與莖分開。菜莖燙熟後，斜切成段。菜葉撕成容易食用的大小。菊花朵燙過後泡冷水，擰乾水分再將花瓣撕成小片。

2 將A倒入碗盆裡混合，接著再放入茼蒿莖、葉、菊花並用手拌和，最後撒上白芝麻即可。

烹調重點

如果是火鍋，只要使用菜葉的部分即可，因爲這個部分比較快熟，只要稍微煮一下就可以起鍋。另一方面，菜莖口感比較硬，煮的時候會釋出澀味，所以不太適合當作火鍋料。建議大家可以將這個部分切得大段一些，縱切成半後做成炸蔬菜餅。

適合組合搭配的蔬菜

胡蘿蔔　蕪菁　蓮藕

◎其他適合搭配的食材

芝麻、蝦米

与芝麻拌和，享受那股絕妙協調的芳香

茼蒿拌芝麻

《時期：盛產～尾聲》

材料［4人份］

茼蒿……2把

拌和材料

- 白芝麻……3大匙
- 昆布高湯（第22頁）……2大匙
- 醬油＆粗糖……各1大匙
- 酒精揮發的味醂……1小匙
- 鹽……1撮

1 茼蒿用手分摘成菜葉、中心部位與菜莖這3個部分，並且按照菜莖、中心、菜葉的順序放入沸騰的熱水裡，燙熟後攤放在篩網裡，直接冷卻。菜莖切成長3cm。

2 白芝麻炒過後，放入擂缽裡稍微研磨；除了高湯，其他材料全部倒入，一邊嚐味道，一邊倒入高湯再次研磨，並且調味。

3 將1倒入2裡拌和即可。

重點☞ ①為了避免茼蒿在燙後有半生不熟的情形，必須從較硬的部分下鍋，並且算好時間差距，將剩下的部分燙熟。②細心地將茼蒿攤開後，一點一點地慢慢放入拌和，這樣味道會比較均勻。

附上滿滿的茼蒿泥做成主菜

蕪菁排佐茼蒿泥

《時期：尾聲》

材料［2人份］

蕪菁……2個

香麻油……2小匙

蔬菜高湯（第18頁）……50c.c.

鹽……1撮

茼蒿泥（第95頁）……4大匙

1 蕪菁取正中央的部分，切成2cm厚的圓形切片後，再削下一層厚厚的皮（皮與葉可以拿來炒菜或煮湯）。在其中一面刻上刀痕。

2 香麻油倒入平底鍋裡，熱鍋後放入蕪菁，慢慢地煎出顏色。翻面撒鹽，注入蔬菜高湯，煎煮至湯汁變少為止。當竹籤可以輕鬆刺穿即算完成（煎煮的過程中，水分如果不夠，可以補充適量的蔬菜高湯）。

3 盤底鋪上一層茼蒿泥，將蕪菁盛放其中即可。

重點☞ 最好使用產季尾聲的蕪菁，因為這個時期的甜度倍增。搭配底下鋪了一層厚厚的茼蒿泥，風味會顯得更加濃厚。

column

思考蔬菜中的宇宙

蔬菜店老伯 天天掛念的事

2012

夜深人靜，體內時鐘的指針讓我醒了過來。凌晨一點。不，應該要說二十五點，這樣比較符合都市人的日常生活。回家的人，準備就寢的人。深夜的街道上雖然仍留著一天還沒結束的人影，但我已經開始慌張地迎接另一天的到來。這個習慣已經維持超過三十年了，體內時針卻從未誤點。縱使眼皮因為前一天稍微多喝了幾杯而顯得沉重不已，可是只要眼睛一張開，我就會搖身變成蔬菜店的老伯，而且身體還會比意識先測出氣候。今天氣溫十二度，濕度約百分之四十。

頭腦一清醒，最先想到的，就是當天第一個預定送來的蔬菜。今天茨城S菜農種的第一批茼蒿應該會抵達。一想到這，心裡就會雀躍不已，坐立難安。一邊回想著去年的滋味，一邊期待著今年重逢的喜悅，感覺就像是在迎接一年一次隨著季節來訪的遠客。

開車從高速公路前往御廚的途中，寒冷的空氣從車窗縫隙中流竄，提醒我立冬應該快到了。秋天到底是什麼時候來，什麼時候離去的呢？當我回過神時，行道樹早已落葉紛紛，御廚的棚架也擺滿了黃橙橙的柑橘。有人感嘆生活在都市裡，對於春夏秋冬的感受很薄弱，可是季節卻踏實地從我們的身邊走過。捲雲高高掛在天空上，風開始從西北方吹拂，月色也變得越來越清澈。而我們也喊著「好冷、好冷」，不知不覺地添上一件毛衣。

就連腳步較快的冬季蔬菜，也迫不及待地跑來御廚跟大家打招呼。

我，喜歡欣賞天空。喜歡釣魚的我，對於雲朵的一舉一動也非常敏感。就像漁夫看見形狀像魚鱗的卷積雲，就會預測今天出海一定會大豐收一樣。天際還有大海上方的雲朵動靜會讓水裡的魚莫名地變得敏感，這證明地球是一體的。生長在大地的蔬菜也是一樣。當天空颳起大風、下起大雨時就會停止生長；當氣候變熱或變冷時，就會自動透過果皮的厚度來調節水分。在季節裡喘息，就等同於自力更生。

在蔬菜店工作最令人期待的，就是天空慢慢泛起魚肚白的這一刻。這個時間雖然是確認半夜從各地方運送來的蔬菜，還有打包宅配蔬菜的忙碌時刻，可是將夜幕拉起的氛圍卻可以讓我的心情得到舒緩，煥然一新。鳥兒飛過大樓之間的黎明，剛誕生的虹彩染遍了東方，就連下雨的時候，雨滴也會散發出一絲朝氣。這是太陽、月亮與地球交棒，宣告新的一天又要到來的時刻。我抬頭仰望夜空，思考著宇宙。

談到宇宙，我最喜歡把蔬菜比喻成宇宙了。例如適合搭配各種蔬菜的番茄是宇宙，充滿活力的馬鈴薯是太陽。前幾天接受採訪時談到洋蔥，所以我就說：「洋蔥呀，它是地球喔。」結果採訪的那位女記者露出驚訝萬分的表情，彷彿在說：「是這樣嗎？」不相信的話，你可以看看洋蔥的構造，像不像地球的核心、地函與地殼呢？這麼比喻，應該還可以吧！

蕪菁，有股迷人的魅力。
明明只用蒸的說。

蕪菁

［十字花科］

◎原產地

阿富汗與地中海沿岸

◎產季

9月～11月

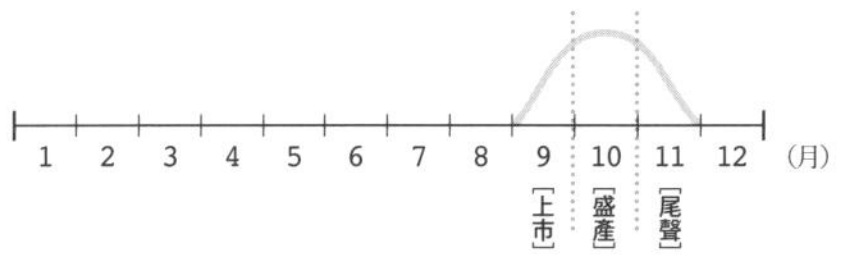

[上市] 水潤柔軟。風味爽口清淡。

[尾聲] 表皮飽滿，肉質細膩。甜味增。

◎日本主要產地

千葉、埼玉、青森、京都、山形

◎臺灣主要產季和產地

11月～4月

彰化、雲林、嘉義、高雄、屏東

來自日本各地，令人稱傲的蕪菁。

提到讓日本人引以爲傲的蔬菜，夏天是茄子，秋天是蕪菁。知名的有西日本京都的聖護院蕪菁與滋賀的日野菜蕪菁；東日本岐阜的飛驒紅蕪菁與山形的溫海蕪菁，不過其他地方也有當地豐富多采的自產蕪菁。自一千五百年前傳來蕪菁之後，日本誕生了白、紅、黃等大中小約八十種的蕪菁。關於品種系統，有一說是以關原※這個決定政權歸屬之地爲界，二分爲東西。東邊是耐寒的西洋種，西邊則以外形變化多端的東洋種爲主流。

蕪菁雖然在醃漬物的範疇中很活躍，可是那股單純的清甜，竟然意外地難以釋放出來，甚至有人聽到「蕪菁其實有味道喔」這個事實時會大吃一驚。炒的時候只是撒了鹽與胡椒，爲什麼會變得這麼美味呢？或許有人會覺得非常不可思議。其實當季的蕪菁，原本味道就十分濃厚。外皮飽滿豐厚，細嫩肉質裡，充滿甘甜滋味還有淡淡苦味，品嘗起來其實非常美妙。只是蕪菁太纖細了，皮若是削得太厚，口感會變差；煮太久，果肉會鬆散。烹調時多少需要花點心思，可是只要一拿在手上，就會忍不住愛上那圓滾滾的模樣，用菜刀處理的時候，也就會不知不覺地變得溫柔起來。

（※譯註：今日的岐阜縣不破郡關原町，位置約在日本國土中部地區。）

解體

分成葉、果實（胚軸）、葉根這三部分。非常容易被丟棄的葉根，其實味道最清甜。

首先是解體

帶葉的蕪菁要把葉片與果實分切使用（①），並且根據要烹調的料理，再將果實與葉根這兩個部分分切開來（②）。蕪菁的甜味躲在果皮與果肉之間，如果能夠連同果皮烹調，味道會更加鮮美。削下來的果皮，可以拿來炒菜。

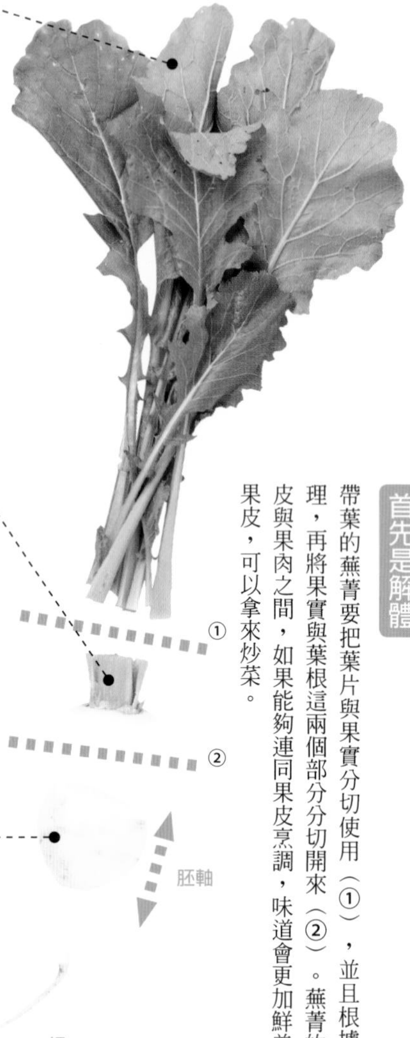

葉

特徵◎有股獨特的辣味。剛上市的蕪菁口感柔嫩，到了尾聲會變得比較厚實，而且風味濃郁。可以置於陽光下曬成乾後再來使用。略為汆燙可以去除澀味。

料理◎炒／味噌湯／醃漬

葉根

特徵◎甜味濃郁，口感輕脆。不需切下，可以直接使用。想要呈現蕪菁圓滾的外形時，盡量靠近菜莖的根部將其分切下來。

料理◎炒／味噌湯／醃漬

果（胚軸）

特徵◎剛上市時果皮薄且柔嫩清爽，口感佳，適合醃漬。尾聲的果皮較為厚實，風味濃郁且甘甜，適合蒸煮。

料理◎炒／滷／蒸／醃漬／湯品／涼拌／沙拉

保存

帶葉的蕪菁水分很容易蒸發，因此要將葉片與果實切開，分別用報紙包裹，置於常溫下保存，並且盡量在4～5天內用完。

◎如何挑選◎

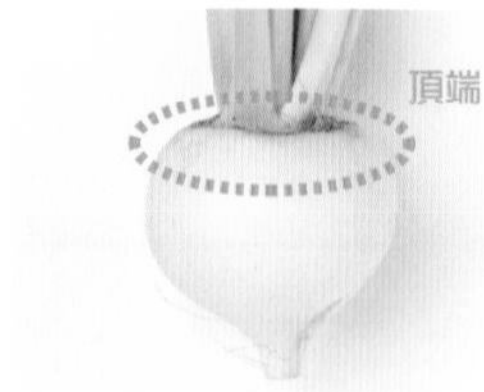

1 飽滿滾圓，頂端鼓起。

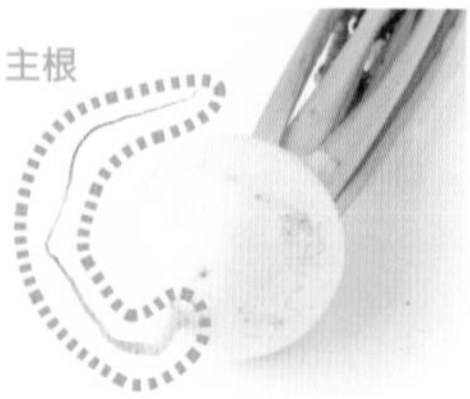

2 表皮白皙滑順，主根長。

3 葉片淺淡綠色，葉脈左右均勻對稱。

事前處理

去除泥巴

只要泡水就可以清除附著在菜根的泥巴。

1 切好後泡在水裡10～15分鐘，就可以將泥土清洗乾淨。

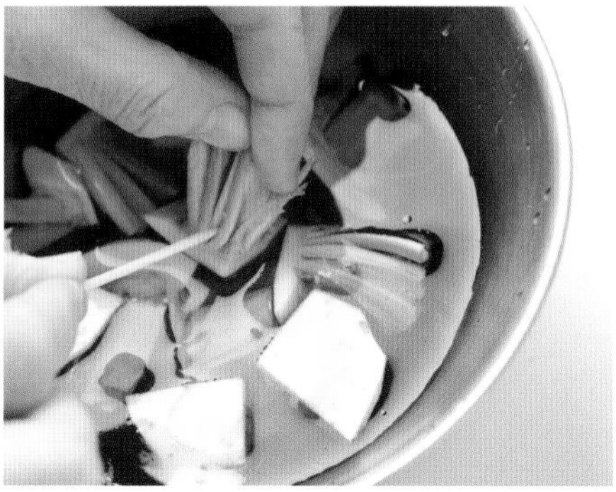

2 隙縫處可以用牙籤剔除乾淨。

《菜葉切段》

切成大段把纖維切斷，可直接拿來炒。

《菜根切成4塊》

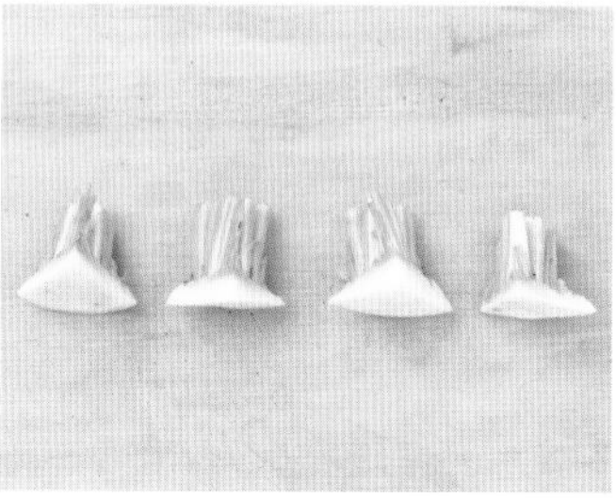

切成4～6塊會比較好烹調。

《切成四塊》

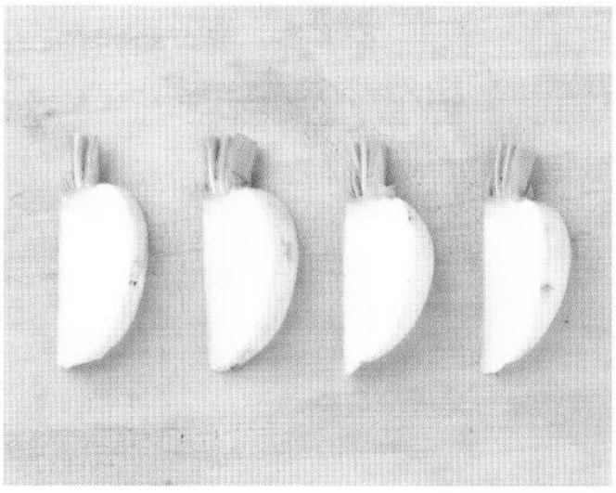

剛上市時連皮切，到了表皮飽滿的尾聲要先削皮。可以品嘗到菜莖獨有的嚼勁。適合醃漬或炒。

《城堡切法》

切成¼大，削皮、去除邊角。適合滷煮或糖煮。

《整顆》

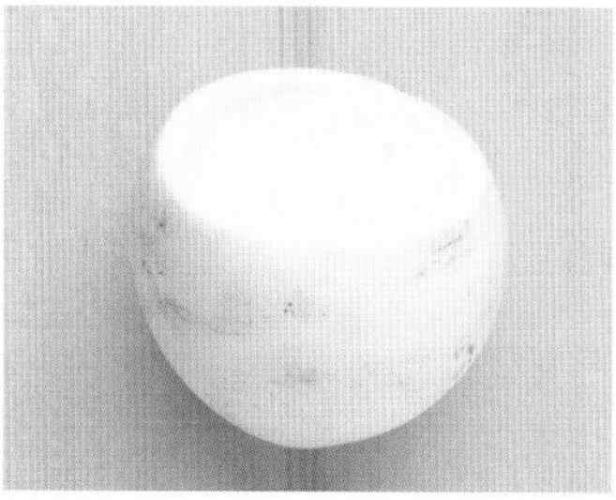

整顆可以連皮一起蒸。

《磨成泥》

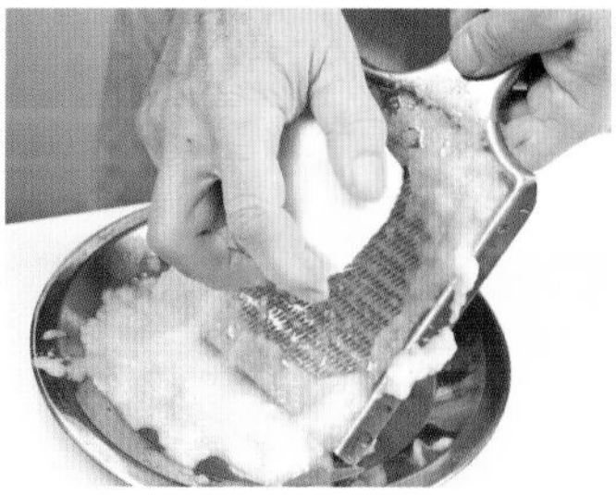

皮削好後，與纖維呈相反方向（縱向）一邊畫圈一邊磨成泥。越接近產季尾聲，滋味越甜。可做成蒸蕪菁泥或涼拌。

《圓形切片－厚片》

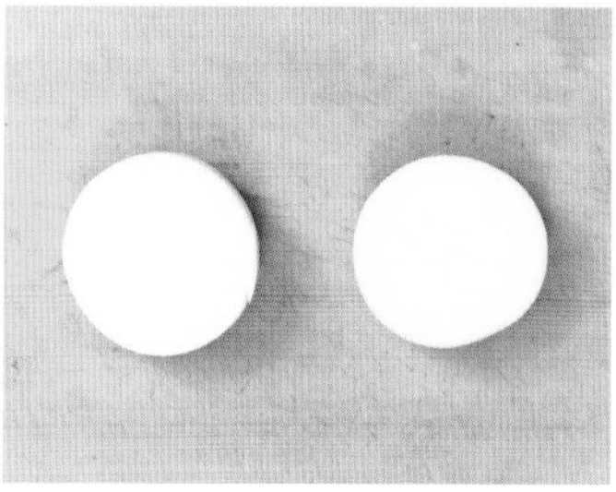

從中間切成上下兩片的圓形片。剛上市時連皮切片，到了表皮飽滿的尾聲要先削皮。可做成蕪菁排或滷煮。刀痕劃得深一點會比較快煮熟。

《圓形切片－薄片》

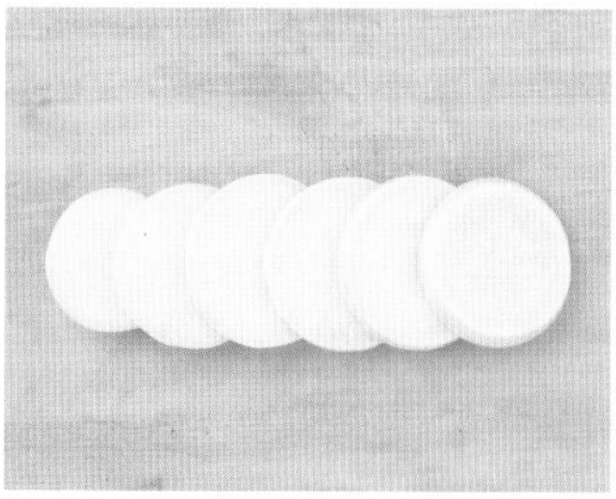

剛上市時要連皮烹調，到了表皮飽滿的尾聲則要削皮。可做成醬菜或生醃菜。極容易釋出水分，所以不適合用炒的。

烹調技術

不想煮散，想把甜味提引出來的重點，在於削皮與加熱。

基本烹調方式

1. 加熱時，剛上市的要帶皮，產季尾聲的要削皮。
2. 塑整好外形，才能避免加熱不均勻甚至不夠入味。
3. 整顆連皮一起煮或蒸，果肉比較不會煮散，而且甜味也不會流失。

切法

皮要削得厚一點

皮與果肉的硬度與口感不同，因此要先將果皮削除，如此一來加熱與調味的時候才不會出現差異。表面如果粗糙，會非常容易煮散，就連味道也會不均勻，因此削皮時要削得厚一點，並將凹凸不平的地方削得平滑一些。

《削皮》

果皮內側的纖維較硬，因此皮要削得厚一點。

《刮圓》

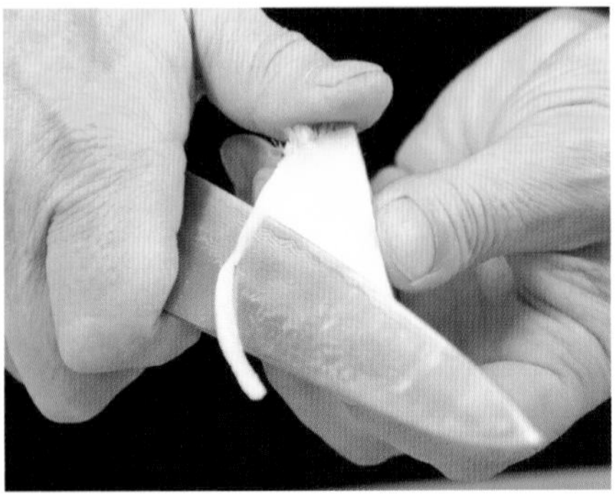

將邊角削圓，煮的時候果肉才不會煮散。

《將表面削平》

菜莖根部有許多毛刺，必須小心削除。

《果皮切絲》

厚厚切下的果皮縱切成絲。可做成醬油辣炒等炒菜類料理。

《紅蕪菁的削皮方式》

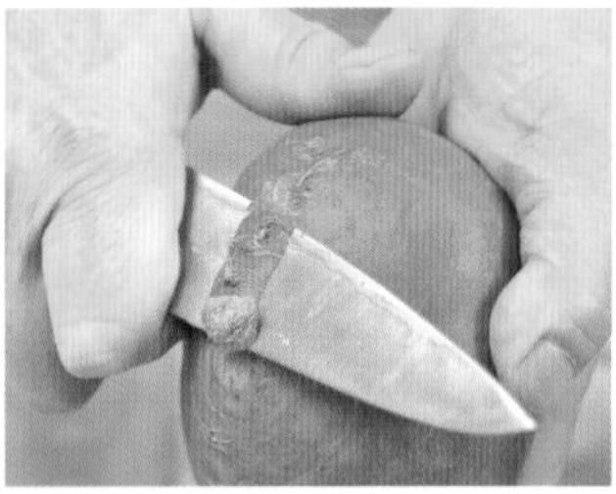

裡頭是白色果肉的紅蕪菁。想要保留表面的紅色時，皮就要削得薄一點。

事前處理—去除澀味

1 泡水

只要泡水去除雜味，就能夠烹煮出高雅的風味。

蕪菁削皮後一接觸到空氣，多少會釋出澀味。但只要泡在水裡10分鐘，就可以去除雜味。

2 撒鹽

紅蕪菁的澀味比小蕪菁還要重，因此切好後要撒鹽讓澀味釋出，並且去除雜味。

撒鹽放置10分鐘。水分釋出後略爲清洗。

加熱

1 水煮

用大火煮

整顆連皮用大火煮，可以將甜味封鎖在內。切好後再做成沙拉或打成菜泥。但是如果煮得太久，反而會破壞口感，因此先稍微煮到仍帶有一些硬度，最後再利用餘溫悶熟即可。

《已經削好成型的》

放入沸騰的熱水裡煮。已經削好皮的蕪菁容易煮散，因此要稍微煮到仍帶有一些硬度，最後再利用餘溫悶熟即可。

《整顆》

放入沸騰的熱水裡用大火煮。黃蕪菁的肉質較硬，因此要煮得久一點。

2 蒸

切入深深的刀痕之後再蒸

適合滷煮或是要保留整顆蕪菁外形的時候。蒸好的蕪菁不會水水的，而且還會整顆熟得非常均勻。

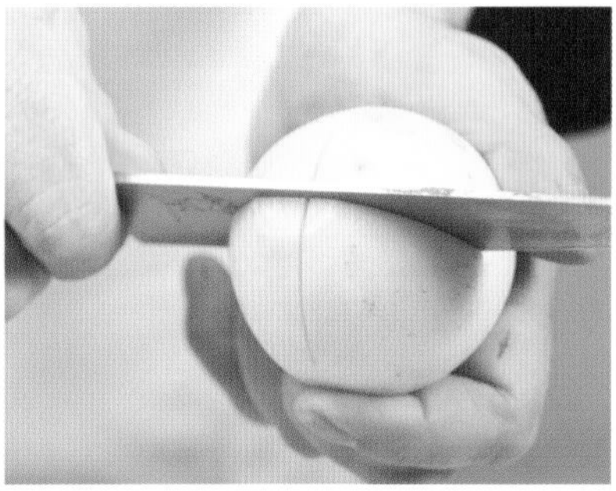

1 從尾端劃出1/3深的十字刀痕。讓熱能可以均勻地傳到蔬菜裡。

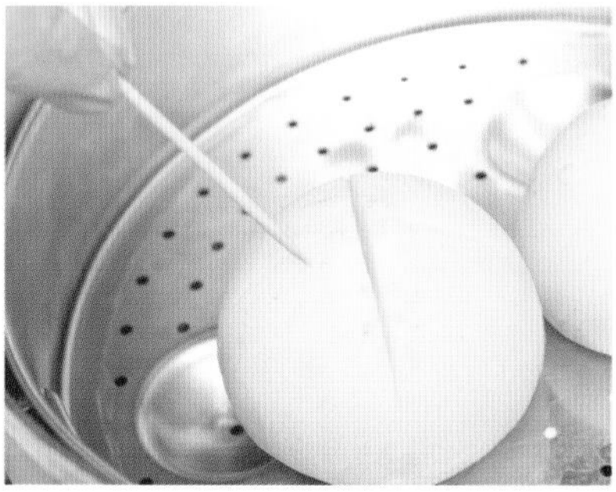

2 當刀痕處張開，竹籤可以輕鬆刺入即OK。約10分鐘。

3 煎・炒

加水用大火煮

蕪菁只要變成透明，就可以倒入高湯或水釋出風味，並用大火一口氣煮熟。

《炒》

炒出透明感之後將水倒入，轉大火一口氣炒熟。想讓蕪菁快點炒熟，可先削皮。

《煎》

兩面煎出顏色，呈現透明感之後將水倒入，利用水蒸氣將蕪菁整個煮熟。

風味洋溢。整顆蕪菁的醍醐味

清蒸蕪菁銀羹湯《時期：尾聲》

材料［2人份］

蕪菁……2個、食用菊花……2朵、醋……少許、鹽……2撮、香麻油……1滴、銀羹湯［昆布與乾香菇高湯（第22頁）……2杯、鹽……1撮、太白粉水……適量］

1 將蕪菁的葉片切下，果肉尾端劃上十字切痕。食用菊花放入加了醋與1撮鹽的開水裡汆燙，撈起放入冷水裡，擰乾後將花瓣攤開。

2 將蕪菁放入充滿水蒸氣的蒸籠裡蒸。

3 當2在蒸的時候，可以同時製作銀羹湯。高湯倒入鍋裡溫熱，撒鹽調味後，放入食用菊花，再用太白粉水勾芡。

4 將蕪菁盛入容器裡，撒上一撮鹽，滴入香麻油，最後再趁熱淋上3。

內田流 綻放蕪菁的魅力

◎善用蕪菁新鮮的口感

蕪菁只要一加熱，果肉就會軟到入口即融，不過生的甚至是半生的蕪菁，同樣能散發獨特的口感。最典型的作法雖然是醃成醬菜，不過我比較常用泡漬的方法，其中一道就是生醃口味的醃蕪菁。這種烹調方式雖然經常出現在魚肉料理中，但是在這裡只要撒上相同分量的鹽與砂糖即可。如此一來味道不但變得豐富，口感還十分輕脆。另外一道，是我拿手的涼拌綜合蕪菁，這道菜只要將磨好的蕪菁泥與蕪菁塊拌和就行了。如果能搭配使用其他不同顏色的蕪菁，味道不但會豐富多變，色彩更是鮮豔美麗。

生醃蕪菁

材料［2人份］

蕪菁……1個、粗糖&鹽……各10g、橄欖油……適量

蕪菁的葉與莖分切開來，果實連皮切成8等分的半月形，並將水分拭乾。粗糖與鹽混合，撒在排放於鐵盤的蕪菁上，醃漬至少30分鐘，最後再依個人喜好淋上橄欖油品嘗即可。

雙色蕪菁蘿蔔泥甜醋漬

材料［4人份］

紅蕪菁&小蕪菁……各1個、鹽（前置作業用）……適量、甜醋［醋……100c.c.、粗糖……3大匙、鹽……1小匙］

1 將紅蕪菁的葉片切下，削去一層薄薄的皮，依舊留有紅色果肉的部分。先縱切成半，再縱切成薄片。撒鹽放置一段時間後，輕輕地將水分擰乾。葉片放入沸騰的熱水裡略爲汆燙。

2 將小蕪菁的葉片切下，削去一層厚厚的皮後，磨成泥。削下的皮切成絲，並且撒鹽。

3 甜醋的材料倒入鍋裡，煮開之後放置冷卻。

4 白蕪菁泥與甜醋混合，再倒入紅蕪菁、紅蕪菁葉與小蕪菁皮，醃漬至少30分鐘。

蕪菁的品種

日本各地均栽種著適合當地土質的蕪菁，現在品種約有80種，大致可分爲西方種與東方種。

黃蕪菁

外皮爲黃色，果肉呈淡淡乳白色。肉質細膩紮實，風味淡泊。慢慢加熱會釋出一股溫和的甘甜滋味。適合做成燉菜或湯品。

紅蕪菁

外皮爲紅色的品種。果肉分爲紅色與白色。肉質大多細膩紮實，可善用本身的顏色做成醬菜或甜醋漬，或是生醃蕪菁。

小蕪菁

始祖是東京金町小蕪菁。經過品種改良之後，不論外形還是風味均深受人們喜愛。肉質柔嫩，適合做成沙拉、滷煮或炒，烹調範圍非常廣泛。

可以享受整顆蕪菁風味的簡單炒菜

炒蕪菁

《時期：上市～盛產》

材料［4人份］

蕪菁……2顆

薑片……1片

香麻油……1大匙

蔬菜高湯（第18頁）……30c.c.

鹽……½小匙

胡椒……2撮

1 蕪菁按部位切成3等分。葉片切成長5㎝，莖葉根部與果實縱切成6等分，薑片切成絲。

2 香麻油與薑絲放入平底鍋裡爆香，再依序把果肉、莖根與莖葉倒入鍋裡用大火翻炒。等果肉炒出透明感之後，注入蔬菜高湯並且煮出味道，最後撒上鹽與胡椒調味即可。

重點☞ 蔬菜高湯是提引風味的關鍵。用大火將湯汁煮至咕嘟咕嘟，最後再一口氣翻炒。

簡單品嘗淡淡清甜

蕪菁沾柚子味噌

《時期：盛產～尾聲》

材料［4人份］

小蕪菁……1個

黃蕪菁……1個

柚子味噌

- 柚子皮碎末……⅔個分量
- 薑片……1片
- 昆布與乾香菇高湯（第22頁）……50c.c.
- 味噌……5大匙
- 酒……1大匙
- 味醂&粗糖……各2大匙

1 切下蕪菁的葉子，削去一層厚厚的皮後，再分切成4等分。削去稜角塑整成形後，泡水5分鐘。

2 水倒入鍋裡，煮沸後先放入黃蕪菁；煮5分鐘之後再放入小蕪菁一起煮。

3 味噌、高湯、酒，以及切成碎末的薑倒入小鍋裡，加熱後再放入柚子皮；轉大火，倒入味醂混合，最後加入粗糖繼續攪拌。

4 將2盛入容器裡，附上柚子味噌即可。

重點☞ 小蕪菁與黃蕪菁的硬度不同，必須保留一段時間差距烹煮，再放入同一個鍋裡煮。

這眞的是牛蒡嗎？
太令人訝異了。

牛蒡［菊科］

充滿潛力的男性蔬菜。

十月以前，牛蒡就像是有點頹廢的老頭，可是只要一到賞楓季節，就會突然爆出男子氣概，變得雄壯又充滿活力，而且還會散發出一股泥土香。加上牛蒡大多以土維生，各個都雄赳赳、氣昂昂，像是塊頭特粗的千葉大浦牛蒡、中間有孔洞的京都崛川牛蒡。香川還有一種傳統的牛蒡叫做炭谷，這種牛蒡肉質柔嫩，而且香味濃郁。這些牛蒡都是特產蔬菜，在當地可說貢獻極大。

另一方面，歐洲人原本對於這個長得和樹根一樣的蔬菜敬而遠之，不過這十幾年來，法國菜與義大利菜竟然出現了牛蒡的蹤跡。最好的例子，就是右圖的油封牛蒡。當牛蒡在油鍋裡慢慢油炸的時候，裡頭的纖維就會開始鬆弛，緩緩散發出一股獨特的泥土香。不僅如此，肉質還會軟爛到用叉子就可以切開，連油也會渲染到牛蒡的風味，成爲芳香無比的牛蒡油。牛蒡外觀固然平凡樸實，卻具有榮登法國菜的實力。即便是稱霸王道的醬油辣炒牛蒡絲也可以試著以截然不同的風貌呈現。所以每逢秋天，我都會和這個牛蒡老頭一起嘗試新的挑戰。

◎原產地

歐亞大陸

◎產季

11月～12月

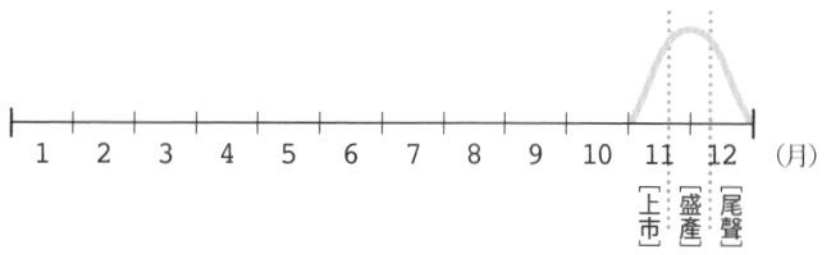

[上市] 水分多，纖維細嫩，香氣淡雅清爽。

[尾聲] 水分少，纖維粗硬，牛蒡風味濃厚。

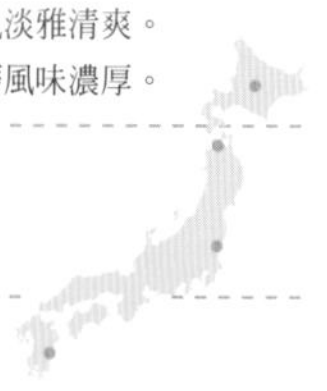

◎日本主要產地

青森、茨城、北海道、宮崎

◎臺灣主要產季和產地

10月～2月

屏東、臺南、嘉義、雲林等

解體

將整條牛蒡分切成三段。上、中、下的風味各有千秋。

首先是解體

牛蒡在販賣時，通常不是一整條，就是已經切好。由於上下兩個部分的纖維粗細、水分與風味截然不同，使用時要根據料理，分開使用。

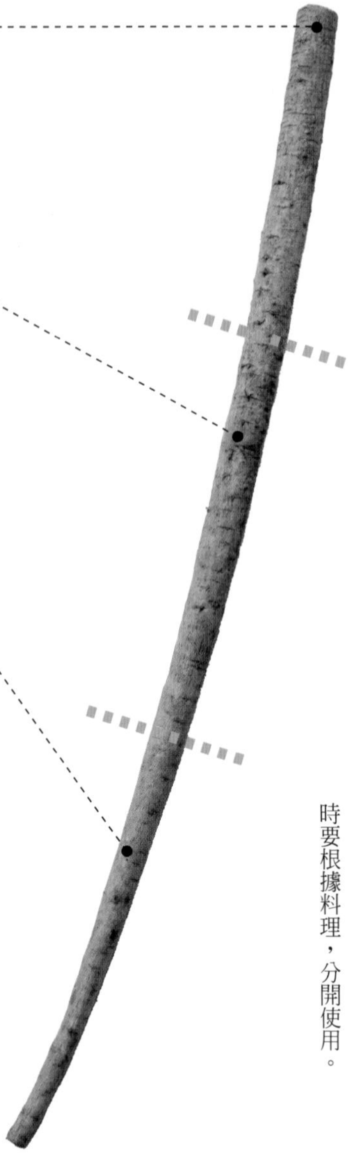

上

特徵◎組織完全成長的部位。水分少，纖維粗硬。皮厚，香氣濃郁。

料理◎滷煮／天婦羅／油封

中

特徵◎口感柔嫩香氣佳，烹調範圍廣泛。

料理◎滷煮／炒（醬油辣炒等）／炸（天婦羅、龍田炸※等）／油封／湯品

（※譯註：「龍田炸」是先用醬油與味醂將肉醃漬入味後，再沾上一層太白粉炸成的雞塊。）

下

特徵◎因為還在成長，故水分多且纖維細膩。口感柔嫩，香氣溫和。

料理◎沙拉／炸蔬菜餅／涼拌

保存

即使帶有泥土還是非常容易乾燥，因此要從袋裡取出，用報紙包裹，放在陰涼的地方常溫保存。如果已經清洗過，就用廚房紙巾包起來，放入保鮮袋裡冷藏保存。不管是哪種保存方式，均必須在一週內吃完。

◎如何挑選◎

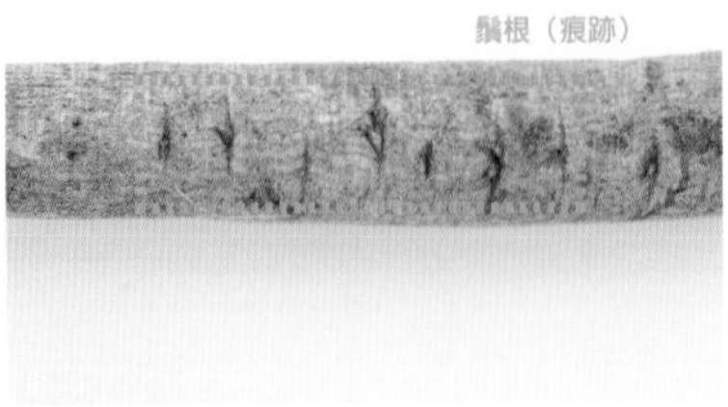

1 表皮飽滿，鬚根與鬚根痕跡等距成一直線排列。

2 切口沒有孔洞，沒有發黑。

3 沉重，越往尾端越細。

4 帶泥土的牛蒡，保存性高且佳。

5 因為受到土壤影響，多少會有點彎曲，但基本品質沒有問題。

即使是同一道菜，切法不同，呈現的風味也會隨之而異，例如醬油辣炒牛蒡（第111頁）。既然是纖維多的牛蒡，就要烹調出口感相異的美食。

《滾刀切法／上～中／盛產～尾聲》

適合產季尾聲、風味增加的牛蒡。烹調時使用粗細均衡的部位，這樣受熱會比較均勻。這種切法因爲切面增加，不但快熟，也容易入味。帶皮的牛蒡則適合烹調成可以嚐到牛蒡塊口感的滷煮菜。

《長條切法／上～下／上市～盛產》

先切成4～5㎝長，再沿著纖維縱切。適合肉質柔嫩的上市～產季的牛蒡。口感輕脆，可用醬油辣炒、炒、炒煮、炸等方式烹調，範圍非常廣泛。

《斜片切法／中～下／盛產～尾聲》

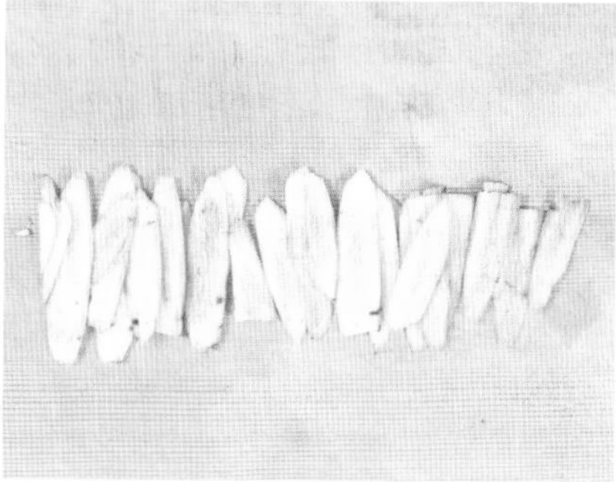

有點角度的斜片切法。可以切斷纖維，增加切面，因此口感較軟，容易煮熟，適合用來炒或做成湯品等只需稍微煮熟就可食用的料理。

《筒狀切法／上～中／尾聲》

切成3～4㎝長。口感佳，適合長時間的滷煮或油封。帶皮的風味濃郁，削皮則比較容易入味，而且味道也會比較洗鍊。

《薄絲切法／中～下／盛產～尾聲》

利用的是水潤柔嫩、年輕的前端部分。略爲汆燙後可做成沙拉、醬油辣炒或涼拌，呈現細膩的口感。

《絲狀切法／中～下／上市～尾聲》

斜切成片後切絲。咔嚓咔嚓的口感嚼起來十分輕脆。很短的時間便能煮熟，適合想要稍微熱炒、涼拌或沙拉等料理。

烹調技術

牛蒡是由纖維所組成的。因此要透過切法與加熱，將纖維裡的甜味提引出來。

基本烹調方式

1 香味與甜味都在皮裡，因此盡量帶皮烹調。

2 風味與口感會隨著切法而大大改變。

3 用油烹調，展現出特有風味。

事前處理—皮的處理方式

要品嘗牛蒡的香氣與風味，就要帶皮烹調

牛蒡的香氣與風味都在皮裡，因此不需削皮，直接用布刷洗即可。到了產季尾聲，口感會因為厚厚的外皮而變差，因此要用削皮器將皮削除。

《清洗》

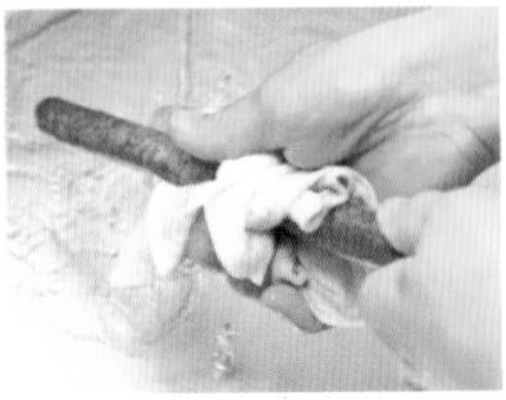

一邊用布輕輕地刷，一邊沖水洗淨。如果使用刷子或刀背刮，表皮會因此變得粗糙，使表面乾燥，因此要特別留意。

《削皮》

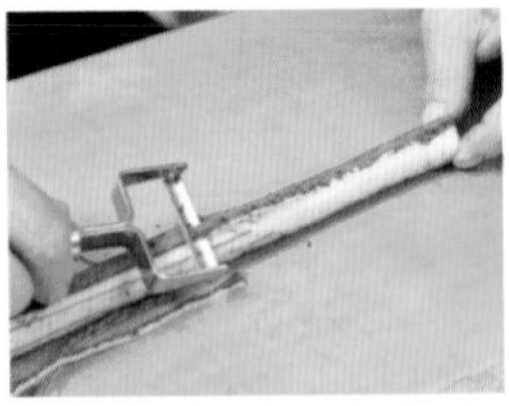

放置在砧板上，用削皮器一口氣把皮削下來。不過皮若是削除太多，反而會失去風味。

切法

拉、壓、削

牛蒡的纖維非常硬，過於用力地切，反而容易讓口感變得乾燥。建議好好掌握不會傷到纖維，又不會釋出澀味的切法。

《圓筒切法》

刀刃貼在砧板上，用往前滑動的方式一口氣壓切。

《長條切法》

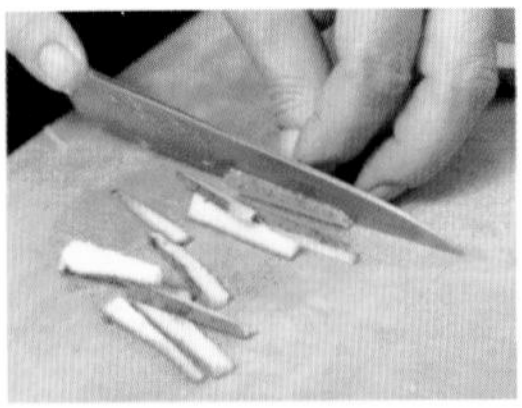

菜刀的中心部位貼在牛蒡上，以朝手邊滑動的方式拉切。

《絲狀切法》

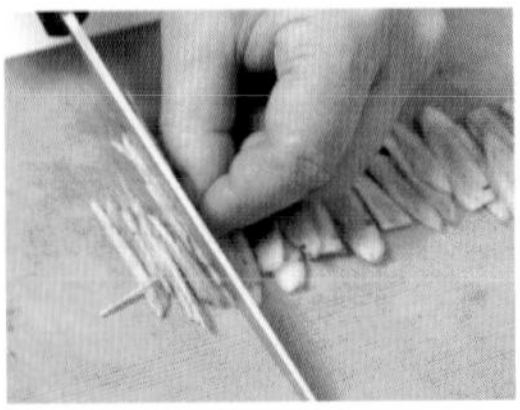

將斜切成大片的牛蒡排好，從邊端開始切。訣竅就是將刀刃貼在砧板上，以往前滑動的方式壓切。

《薄絲切法》

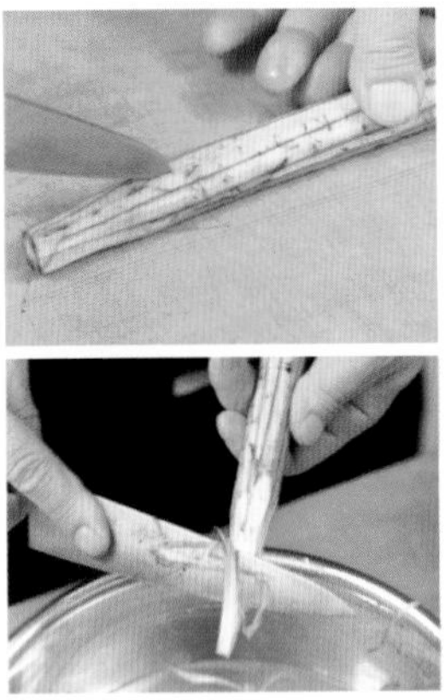

較粗的部分先劃上幾刀淺淺的刀痕。因為會釋出澀味，因此先準備好一盆水，一邊轉動牛蒡，用削鉛筆的方式，用菜刀的中心部將牛蒡削成薄片。

《削圓》

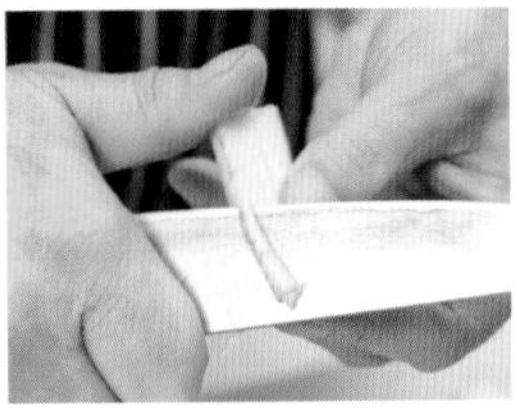

滷煮時將邊角削圓，口感會比較好。

《劃入刀痕》

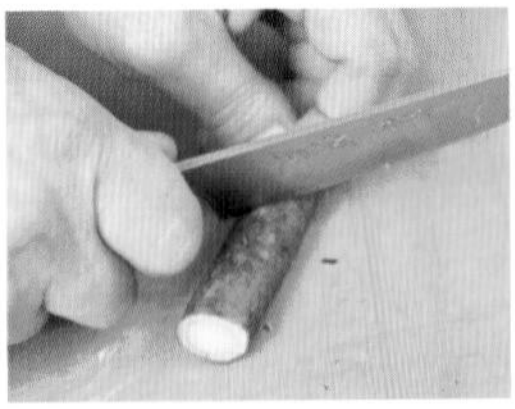

劃入淺淺的刀痕，這樣味道可以完全滲入其中。

前置作業—去除澀味

不取澀液

牛蒡切開後變成褐色的是澀液。這是多酚受到酵素影響而產生的變化，切開之後只要立刻泡水，就可以避免澀液釋出。切得比較大塊的牛蒡可以放入熱水裡燙，或是淋上熱水也行。

《泡水》

切好之後要立刻泡在水裡30秒。不宜泡得太久，以免甜味會流失。

《過熱水》

只要放在熱水裡幾秒鐘就可以去除雜味。可當作烹調滷煮菜的前置作業。

加熱

1 汆燙

稍微過熱水

將牛蒡切成薄絲或絲狀做成沙拉或涼拌菜時，要放入沸騰的熱水裡稍微汆燙，這樣還可以去除澀味。

放入煮滾的熱水裡燙10～20秒。

放到篩網裡直接冷卻。

内田流

綻放牛蒡的魅力

◎醬油辣炒牛蒡的切法要隨產季改變

提到牛蒡的基本菜色，那就是醬油辣炒牛蒡。這道菜固然重要，但是如果每次都炒出一樣的醬油辣炒牛蒡，那豈不是非常無聊？我們不妨隨著季節來讓這道菜更有變化吧。訣竅就是切法。剛上市的牛蒡切成長條狀，口感會變得十分輕脆；到了產季尾聲，就用薄片或絲狀切法，讓牛蒡的口感變得比較柔軟。當然，綜合數種切法下鍋炒也不錯。輕脆的口感之中又帶著一股嚼勁，豐富多變，均勻協調，而且甜味還會倍增呢！

《產季尾聲的醬油辣炒牛蒡薄片》

材料［4人份］

牛蒡……½條（上）、胡蘿蔔……⅓條、昆布高湯（第22頁）……3大匙、高湯萃取後剩下的昆布……3㎝、香麻油……1大匙、紅辣椒……½根、薑片……2片、綜合調味料［醬油＆酒＆味醂……各1大匙］、粗糖……1小匙、鹽……1撮、柚子皮……少許

1 牛蒡與胡蘿蔔切成略粗的絲狀或薄片後泡水。薑、昆布與柚子皮切成細絲。

2 香麻油與薑放入平底鍋，熱好之後放入牛蒡、胡蘿蔔與昆布並用大火翻炒。等材料都沾上油後倒入高湯，滷煮一會兒再加入紅辣椒，倒入綜合調味料調味。最後撒鹽，再加入粗糖，讓這道菜充滿光澤。

3 盛入容器裡，附上柚子皮即可。

2 炒

首先讓整體沾到油

先讓所有材料沾到油再翻炒，水分與甜味比較不會流失。想讓口感更柔軟，就炒久一點；想保留嚼勁，就用大火快炒。

快速地讓所有材料沾上油。

調好味道之後用大火拌炒。

3 滷

花些時間加熱

用油炒過再滷，味道會更香濃。想要煮得入味，首先要用高湯將牛蒡煮軟，之後再來調味。

1 炒

讓所有材料沾上油。

2 倒入高湯燉煮

先倒入可以蓋過材料的高湯，湯汁變少再補足即可。煮的過程當中要將浮末撈除。

3 蓋上鍋蓋

煮軟之後倒入調味料，蓋上鍋蓋，讓材料煮透入味。

4 轉大火收汁

最後轉大火，讓水分蒸發收汁。

烹調要訣

透過不同切法來展現細膩口感也是牛蒡的魅力。建議大家嘗試的是沙拉。先將牛蒡切成薄片或絲狀，再淋上味道稍濃的醬汁拌和。稍微汆燙後再調味，會較入味。要一邊用手攪散材料一邊拌和，味道比較均勻。

仔細地一邊攪散材料一邊拌和，好讓每一條牛蒡絲都能入味。

適合組合搭配的蔬菜

茼蒿

蓮藕

香菇

胡蘿蔔

油封與濃湯

用低溫的油鍋慢慢煮炸

油封是用低溫油慢慢煮炸，屬於法式料理的烹調方法。不僅風味佳，還能提高菜餚的保存性，在當地通常用來烹調鴨肉或雞肉等食材。蔬菜的話，可以用來烹調牛蒡或蕈菇等纖維較多、香氣濃郁的食材。甜味都藏在表皮裡的牛蒡只要帶皮一起煮炸，整個風味就會濃縮起來。就算是外皮又粗又硬的牛蒡，口感也會軟得驚人。另外，油封過的牛蒡還可以做成濃湯。沒有土腥味、爽口洗鍊的風味，令人難以抗拒。

油封牛蒡

材料

牛蒡（上～中的部分）與適量的沙拉油

作法

1 牛蒡洗乾淨，連皮切成4～5㎝的筒狀，放入沸騰的熱水裡略爲汆燙。

2 沙拉油倒入鍋身略厚的鍋子裡，加熱至120℃；拭去牛蒡的水分，放入鍋裡慢慢煮炸大約1小時之後，如果竹籤可以輕易刺穿，即算完成。

重點☞ 牛蒡的粗細與大小要一致，這樣加熱才會均勻。

差不多是熱油冒出泡泡的程度。

牙籤能刺穿牛蒡就OK了。

《油封牛蒡的調味方式》

將1大匙的醬油與2大匙的味醂倒入鍋裡，煮沸後將油封牛蒡（3根）放入，使其裹上醬汁。切成一半，撒上薑絲（薄薑片2片的分量）即可。

牛蒡濃湯

材料［3～4人份］

油封牛蒡……4根（70g）、胡蘿蔔（縱切）……10g、洋蔥（滾刀切）……30g、馬鈴薯（帶皮，滾刀切）……30g、大蒜（大）……1片、芹菜（圓形片）……10g、舞菇&蕈菇（小朵）……各15g、橄欖油……4大匙、蔬菜高湯（第18頁）……½杯、水……1杯、鹽……1撮

作法

1 將橄欖油倒入鍋身較厚的鍋子裡，熱好油後依序放入牛蒡、胡蘿蔔、洋蔥、馬鈴薯、大蒜、芹菜翻炒，最後放入舞菇與鴻喜菇下去炒，注入蔬菜高湯與水，煮至柔軟。

2 將1倒入果汁機或食物處理機，攪打成滑順湯汁後，倒入篩網裡過濾。

3 倒回鍋裡，再次溫熱，最後撒鹽調味即可。

口感纖細與否
決定於極為細膩的薄絲切法

牛蒡沙拉

《時期：上市》

材料［4人份］

牛蒡（下）……2條
鹽……1撮
沙拉淋醬
- 白芝麻醬……2小匙
- 味噌＆酒精揮發的味醂（第22頁）……各1大匙
- 鹽……1撮

炒過的白芝麻……適量

1 牛蒡削皮，切成非常細的菜絲後泡水。
2 混合沙拉淋醬的材料。
3 牛蒡放入沸騰的熱水裡略爲汆燙，用篩網撈起後，撒鹽。
4 沙拉淋醬淋在牛蒡上拌和，最後撒上芝麻即可。

重點☞ ①從切好的牛蒡絲尾端開始泡水。泡太久風味會被沖淡，故以30秒為基準。②拌和時要用手和菜筷細心混合，味道才會均勻。

只要燉煮入味
牛蒡風味就會更加馥郁

牛蒡滷蒟蒻

《時期：尾聲》

材料［4人份］

牛蒡（上～中）……1條
舞菇……100g
蒟蒻……½塊
昆布與乾香菇高湯（第22頁）……1½杯
香麻油……1大匙
酒＆醬油＆味醂……各1⅓大匙
鹽……1撮
薑片……2片

1 牛蒡削皮，切成長3cm後再縱切成半。蒟蒻切成2cm的塊狀，撒鹽去除澀味，並放入沸騰的熱水裡煮2～3分鐘，其中一面劃上細格紋的刀痕。
2 香麻油與薑放入鍋裡，爆出香味後倒入牛蒡與蒟蒻翻炒，注入高湯燉煮一會兒並撈去浮末。牛蒡煮軟後稍微煮沸，放入撕成小塊的舞菇，加入酒、醬油與味醂，蓋上鍋蓋，用中火燜煮。最後轉大火，讓味道滲入其中即可。

重點☞ ①高湯的分量要蓋過材料，這樣煮的時候才能保留牛蒡的風味。高湯若是熬乾變少就適量補足。

內田流 2 column

烹調根莖類的基本規則 該不該削皮呢？

1 事前處理

根莖類蔬菜的魅力，在於口感與風味，而且通常會受到表皮處理方式的影響。像是風味躲在表皮的牛蒡與胡蘿蔔只要帶皮烹調，就能將那股風味釋放出來。蘿蔔因為皮厚，所以削掉會比較容易食用。談到時期，表皮較薄的初上市季節可以連皮一起品嘗；到了表皮較厚的產季尾聲，將皮削掉會比較容易食用，而且不會有土腥味。

2 切法

依加熱的方式與完成的狀態來決定成型的樣子。想讓中心部煮熟又不會煮散，就必須將邊角削圓，或是劃入刀痕。

3 加熱

想將根莖的圓潤甘甜滋味提引出來，不管用煮的還是用炸的，最基本的就是要「低溫慢慢烹調」。如果要炸蓮藕，就要先煮再炸。

保存

帶葉的根莖類要將葉片與根部分切開來，用報紙包裹後，放在溫度變化不大的陰涼處保存。如果連同菜葉一起保存，裡頭的養分會被葉子剝奪，品質反而會提早惡化。

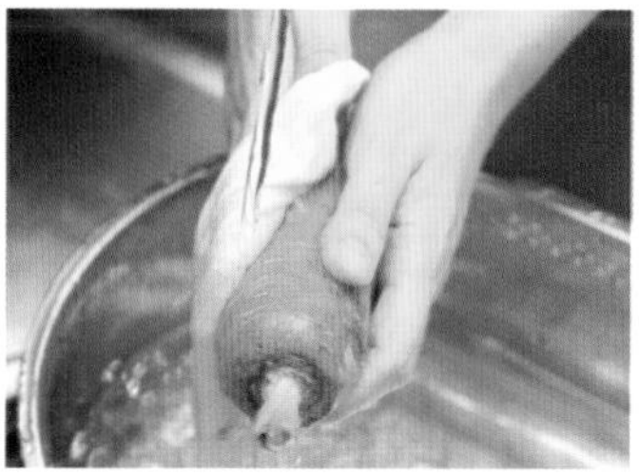

清洗——用布

將泥巴洗去。用刷子清洗，蔬菜會很容易刮傷，風味也會損壞，因此清洗時要用柔軟的布，一邊搓洗一邊沖水，將髒汙洗淨。

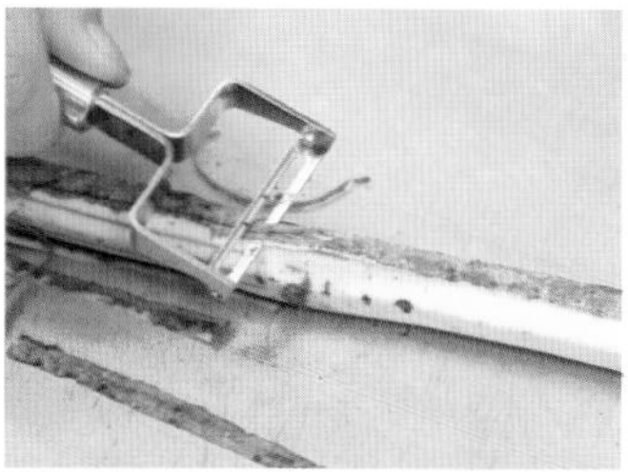

皮的處理

蘿蔔與蕪菁要削皮。表皮內側的纖維較為粗硬，口感不佳，因此要削得厚一點。削下來的皮可以做成醬油辣炒。表皮較薄的牛蒡與胡蘿蔔可以帶皮一起烹調，這樣風味可以完全釋放出來。到了產季尾聲，果皮會變得較厚，如果要烹調出清雅風味，最好用削皮器將皮削下。

加熱——放入水中用低溫慢慢煮

帶皮整個放入水裡煮，甜味比較不會流失。水將要沸騰之前把火轉小，以水面會搖晃波動的溫度（約80°C）來煮。蕪菁切好並削皮後，放入沸騰的水裡煮即可。

不要太常翻炒。
等一下、等一下，
等蕈菇散發香味吧。

蕈菇

◎產季

9 月～ 12 月之間，各種蕈菇會輪流上市

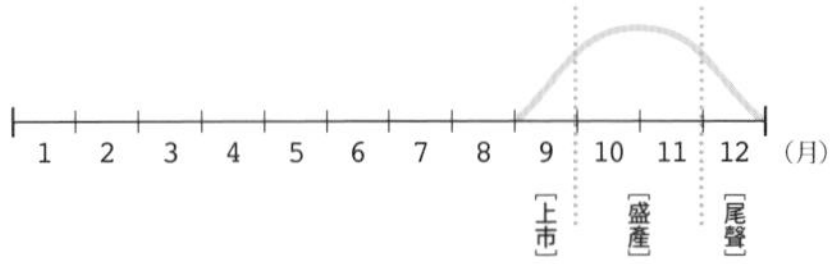

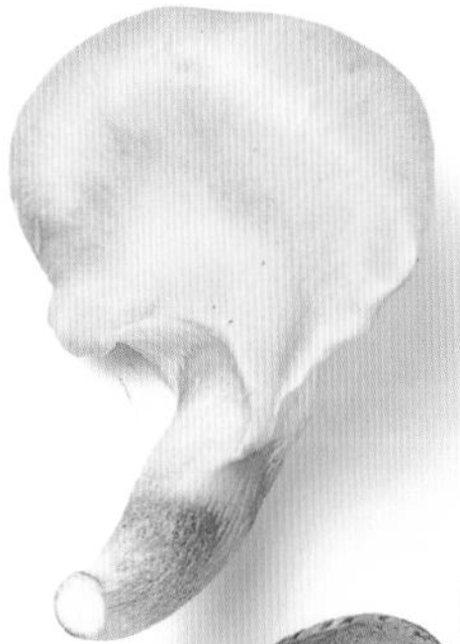

即便是人工栽培，到了盛產季節依舊格外美味。

只要一聽到九月的腳步聲，蕈菇就會蜂擁而至。最低氣溫一旦降到17℃，蕈菇菌的行動就會開始活絡起來。蕈菇生長是利用菌絲來吸收水分，只要一成長，菇傘的菌褶裡就會長滿延續生命的孢子。蕈菇不僅充滿營養價值與能源，風味與甜味亦十分出色。這不僅止於天然的，菌床所栽種的蕈菇，滋味同樣美味萬分。這個時期上市的蕈菇種類會陸續增加，讓人忍不住想要天天嚐鮮，享用各種不同風味的蕈菇。但是，要忍耐，因爲太常吃菌類食物，是會對身體造成負擔的。

蕈菇的風味，就是它的生命，在處理上也要格外慎重。不要清洗，直接用手撕成小塊等的前置作業固然重要，但是這些都比不上「加熱」這個步驟。若是處理不好，水分就會釋出，反而會讓甜味流失。要訣就是只要一放入平底鍋裡，就不要移動它，靜心等待蕈菇因爲變熱而釋出香氣爲止。「好了嗎？還沒喔！」這樣的臺詞重複兩次、三次的時候，蕈菇就會變得閃閃發亮，香氣滿溢了。

形形色色的蕈菇

全世界約有1000種可以食用的蕈菇。其中能夠以人工栽種的品種只有20種。

《蘑菇》

特徵◎外形圓滾可愛，肉質紮實，非常好烹調，是全世界產量最多的熱門蕈菇。白蘑菇沒有異味而且風味淡泊，大灰蘑菇則味濃且香氣馥郁。除了可以利用其圓滾的外形，當然也能切碎享受口感。適合做成沙拉、燉菜或油封等西式料理。

挑選◎菇傘表面沒有刮傷，肉質紮實，外形圓滾。

《舞菇（灰樹花）》

特徵◎生長在水櫟、栗樹根塊或樹幹根部，長久以來被人們稱為「夢幻蕈菇」。1970年成功以人工方式栽種，自此人氣持續上升。香氣獨特富嚼勁，還能夠釋出鮮甜的高湯，非常容易變色，卻適合與油一起烹調。可以做成火鍋、湯品、天婦羅、中式炒菜、蕈菇蒸飯。

挑選◎整株體型大且沉重。菇傘細膩肉厚。

《香菇》

特徵◎以將菌床綑綁在櫟樹、枹櫟樹等原木，或是大木塊上為主要栽種方式，不過風味最佳的，是讓孢子附著在原木上生長的原木香菇。一年有兩次的產季。春天的香菇肉質紮實富甜味，秋天的香菇香氣濃郁。最適合的烹調方式，就是用炒的。如果要涼拌，最好事先炒過，這樣味道會更加馥郁香醇。

挑選◎菇傘肉厚渾圓，內側捲起。菌褶細膩，菇軸粗。

《鴻喜菇》

特徵◎以鴻喜菇或本鴻喜菇之姿出現在市面上的，都是眞姬菇的栽培種，與「聞起來像松茸，吃起來像鴻喜菇」的野生鴻喜菇屬不同種。含有豐富的甘味成分，也就是胺基酸，只要曬成乾，就能夠品嘗到一股清甜滋味。可以滷煮、炸成天婦羅，甚至是炒菜，烹調範圍非常廣泛。此外，在熬製蔬菜高湯（第18頁）時亦可大顯身手。

挑選◎菇傘未張開，肉質飽滿。菇軸粗且紮實。

《黃金菇》

特徵◎白皙纖細的「金針菇」是人工栽培出來的。野生的則滋生在闊葉林的枯木上，呈黃褐色。將野生金針菇與人工栽培的白色品種交配而成的，就是這個咖啡色的黃金菇（照片）。香氣鮮甜口感佳，不過表層黏滑，烹調之前最好先炒過或汆燙。可當作火鍋料、做成湯品、滷煮、涼拌。

挑選◎飽滿，香氣濃郁。呈黃褐色且富光澤。

《鮑魚菇》

特徵◎菇傘呈灰色，外觀平滑。香氣濃厚，嚼勁輕脆。口感如其名，十分類似鮑魚。用菜刀切絲會比用手撕開更能散發出此種魅力。當作火鍋料、做成天婦羅、中式口味炒菜，味道比較鮮美。

挑選◎菇傘平滑，沒有刮傷，富彈性。

烹調技術

風味是蕈菇的性命。一定要養成習慣，才能夠保持好風味。

基本烹調方式

1 不洗。
2 用手撕成小塊。
3 用大火炒，但不要一直翻動。
4 曬乾的味道會更甘甜。

保存

只要曬2~3天，就可以做出自家製的蕈菇乾了。

用紙袋或報紙包起來冷藏保存（以4℃以下的溫度爲佳）。鮮度非常容易下降，盡量在1~2天內吃完，或是曬乾保存。

放在太陽底下曬2～3天，水分就會完全蒸發，這樣就是自家製的蕈菇乾了。不過表層黏滑的蕈菇就不適合曬成乾。

曬成乾的香菇浸水泡開。充滿甘味的香菇水可以當作高湯使用。

切法

用手剝成小塊，要對纖維溫柔一點。

用菜刀切的話，刀上的金屬味會破壞蕈菇的口感與風味，因此要用手順著纖維，細心剝成小塊。

《用手剝成小塊》

舞菇的菌褶比較細。剝的時候盡量大小一致。

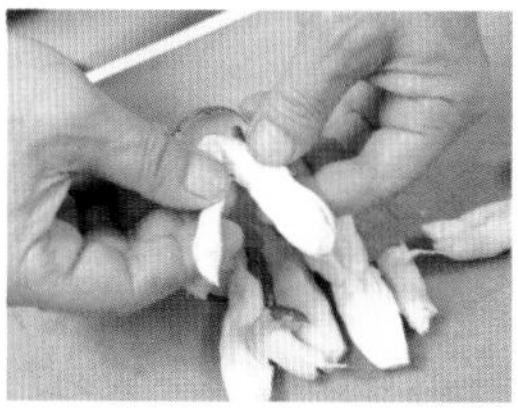

鴻喜菇的菇傘非常脆弱，要從菇根剝成小塊，以保持菇傘的形狀。

《切除菇根》

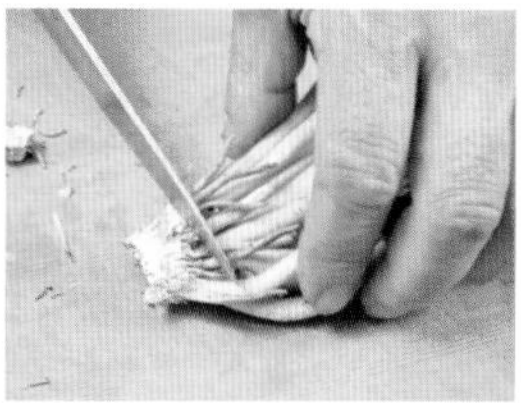

在最靠近上限的地方，用菜刀的前端將菇根切落。

《用菜刀切》

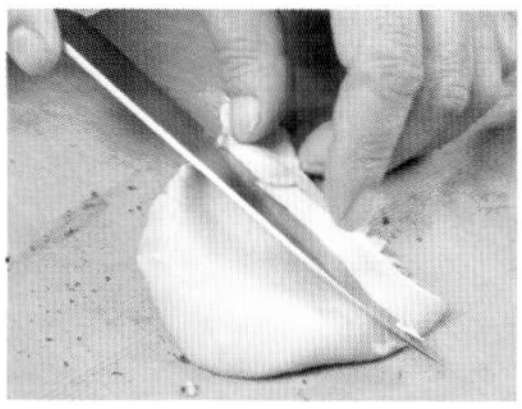

留意纖維的方向，以滑切的方式切開。

《劃入刀痕》

想讓蕈菇快點煮熟或看來更加美觀，可以在菇傘劃上十字刀痕。適用於炸天婦羅或滷煮。

切法不同，風味也會跟著改變。

切法不同，口感與甜味也會跟著改變，因此要隨著料理來區分使用。

《縱切成四塊》

連同菇軸切成四等分。不但可以保留菇傘的嚼勁，還能享受到飽足感與菇軸的甜味。適合炒或滷。

《切成碎末》

切得越細，味道就會越香甜，而且還可以保留嚼勁，口感甚佳。可當作炒飯、蛋包飯與可樂餅的材料。

《切成薄片》

切成5㎜的薄片。這種切法切面大，可以享受到柔嫩的口感與香甜的滋味。適合炒菜或煮湯。

《切成細絲》

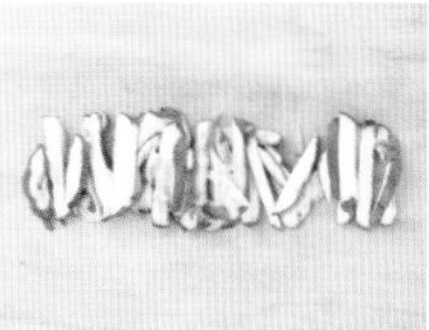

纖維整個切斷，甜味容易釋出，口感柔嫩。可做湯品、涼拌與羹湯的配料。

前置作業

略爲汆燙去除雜味

稍微過熱水汆燙，可以去除黏液、澀味與雜味。如此一來風味會更加洗鍊，只留下充滿特色的滋味。

《控制澀味》

舞菇只要一釋出澀液，會非常容易變成黑色。因此在汆燙時，可以滴入1滴油，讓舞菇裹上一層油，盡量不要釋出水分，這也是方法之一。

《去除滑菇（珍珠菇）的黏液》

倒入沸騰的熱水裡燙約1分鐘，便可以去除黏液，讓輕脆的口感更加獨特。

《去除雜味》

想要提引出清爽的口感，就要稍微汆燙，去除雜味。放入沸騰的熱水裡，加熱約20秒即可撈起。

加熱

蕈菇含有豐富的胺基酸（甘味成分），只要一加熱，風味就會截然不同。烹調時的訣竅，就是加熱不要加到一半，一定要完全炒熟才行。

1 炒・清炸

用高溫，但是在香味散發之前絕不翻炒

蕈菇加熱時，若是不斷翻動，水分就會從纖維裡釋出，造成甜味流失。用大火炒，但是在散發出香氣之前盡量不要翻動。

《炒》

1 將油倒入平底鍋裡，熱好油後放入蕈菇。轉大火，但是不要翻動。

2 當全部都沾上油、香味都散發出來後，再上下翻面，並且等待溫度上升。

3 最後將水倒入，利用蒸氣一口氣加熱。

《清炸》

有菇傘的蕈菇從表面開始炸，水分比較不會流失，還可以封存風味。

2 做成湯品

憑藉甜味呢？還是風味呢？

想將那股甜味當作高湯使用，就要煮得久一點。
若要品嘗風味，就最後再加入蕈菇，稍微煮過即可。

《甜味可以熬成高湯》

金針菇煮得越久，味道會越甘甜。

蕈菇納豆味噌湯

材料〔2人份〕
滑菇&金針菇&鴻喜菇……各1包、香菇……3～4朵、納豆（盒裝）……1盒、大蔥（白色部分）……1根、昆布與乾香菇高湯（第22頁）……500c.c.、味噌……適量

1 切除鴻喜菇與金針菇的菇根後，剝成小塊。香菇縱切成片。將這三種香菇一起放入沸騰的熱水裡略爲汆燙。滑菇切除菇根，剝成小塊，放入沸騰的熱水裡稍微燙過。大蔥斜切成薄片。納豆淋上熱水。
2 高湯倒入鍋裡，煮開後放入味噌；調散之後放入蕈菇，加入納豆，撈去浮末，最後放入大蔥，稍微煮開即可熄火。

烹調要訣

不損壞蕈菇甘甜滋味並且善加利用的訣竅

1 做成佃煮口味讓甘味更加濃郁

只要熬煮成佃煮，就可以把蕈菇的甘味整個濃縮起來。先加水將甘味提引出來，再利用熬煮將甘味完全釋放，如此一來便能去除多餘的水分，留下精華。

※表面黏滑的蕈菇不適合這種烹調方式。

1 炒出香氣之後將水倒入。

2 煮至咕嘟咕嘟，等甜味釋出後調味。一邊撈去浮末，一邊熬煮。

3 在熬煮的過程當中，甜味會凝聚濃縮，變成佃煮口味。

4 可以拿來拌飯或涼拌。能夠保存3～4天。

《蕈菇拌飯》

材料〔4人份〕
鴻喜菇·舞菇·金針菇·香菇等蕈菇……150g、昆布與乾香菇高湯（第22頁）……1杯、醬油&味醂……各1大匙、酒……2大匙、鹽……1撮、沙拉油……2大匙、醋飯［白飯4碗、調味料／酒精蒸發的醋（第22頁）……3大匙、砂糖……1大匙、鹽……少許］

1 將蕈菇切成容易食用的大小。醋飯用的調味料混合後，倒入飯裡攪拌。
2 沙拉油倒入平底鍋裡，轉大火並將蕈菇倒入。不需拌炒，等蕈菇吸了油、煎出顏色，且溫度上升後再翻炒。撒上鹽、酒與高湯，煮開後加入醬油與味醂繼續熬煮。一邊撈去浮末，一邊將蕈菇煮至柔軟。當湯汁收得差不多時，把水倒入。
3 等2冷卻之後，倒入醋飯裡混合即可。

2 涼拌的蕈菇要先煎過

做成涼拌或醋拌菜時，蕈菇最好是用煎的，不要用煮的。如此一來，香味非但不會流失，氣味還會更加馥郁。

香氣濃郁的舞菇只要煎熟，味道就會更加強烈。

煎熟的舞菇就算用來涼拌，也不會變得水水的。

《豆腐拌蕈菇秋柿》

材料［4人份］

舞菇……200g、柿子……1個、嫩豆腐……半塊（350g）、銀杏（帶殼）……5粒、沙拉油……1小匙、鹽……少許、涼拌醬［白芝麻泥……2大匙、鹽……2撮、醬油……1滴］

1 豆腐放在篩網上瀝乾水分。舞菇剝成小片。柿子削皮後，滾刀切成小塊並且撒鹽。銀杏放入平底鍋裡用小火乾煎，等表面變成白色之後，將果肉從殼裡取出。

2 沙拉油倒入平底鍋裡，熱好油後放入舞菇，煎至香味散出再撒鹽。

3 涼拌醬材料放入擂缽裡混合。

4 將3倒入瀝乾水分的豆腐裡混合，接著再放入舞菇、柿子與銀杏，稍微攪拌即可。

內田流 **綻放蕈菇的魅力**

◎利用油封（炸煮）的方式，嚐盡蕈菇的美味

用低溫油炸煮，這種烹調方式稱爲「油封」。這是一種非常耗時的奢侈烹調法，但是蕈菇只要直接油封，就會讓人覺得一般炸煎方式所烹調出來的食物，少了一味。油封可以讓甜味更加濃厚，口感也會充滿嚼勁。只要趁熱將義大利香醋（Balsamic vinegar）淋上，就是一道美味地讓人爲之傾迷的佳餚。就連炸過的油，也能當作充滿蕈菇氣味的蕈菇油來使用。

《油封蕈菇》

材料［4人份］

蕈菇（杏鮑菇、蘑菇、鴻喜菇、鮑魚菇等）……適量、百里香&月桂葉……各1枝、大蒜……2片、橄欖油……1杯、黑胡椒（粒）……7～8粒、義大利香醋……依個人喜好（適量）、鹽……1撮

1 蕈菇整個放入鍋裡，注入剛好可以蓋過材料的橄欖油，放入百里香、月桂葉、大蒜與黑胡椒，以120℃的低溫慢慢炸煮，盡量不要讓油沸騰。等散發出香氣、蕈菇變軟後，即算完成。將蕈菇放在盤裡，撒上鹽，再依個人喜好淋上義大利香醋。

2 取出大蒜，用廚房紙巾把油擦乾，搗碎後撒鹽。

3 將蕈菇盛入容器裡，附上2的大蒜即可。

蕈菇放入鍋身略厚的鍋子裡，開火前先倒入可以蓋過材料的橄欖油，將肉質較硬又不容易煮熟的蕈菇（例如鮑魚菇）放在鍋子的正中央。

以低溫烹調，但不煮沸。若想讓材料快點熟，可以蓋上鍋蓋。

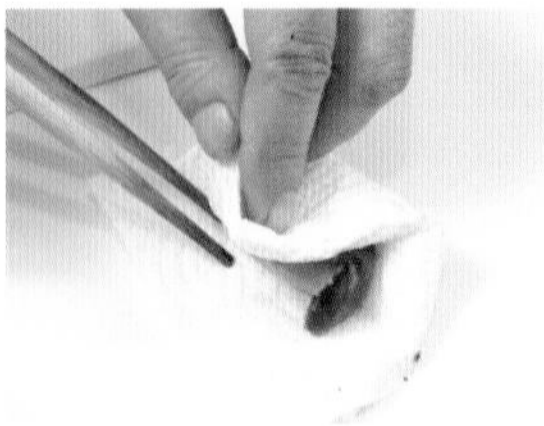

炸好後用廚房紙巾把油擦乾。

※蕈菇要挑選不太會吸油、纖維細緻的種類。

綜合炒蕈菇

組合多種蕈菇，讓香氣與口感更加豐富

《時期：上市～尾聲》

材料 [4人份]

香菇……2朵
鮑魚菇……1朵
柳松菇（或鴻喜菇）……1包
白蘑菇……4朵
洋蔥……½個
大蒜……1片
橄欖油……3大匙
鹽&胡椒……各少許
醬油……½大匙
水……4大匙
百里香……2根

1 將香菇與鮑魚菇去除菇蒂，切成略大的薄片。柳松菇剝成適當大小。蘑菇切半。洋蔥縱切成片。

2 橄欖油與大蒜倒入平底鍋裡，爆香後加入洋蔥，炒到沒有水分為止。

3 按照肉質堅硬的程度（柳松菇、鮑魚菇、香菇），將蕈菇放入鍋裡，不需翻炒，直接煎煮。大蒜若是焦掉則取出。

4 撒上2撮鹽與胡椒，加水炒煮一會兒。試試味道，撒上鹽與胡椒，最後再以醬油調味，並依個人喜好附上百里香。

重點☞ ①蕈菇要切得大塊一點，讓口感可以呈現出來。②洋蔥要炒熟，若是殘留水分，會被蕈菇吸收，這樣反而會變得水水的。

蕈菇炒米粉

不停地吸收甘甜滋味，洋溢著蕈菇風味的米粉

《時期：盛產～尾聲》

材料 [4人份]

香菇……2朵
鴻喜菇……100g
洋蔥……⅓個
胡蘿蔔（中）……¼個
薑末與蒜末……各1大匙
米粉……1袋
昆布高湯（第22頁）或水……100c.c.
香麻油……1大匙
醬油……2大匙
味醂……1大匙
鹽……½小匙
胡椒……適量

1 切除蕈菇菇蒂。香菇切成薄片，鴻喜菇剝成小朵。洋蔥縱切成薄片，胡蘿蔔縱切成絲。米粉浸水泡軟，切成喜歡的長度。

2 香麻油、薑與大蒜放入平底鍋裡，加熱爆香後，先放入洋蔥翻炒，接著再放入胡蘿蔔。材料都沾上油後，放入香菇與鴻喜菇下去炒，最後加上米粉，注入高湯炒一會兒之後，再加入醬油、味醂、鹽與胡椒調味。

重點☞ 不管是什麼食材，都要炒得一樣軟，整道菜才會比較容易拌和在一起。

將秋季王者風範傳遞到內心的松茸套餐。

松茸，是獨樹一格的。每年迎接盛產季節的松茸，就會散發出豔冠群芳的無窮魅力。那股鮮明強烈的芳香當然不在話下，不過最讓人難以忘懷的，還是它的珍貴性。當松茸在赤松與黑松林裡偷偷地迎接季節來臨時，只有少數人才能夠尋覓到它，採集到它。無法透過人工栽種的，才是名正言順的天然物。無奈的是，松茸有時豐收，有時歉收。近年來，來自韓國與中國的松茸相競加入市場，讓松茸每到了秋天，就會成爲人們口中的美食話題。

◎產季

9～11月。從東北、北陸南下。松茸會根據菇傘展開的程度而分爲「花苞」、「半開」、「全開」。當中以花苞的氣味最爲濃厚。

◎如何挑選

菇傘未展開，菇軸粗硬。

◎保存

買來之後趁早食用。保存時要用廚房紙巾包起來放入冰箱裡。

炸松茸
醋拌松茸
松茸蒸飯

就連我，對松茸也是愛之有加。每當九月聽到收成的捷報，心就會開始蠢蠢欲動。第一批送來的松茸，讓我情緒格外激昂，往往會迫不及待地好好品評一番。雖然松茸每年的品質都不一，但松茸還是松茸。這也是從前我在小孩子面前展示蔬菜店老伯威嚴的蔬菜。我已經迫不及待想要拿松茸來煮菜了。首先是松茸蒸飯，再來是松茸清湯、醋拌松茸、滷松茸，還有佃煮松茸。只要是想得到的菜色，全都要嘗試過一次，而我心目中的第一名，就是讓松茸若隱若現的炸天婦羅。不用懷疑。因爲包裹在那薄薄的麵衣底下的馥郁香氣，一旦在口中瀰漫開來，是會讓人感動萬分的。啊啊，松茸哪，眞的是太感激你了！

前置作業

1 不需清洗，用濕布將表面的汙垢擦淨。
2 去除菇蒂。

料理◎「花苞」的時候可以用烤的、做成土瓶蒸或是清湯；「半開」的可以做成壽喜燒；「全開」則可做成松茸蒸飯。

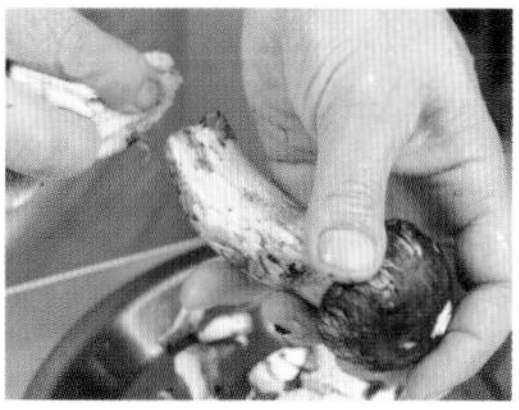
不需清洗，用濕布擦淨。表面如果出現黑色斑點，代表那個部分有點腐壞，輕輕地擦拭乾淨即可。

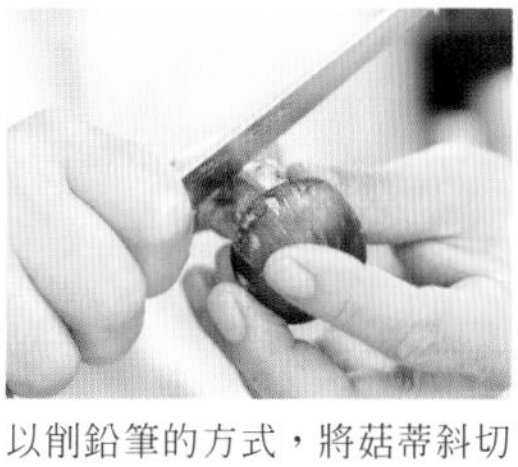
以削鉛筆的方式，將菇蒂斜切下來。

醋拌松茸

材料[4人份]

松茸（軸）……3朵、胡蘿蔔……¼條、柚子皮……少許、甜醋［蔬菜高湯（第18頁）或昆布與乾香菇高湯（第22頁）……100c.c.、醋&味醂&醬油……各1大匙、砂糖……1½小匙、酒……1小匙、鹽……1撮］

1 松茸縱切成細絲，略爲汆燙後撈起。胡蘿蔔縱切成絲，汆燙過後撈起。柚子皮切絲。

2 將甜醋的材料倒入鍋裡，煮開後冷卻，加入柚子。

3 松茸與胡蘿蔔放入2的甜醋裡泡漬30分鐘即可。

炸松茸

材料[4人份]

松茸……4朵、麵衣［麵粉……100g、太白粉……20g、冷水……適量］、撲麵用麵粉……適量、油炸用油［香麻油與沙拉油……各爲等量］、紫蘇鹽……適量

1 松茸縱切成半。麵粉與太白粉混合，加水調出略稀的麵衣後，稍微攪拌。

2 油鍋熱至170℃，松茸沾上一層麵粉，裹上薄薄的一層麵衣後，下鍋油炸。

3 盛入容器，附上紫蘇鹽即可。

重點☞ 松茸只要沾上一層薄薄的麵衣即可。若是裹得太厚，會損壞松茸的香氣與口感。

松茸蒸飯

材料[4人份]

松茸……5朵、米……3合（1合約150g）、蔬菜高湯（第18頁）……3杯多、醬油……½大匙、酒&味醂……各1大匙、鹽……1撮

1 松茸保留菇傘的外型，切成容易食用的大小。

2 蔬菜高湯倒入鍋裡，煮開後放入松茸，加入酒、醬油、味醂、鹽調味，煮一段時間之後如果味道不夠，再加鹽調味。松茸釋出風味後撈起，將松茸與煮汁分開。

3 米洗好後，連同2的煮汁倒入電鍋裡煮（煮汁的分量與平常煮飯的分量相同）。

4 飯煮好後，倒入松茸，再次蓋上蓋子悶煮5分鐘。混合之後盛入容器裡即可。

香烤松茸

材料[4人份]

松茸……4朵、酒……少許、酸橘醋［現搾酸橘汁……1個、醬油……1大匙、鹽……1撮］

1 在松茸根部劃上十字切痕，烤箱事先預熱。酸橘醋的材料混合。

2 將酒灑在松茸上，放入烤箱裡烘烤。

3 松茸縱切開來，盛放在容器裡。放上一塊酸橘，附上酸橘醋即可。

松茸滷芋頭

材料[4人份]

松茸……1朵、芋頭……5個、昆布高湯（第22頁）……250c.c.、醬油&味醂……各1大匙、砂糖……少許、柚皮絲……少許

1 松茸縱切成4等分；里芋削皮切成六角形，放入沸騰的熱水裡略爲汆燙後，再切成一半。

2 將高湯與里芋放入鍋裡煮。撈去浮末，加入砂糖，放上鍋蓋，等差不多煮熟了，再將松茸、醬油與味醂倒入繼續煮。煮至香味四溢，里芋變軟之後即算完成。最後附上柚子皮即可。

松茸佃煮

材料[4人份]

松茸……2朵、昆布……10cm、鹽&酒……各少許、煮汁［醬油……3大匙、味醂……2大匙、酒……1大匙］、完成的糖汁［砂糖&酒……各1大匙］

1 昆布浸泡在水裡至少4小時。松茸縱切成約3mm的薄片。水煮至沸騰後倒入鹽與酒，放入松茸略爲汆燙後撈起。

2 昆布切成長3cm，並連同煮汁放入鍋裡，煮開後放入松茸，蓋上鍋蓋滷煮。等松茸變色後，大火燉煮，再加入砂糖和酒製作的糖汁。

松茸清湯

材料[4人份]

松茸……1朵、鴨兒芹碎末（葉）……1根、柚皮絲……少許、蔬菜高湯（第18頁）……3杯、鹽……⅔小匙

1 松茸縱切成與湯碗一樣的大小。鴨兒芹用手撕成碎屑。

2 蔬菜高湯煮開後，放入松茸。煮到散發出香氣後，灑鹽調味。

3 盛入碗裡，放入鴨兒芹與柚子即可。

內田流③ column

烹調蔬菜料理最重要的事

好切的菜刀

想讓自己擅於處理蔬菜料理，就要使用好切的菜刀與削皮器，如此一來，馬鈴薯的外皮沒兩下就削得乾乾淨淨，蘿蔔的圓形切片也是兩三下就解決。如果要把牛蒡切成薄片，刷刷刷地就可以完成了。手上只要有把好切的菜刀，運刀的時候不但會十分輕盈，連切起菜來也會更加輕鬆愉快。

站在蔬菜的立場來看也是一樣。讓磨得銳利的刀一口氣切開，這樣不但沒有壓力，還會非常爽快，切面也會十分滑順美麗，且不容易釋出澀液，風味會比較高雅。相反的，用比較鈍的菜刀靠蠻力來切，蔬菜的纖維會因為遭到破壞而變得乾巴巴的，還會釋出雜味，甚至煮得碎爛。

既然如此，那麼菜刀當然就是廚師的性命。我雖然不是廚師，但是身為一個專門販賣蔬菜的商家來說，好切的菜刀是最重要的夥伴。現在我常用的其中一把刀，是刀身長達十八公分，也就是所謂的「切魚刀」。這是我數年前買的，非常好用。

蔬菜的處理並非只是削皮、切成小塊而已，果軸與果心的處理，還有刮圓與刀痕等比較細膩的步驟。道地的日本料理，要求細膩精緻的刀工。一把好刀，不管是從刀刃還是到刀頭，切的時候都不需施力，還能夠隨著用途，處理比較細膩的工作，宛如雙手的延長線般運用自如。我覺得能擁有一把這樣的菜刀，是一件非常不錯的事，而且那把菜刀還要堅實耐用。最基本的條件，是刀刃要薄到非常纖細，且刀口銳利。材質方面，以鋼鐵為佳。不過最近市面上出現了繼承巧妙傳統技術，以不鏽鋼合金材質製作的上等菜刀。聽說進化到這種地步的日式菜刀，深受全球廚師的喜愛。

可是不管那把菜刀有多出色，沒有好好保養，還是會生鏽變鈍的。刀子一定要磨。就算是我，有時也會忘記要保養菜刀。但沒想到蔬菜竟是如此坦白地告訴你。幾天前，我在切蘿蔔的時候，發現怎麼切的蘿蔔絲會水水的，一看才發現菜刀完全沒有光澤，鈍到不磨不行。只好在心裡跟蘿蔔說聲「對不起」。

另外，扮演著妻子角色的砧板也非常重要。凹凸不平或是起毛邊的砧板是無法讓菜刀滿意工作的。所以，砧板也要好好保養。

※旬　工具刀150，SELECT100　T型削刀／貝印（株）

烹調前先曬乾，就算是在室內進行也可以。在炸成天婦羅之前先花點心思吧！

乾香菇有股牛肝菌的香氣。胡蘿蔔葉有股海藻香。從前的人是不是一邊聞著這樣的香氣，一邊感受冬天慢慢靠近的腳步呢？

曬乾

甘甜與保存，通通交給「蔬菜乾」。

一旦最高氣溫降到15℃，濕度不到40％，早晚氣候變得十分嚴寒時，蔬菜就會多了一種品嘗方式，那就是做成蔬菜乾。只要過了立冬，御廚也會開始忙著曬蔬菜乾。蕈菇幾乎每天都攤放在篩網上，有時還會看見用繩子綁起來的蘿蔔垂吊在屋簷下悠哉搖晃。

乾蔬菜的製作方式非常簡單，切好攤放在篩盆裡風乾即可。重點在於濕度。濕度太高，水分不但無法蒸發，還很容易發霉。不過濕度只要降到40％，就差不多可以開始曬蔬菜了。如果能降到30％，氣候乾燥到皮膚會感覺有點粗糙，就是最完美的曬菜日了。不管是芋類還是根莖類，水分都會蒸發，只要曬個半天，表面就會變軟，這眞的非常有趣。如果再繼續曬四到五天，水分會完全蒸發，變得又乾又硬，這樣就能夠做出可以保存的自家製蔬菜乾了。

曬成半乾其實算是烹調料理時的一個小工夫，不過在曬乾之前要配合需要使用的料理來切。白菜就是一個很好的例子，就算是炒，只要再加上這個步驟，味道就會變得格外清甜香醇。當然，拿來滷煮或炸也不錯。另外，水分完全蒸發的蔬菜乾的魅力，就是其保存性。只需曬得成功，就能無損風味地保存一年，使用時只需泡水就會復活。牛蒡就是牛蒡，胡蘿蔔就是胡蘿蔔，而且風味還會變得更加濃郁深厚。把這些泡開的蔬菜乾做成醬油辣炒，就會明白蔬菜乾有多厲害。蔬菜泡軟之後留下的湯汁更是濃厚強勁，充滿活力。只要嚐過一次，就會忍不住爲了這個湯汁滋味而把蔬菜曬成乾。其實我曾經利用這個蔬菜乾湯汁來做烏龍湯拌麵給員工們吃，各個吃了都瞪大了眼睛呢！

《蔬菜乾的製作要訣》

1 並非所有蔬菜都適合曬成乾

適合曬成蔬菜乾的有：所有蕈菇類、馬鈴薯、甘藷、南瓜、根莖類（胡蘿蔔、牛蒡、蘿蔔、蓮藕、蕪菁）、白菜、高麗菜。葉菜類蔬菜則不適合。

2 曬蔬菜時，要放在水分容易蒸發的竹簍裡

蕈菇菇傘內側朝上，蔬菜切面朝上，排放時盡量不要重疊。

3 放在通風處曬乾

曬的時候要放在通風良好又能曬到陽光的地方。只要溫度變化小，曬好的蔬菜不管是顏色還是香氣，都會變得更棒。連胡蘿蔔葉只要曬得夠乾，也能散發出宛如香草植物的芳香。

4 切的時候要配合用途

曬乾前要先考量一下烹調方式與用途。想適用於各種料理，就要切成小塊。如果要將白菜或蘿蔔等蔬菜做醃漬物，那麼事先處理的曬乾，就要切得大塊一點。富有黏性的蓮藕因爲水分不容易蒸發，所以要切成片。澀味重的牛蒡則要先泡過一次水再曬乾。

5 如何泡軟

只要將蔬菜乾泡在大量冷水或溫水裡，就能將纖維泡軟。想將蔬菜泡軟留下的湯汁當作高湯使用，在浸泡時的水量就要少一點，這樣才容易調整湯汁濃度。

6 烹調的時候稍微花點心思

爲了讓味道更加甘甜而把蔬菜曬成乾，蔬菜的切法要配合料理，曬約半天即可。

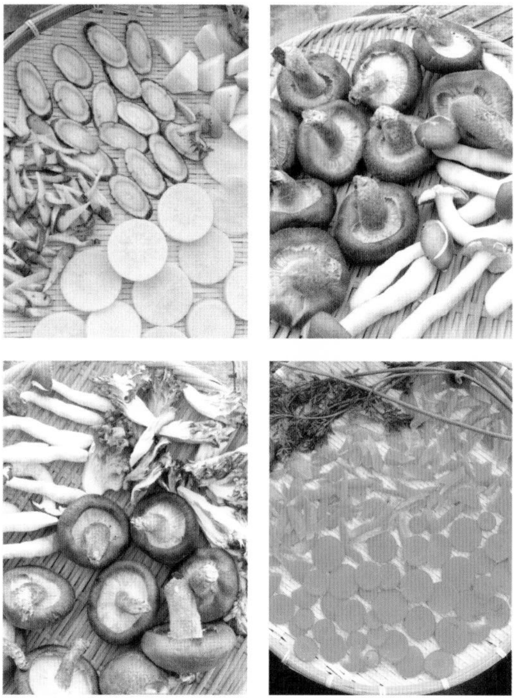

11月中旬，我把許多蔬菜都曬成乾。到了第3天，果肉就會因爲內含的水分蒸發，而縮成原來的50%大小。

蔬菜泡軟留下的湯汁，就是洋溢著大地芳香的高湯。

有沒有曬過，
炸天婦羅的滋味竟相差這麼大

蔬菜乾天婦羅

材料［4人份］

牛蒡．甘藷．胡蘿蔔．蓮藕．香菇．鴻喜菇．茼蒿……各適量、天婦羅麵衣［麵粉……100g、太白粉……20g、冷水……200c.c.］、麵粉（撲麵用）……適量、沙拉油……適量、香麻油……少許、天婦羅沾醬［昆布與乾香菇高湯（第22頁）：醬油：味醂＝3：1：1］、蘿蔔泥……適量、鹽……適量

1 牛蒡削成薄片後泡水。甘藷斜切成片後泡水。胡蘿蔔連皮縱切成一半後，斜切成片。蓮藕連皮切成圓形片。香菇菇傘劃上十字刀痕。鴻喜菇剝成小朵。茼蒿分成容易食用的大小。除了茼蒿，其他材料都放在篩網上，曬約3小時。

2 製作天婦羅的麵衣。天婦羅沾醬煮開之後，放置冷卻。

3 沙拉油與香麻油放入鍋裡，熱至170℃後，將1的蔬菜裹上一層麵衣後，從較硬的蔬菜開始下鍋油炸。

4 趁熱沾上天婦羅沾醬、蘿蔔泥與鹽細細品嘗。

曬成乾的牛蒡先灑上撲麵用麵粉再裹上麵衣，可以炸得比較酥脆。

重點☞ 根莖類全部連皮曬乾。牛蒡先泡水，可以避免變色。

使用數種蔬菜乾，
熬成繽紛的日式蔬菜高湯

烏龍蔬菜湯拌麵

材料［2人份］

烏龍麵……2球、蔬菜乾……喜歡的蔬菜、慈蔥……1根、泡過蔬菜乾的湯汁……4杯、醬油……50c.c.、鹽……1撮

1 蔬菜乾全部放入碗盆裡，倒入剛好可以蓋過材料的水，將其泡軟。慈蔥切成長3cm。

2 取4杯1的湯汁，如果不夠就加水。倒入鍋裡煮至沸騰後，再加入泡軟的蔬菜乾並煮一段時間。倒入醬油，蔬菜乾變軟後，灑鹽調味。

3 烏龍麵燙好後，趁熱淋上2的湯汁，灑上慈蔥即可。

倒入剛好可以蓋過材料的水，將蔬菜乾泡軟，再自由調整濃度。

用泡過蔬菜乾的湯汁煮，味道會更加甘甜。

內田流 4 column

爽口不膩
在寒冷的季節裡，好好利用柑橘類。

苦橙（酸橙）
酸味高雅香甜。日本料理店經常使用，可惜不容易買到。

日本柚子
酸中帶有苦味。果皮厚、易剝除，香氣溫和，適合為湯品增添香味。

酸桔
比醋橘大一些，酸味圓醇，有九成為大分縣產，適合用在火鍋、湯品與河豚料理。

醋橘
酸味清爽不膩。外型小巧好處理，是松茸料理的基本食材。超過九成的產量來自德島。

柑橘的使用方式

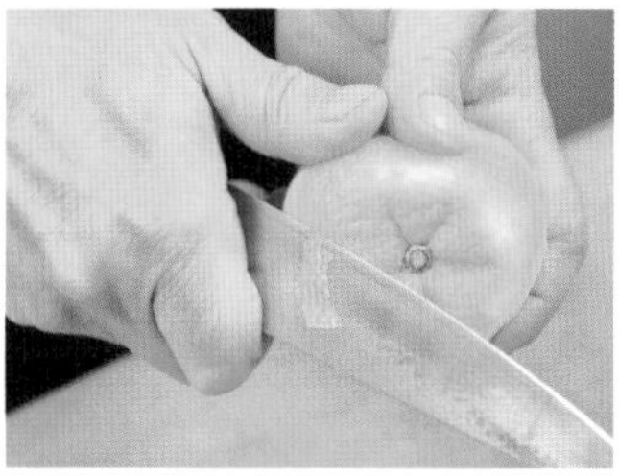

《削皮》
日本柚子與苦橙的果皮雖厚，卻非常柔軟，可以削下當作配料。白色的部分味苦，所以要盡量削得薄一點。

《去籽》
籽多是柑橘類的特色。要用牙籤一粒一粒剔除。

《柑橘沙拉淋醬》
材料　3～4種柑橘類各½顆的分量，擰成汁……150c.c.、橄欖油……150c.c.、酒精揮發的味醂（第22頁）……2小匙、鹽……⅔小匙、胡椒……3撮
作法　所有材料倒入碗盆裡，整個攪拌至乳化為止。
●只要將數種柑橘類混合在一起，香氣就會更加豐富，且風味深邃。想調出中式口味，可用香麻油與醬油來取代橄欖油。淋在蘿蔔、蕪菁或胡蘿蔔沙拉上均適宜。

柚子、酸桔、醋橘。如果少了這些酸味強烈的柑橘類，那麼秋冬料理會有多乏味呀。鹽烤秋刀魚要搭配醋橘；火鍋要搭配酸桔與日本柚子。只要滴上幾滴果汁，整道菜的風味就會大為不同，真的是讓人喜歡的食材。這些柑橘的香氣獨樹一格，各有各的特色。每一種的果皮之所以如此厚實堅硬，主要目的是為了阻絕空氣，以保護裡頭成熟的果肉。由此可以看出，這層厚厚的果皮是可以耐寒的大衣。炎炎夏日之所以無法生產柑橘類，原因就在此。

我最喜歡柑橘了，而且還不厭其煩地多方嘗試，看看這個適不適合這道菜，能不能夠搭配那道菜。經過嘗試之後，最近我發現一道還不錯的，就是「燙菠菜拌酸桔醋」。將酸桔或日本柚子擠出果汁後，以1：1的比例加入醬油與味醂。酸桔醋不但可以將菠菜那股獨特的清甜提引出來，而且風味還會變得十分爽口。不過有個程序絕對不能出錯，那就是果汁不可以倒入調味料中，正確的方式是要將調味料滴入果汁裡。如果順序弄反，這得來不易的清爽香氣就會毀於一旦。調製火鍋沾醬的時候也是一樣喔！

內田悟與伙伴們
談到「傳遞心聲」

在我的身旁有一群伙伴，
我們會透過「蔬菜」來交流活動。
就讓我介紹一下與他們交流的一小部分。

1話 Eriko《細心》

因爲築地御廚「蔬菜教室」的活動，讓各方人士齊聚一堂，有粉領族與家庭主婦，還有立志當上廚師的青年，以及退休之後才開始務農的男性，甚至還有遠從九州來的烹飪專家，各個都是熱愛蔬菜、活力充沛的人。

這當中有幾位和我有段不可思議的緣分，像是現在在御廚擔任工作人員、在旁協助我的 Eriko 就是其中一位。從雜誌上得知「蔬菜教室」，是 Eriko 到此的契機，還報名成爲學員。她說她想到處理蔬菜的現場多學一點，希望能在御廚幫忙蔬菜店的工作，同時每天學習，吸收新知。

Eriko 剛來的那一陣子，坦白說，並不太會處理蔬菜。不但不太會拿菜刀，就連切的菜絲也是粗細不一。搗馬鈴薯泥只知道用蠻力。Eriko 固然喜歡蔬菜，但是讓她煩惱的是，雖然擁有一些知識，但是眞正遇到蔬菜的時候，卻不知要如何對待它們。

發現她改變，應該是在半年前。那時候我跟平常一樣，在準備員工餐的時候，請她幫我把胡蘿蔔切成細絲。轉頭一看，發現碗盆裡已經裝滿和線一樣纖細的胡蘿蔔絲。我站在旁邊，發現她將胡蘿蔔片整齊且等距地排在一起，讓菜刀從端頭滑過。她一邊滑動菜刀一邊切絲的姿勢認眞又細心。我驚訝地看了之後對她說：「Eriko，妳什麼時候變得這麼厲害了！」她微笑地對我說：「哈哈，那是師傅教得好啦！」不，這眞的很了不起。

或許你會覺得只不過是切個菜絲，有什麼好大驚小怪的。可是我覺得平常在切菜絲的時候，想要切得美美的，一定要擁有一顆與溫柔相處的心。談到心，其實就是表現出來的一舉一動。要切菜絲，就要將已經縱切成片的蔬菜整齊等距疊放在一起。爲什麼？因爲這樣不但可以決定菜絲的粗細，菜刀在切的時候也會比較順手。所以說，「細心」的背後一定會有理由，而且是具體展現在行動上。領悟力高的 Eriko 每天都在學這些事情。洗菜、削皮、燙菜，每一個步驟都會經過我的確認。我發現，從她身上已經看不到那個笨拙的切菜方式，取而代之的是靈活的節奏感。在親眼觀察、實際接觸蔬菜數次之後，Eriko 已經養成「細心」的習慣了。

Eriko 說：「態度溫柔一點的話，蔬菜的味道就會回來，眞的是這樣耶！」這番話讓我聽了打從內心十分歡喜。

Eriko

內田老師眞的很細心，我看著看著，不知不覺就被傳染了。好好地削皮，大小

右・切得美美的菜絲實在是太好吃了！只要粗細切得夠美，摸起來也會感覺十分舒服。中・切的時候只要整齊排列，切好的菜絲就不會有的粗、有的細了。左・以前切菜的時候根本就不懂得要把手指立在蔬菜上，所以才會如此戰戰兢兢。切的時候菜刀要向前滑切。

切得一致。在這處理的過程當中，蔬菜的味道會變得非常不一樣喔。就連調味料也很少拿在手上使用，因爲我知道只要加入洋蔥或青蔥下去煮，風味就會全部散發出來。還有，與內田老師共事的時候，最讓我感到驚訝的，就是「順序」。像是在切香菇的時候，菇根的部分就整個一起處理，然後再一口氣切成薄片，因爲這樣會比較有效率。看了之後，我才明白原來這麼簡單的工作也會對風味造成影響。要對蔬菜細心溫柔一點。這樣的學習，讓我的烹調技術與以前大爲不同。

2話 Daisuke《等待》

Daisuke 第一次來到我們御廚是在三年前。那時候他剛辭掉工作，正在摸索未來要如何走下去，懵懵懂懂地思考廚師這條路，他說想要多瞭解蔬菜，於是我告訴他，如果想來御廚，隨時都歡迎你，因爲這裡的蔬菜堆積如山，而且從蔬菜身上可以學到很多事情。

Daisuke 是個深思熟慮的青年，對任

Eriko（今日員工餐）：http://ameblo.jp/tsukijimikuriya/

何事都會再三考慮，不知道是不是想得太多，不管什麼事都慢慢來。不過，這就是他的優點。剛開始讓他展現這個長處的，就是「炸蓮藕片」。

那是入秋時發生的事。當「蔬菜教室」還在慌慌張張地準備時，Daisuke站在平底鍋前，凝視著裡頭的蓮藕，問我：「內田老師，您說油要低溫，然後表面波動，是像這個樣子嗎？」我看了一下鍋子，發出嘰嚕嘰嚕聲的蓮藕周圍都是泡沫。「沒錯沒錯，這個泡沫就是蓮藕的水分。剛上市的蓮藕水分還很多，是吧？如果沒有讓這些水分蒸發，就沒有辦法炸出酥脆的蓮藕片喔。」或許是有點在意，他拿起菜筷不時翻動。「慢慢等就可以了。這樣一直翻面反而會讓蓮藕沒有辦法安定喔。」說完這些話，我就離開了。十五分鐘後，聽到Daisuke開朗地大喊：「炸好了！」一看，那個大鐵盤裡擺滿了炸得均勻一致的金黃色蓮藕，大家更是迫不及待跑來大快朵頤一番。「好厲害喔！好好吃喔！」看到那些蓮藕片炸得這麼漂亮，我也忍不住加入人群裡大聲讚揚。

右上・火候非常重要。要用低溫，水煮時，水面要微微搖晃。
右下・只要一接觸到空氣，氧氣就會附著在上面，所以口感才會酥脆！
左・那個那個，再等一下。

蓮藕片在炸的時候，必須先燙過，然後再用低溫慢慢炸。要是一股腦兒地把蓮藕丟下去炸，裡頭的水分還沒蒸發，蓮藕恐怕就已經先焦掉了，所以事先水煮燙過，這個步驟千萬不可以省略。煮的時候要調節火候，讓蓮藕由裡到外都能夠熟得均勻，並且耐心等待澱粉質糖化，讓口感變得又鬆又脆。炸的時候也是一樣，一定要慢慢等到裡頭的水分蒸發。若是急著上桌而把火候調大，雖然可以早點把蓮藕炸成金黃色，但是吃起來還是一樣硬梆梆的，而且風味也會完全喪失。時間對於蓮藕片來說非常重要。在下鍋油炸的這段時間，Daisuke觀察了蓮藕片的變化。「剛開始是咕嘟咕嘟地起泡，後來泡泡變得越來越安靜，好像是已經息怒了。這就是炸好的徵兆，沒錯吧？好好玩喔！」

等待，可以製作出風味。看來他在這個過程當中已經深深體會到了。這樣的他，現在迷上了等待的烹調方式──「發酵」。現在的他一邊溫習「蔬菜×發酵」這個構思，一邊踩著穩健的步伐，開始邁向廚師之路。

Daisuke：http://ameblo.jp/change-fourseasons/

Daisuke

迎合蔬菜的特色來烹調，是我從內田老師身上學到的事情。不管什麼蔬菜，以前的我是全都丟到沸騰的熱水裡煮。可是水煮時，只要水溫達80℃左右，澱粉質就會糖化。在注意這些細節的過程當中，讓我覺得烹飪越來越有趣。不管是上市時期還是蔬菜品種，完成的時間全都不一樣，令我深深體會到這一切憑靠的不是測量時間，而是仔細觀察蔬菜的狀態，更重要的一點，就是要自我判斷。我現在還學習了有關發酵的知識，看來蔬菜×發酵，會讓我發現另一個不同的蔬菜世界。

3話 Junko《邂逅的風味》

Junko是我最重要的夥伴。她不僅開了烹飪教室，還身兼蔬菜料理店的廚師，甚至還寫了烘焙點心書，真的是一位非常出色的料理人。或許是某種機緣，不只是「蔬菜教室」，每當我要接受其他採訪與演講的時候，她還是我的左右手，幫我打點一切。

她來我這裡已經五年了。當時「蔬菜教室」才剛起步，規模比現在還要簡樸，簡直就像是讓我暢所欲言的發表會。Junko剛開始被我的氣勢給壓過去，只在一旁看著。但是她原本就是實力派，讓我在不知不覺間，仰賴她的支援，嘗試了不少各式各樣的料理。我已經忘記我們一起做過幾道菜了。二百、三百？

我原來就想當廚師，而且也稍有經驗，但是卻從未正式拜師學藝，反而是在與蔬菜面對面時，藉由蔬菜來學習烹調技巧。可是Junko就不一樣了。她曾經學過長壽食法，在處理蔬菜有自己的一套方法。令人驚訝的是，我和Junko的處理方式竟然有些共通點。例如我們都會善加利用菜心，炒菜時會加水讓蔬菜釋出風味。就連只用蔬菜熬高湯的方法也有重複的部分。倘若將焦點放在蔬菜的力量上，我們兩個採用的方式會非常類似，真的是一連串的發現。不過，有時候我反而會被她的一句話給打醒，「咦？我也曾經這麼想過耶」、「我對於處於當季的蔬菜真的是懵懵懂，一直覺得很難處理。明明都在做蔬菜料理的說……」。我沒想到她對於當季蔬菜的觀念竟然掌握得不多。這也是我

右・這道菜的好滋味可一點都不輸給肉醬。中・使用多種根莖類蔬菜。切成碎末後再下鍋炒，風味會變得非常香醇喔。中下・耐心熬煮，就可以聞到香甜的根莖蔬菜風味了。

想要好好傳遞「當季」這個觀念的契機。

與她一起做菜是件非常快樂的事。因爲不只是烹調手法，就連創意也會接二連三地蹦出來。我的烹調方式原本是走法國式的，不過 Junko 比較喜歡印度與東南亞料理。乍看之下好像沒有任何關連，可是一提到蔬菜，重複的地方竟出乎意料之多。這次她做的是花椰菜馬鈴薯沙拉。這是將成分裡澱粉含量多的蔬菜組合在一起，搭配起來非常合適。將香味蔬菜放入馬鈴薯裡一起做成馬鈴薯泥雖然是我的意見，不過調味時，我可能只加橄欖油與鹽，但是她會加入香菜，這點非常像她的風格。製作燉根莖醬料時，她會將所有材料連皮切碎，烹調出一道華麗的佳餚。香醇馥郁，風味強勁有力，充滿女性風味，讓人吃了會聯想到大地，因爲果皮的清甜全部都散發出來了。如果是我，也許會先把皮削掉，做出稍微清淡的滋味。

像這樣與個性不同的人一起腦力激盪締造出來的風味，會比一個人苦思創作料理還要來得深刻，而且充滿驚喜又常保有新鮮感，總是讓人心情爲之一振。

我不知道 Junko 還願意跟著我做菜做多久，但是我希望她就和我遇到的當季蔬菜一樣，讓一起做每道佳餚的過程，都是季節的回憶，並且深深烙印在心裡。

花椰菜馬鈴薯泥　JUNKO風

材料［4人份］

花椰菜……150g、馬鈴薯（北方之光）……3個（約400g）、芹菜……2㎝、洋蔥（小）……⅙個、鹽……4撮、胡椒……2撮、香菜……1撮、水……適量

1 馬鈴薯削皮後泡水。洋蔥去心，連同芹菜滾刀切成小塊。
2 將馬鈴薯、洋蔥、芹菜放入鍋身較厚的鍋子裡，倒入剛好可以蓋過材料的水。材料煮軟後用木杓搗碎，撒上2撮鹽巴。
3 花椰菜煮熟之後撒上鹽、香菜、胡椒調味。
4 將2與3略爲混合。

※花椰菜的花蕾與竹筍要用剛上市的。花蕾水煮汆燙，再將已經燙好的竹筍下鍋與奶油翻炒，撒上鹽與胡椒即可。

根莖義大利麵

材料［4人份］

洋蔥……½個（100g）、芹菜（莖）……⅓根（20g）、胡蘿蔔……30g、大蒜（碎末）……½片、蕪菁……½個、牛蒡……10㎝、蓮藕……½節、蕈菇（蘑菇、鴻喜菇等）……80g、番茄……4個、橄欖油……2大匙、紅辣椒……1根、鹽……適量、醬油＆義大利香醋……各少許、義大利麵……240g

1 番茄滾刀切成塊，蕈菇切成適當大小。其餘蔬菜連皮切成碎末。
2 將橄欖油、大蒜與紅辣椒放入平底鍋裡，熱鍋後，放入洋蔥炒至透明。加入牛蒡充分翻炒，接著再把番茄以外的蔬菜倒入鍋裡炒。等所有材料都沾上油後，再加入番茄。
3 番茄煮爛後，注入剛好可以蓋過材料的水（分量外）燉煮。所有材料煮軟後，撒鹽並淋上醬油與義大利香醋，最後再轉大火加熱即大功告成。淋在義大利麵上享用即可。

Junko

我開始注意蔬菜的契機，是因爲身體不舒服，考量到飲食與身體之間的關係的時候。之後我去學習長壽食法，踏上了烹飪這條路。那時，我正巧認識內田老師。他處理蔬菜的方式讓我大吃一驚，有不少觀念與長壽食法相通，但卻是強調蔬菜本身，風格更加的自由。不僅超越了營養與健康，還能夠愉快地與蔬菜相處，我就連隨著產季來烹調蔬菜的方式也是受到內田老師的影響呢！要跟他學習的東西實在是太多了，本來想要模仿他做出一模一樣的料理，卻總是無法如願。爲什麼會這樣呢？看來內田式烹飪法這條路還要再多走一段時間才行。

Junko：http://enlacocinajp.com/

季節《12月～3月初》

盛產於冬天的蔬菜

根、葉、花蕾都各有特色的冬季蔬菜。
在進行前置作業的時候只要稍微花點心思，慢慢烹調，
在嚴冬之下孕育的豐饒風味與甘味就會滿溢。

大白菜　芋頭　蘿蔔　油菜　蔥　菠菜　高麗菜　花椰菜　青花菜　水菜

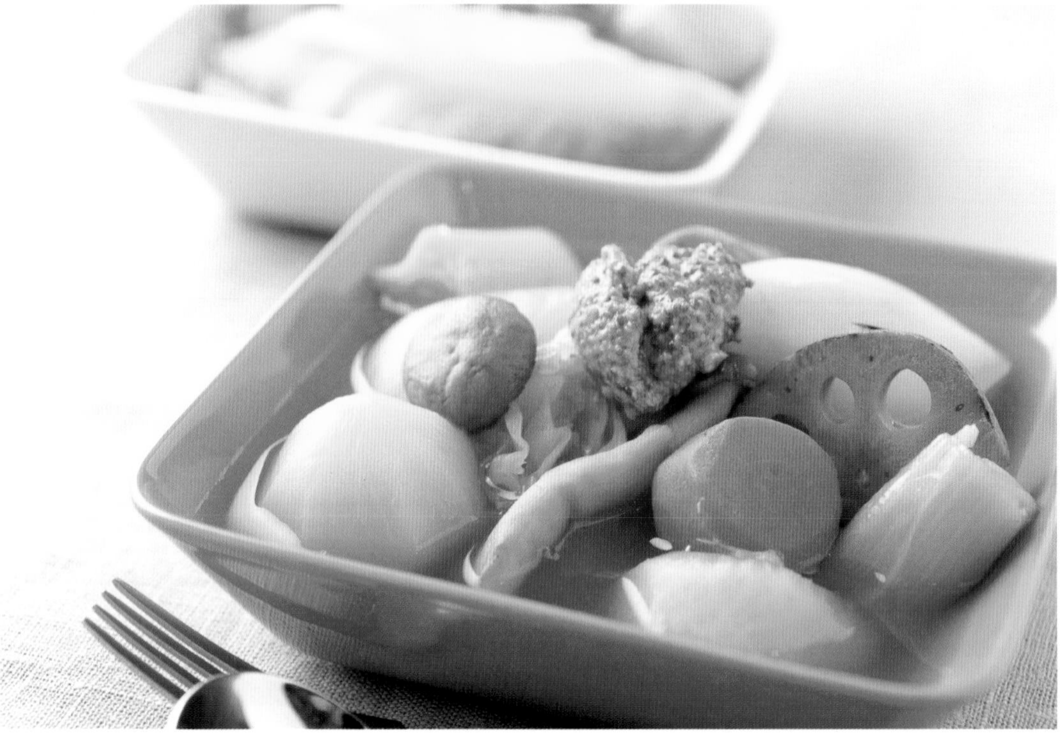

過年這段打從心底發寒的季節，是個充實的季節

整個壟罩在西高東低氣壓之下的日本，當山上的草木枯萎掉落到地面時，從秋季蔬菜接下棒子的冬季蔬菜就會神采奕奕地登場。十二月第一個打頭陣的，是塊頭粗大、果肉紮實的蘿蔔與大白菜，它們還廣泛活躍於火鍋與滷煮菜。只要這兩種蔬菜一上市，餐桌上的風景就會截然不同。到了歲末，緊接著陸續現出蹤影的是大蔥，與譽名爲「過年菜」的菠菜、高麗菜、花椰菜與青花菜等十字花科蔬菜，讓冬季的餐桌顯得熱鬧非凡。

然而想嚐到滋味甘甜的冬季蔬菜，就要等到過年了。在這個冷到心坎的嚴冬時期，冬季蔬菜正準備迎接最充實的一刻，因爲它們是越冷越香甜的蔬菜。冬季蔬菜會慢慢地不停進行細胞分裂，加上成長速度緩慢，當氣候冷到幾乎可以形成霜柱時，這些蔬菜就會自動提高糖度以免果肉受凍，並且讓菜葉更加密實以保護自己。不用說，滋味當然清甜。這可是熬過嚴冬的風味，味道絕對紮實。談到口感、風味與塊頭，既強勁且滋味深純。舉例來說，大白菜遇霜的菜葉前端最好已經枯萎，因爲這代表裡頭的甜度倍增。蘿蔔只要纖維密度增加就會變得非常沉重。大蔥的葉子如果層層捲起，代表裡頭含有豐富的膠原蛋白，濃稠香甜。高麗菜葉片飽滿、菠菜甜味濃郁，只要水煮，滋味就會更加突出，吃的時候幾乎不需要再淋醬油。

然而不可思議的是，冬季蔬菜的香甜滋味一到了三月，就會像是拉得緊繃的線突然斷開般地進入尾聲。這個時候，菜園裡從秋天走到冬天的枯萎蔬菜會腐朽回歸大地，不過新春卻會在地底下吹起嫩芽。

個性派齊聚一堂的冬季蔬菜，烹調關鍵在於前置作業

冬季蔬菜在剛上市時，水分含量多。像是把蘿蔔做成沙拉的話，風味就像全身洗淨般地清爽不膩。不過從盛產到尾聲這段時間，冬季蔬菜的魅力才會完全散發出來。不管是水煮還是滷煮，想要品嘗纖維密實的濃厚風味與紮實口感，最基本的就是要慢慢加熱，讓蔬菜原有的風味慢慢地從內部整個釋放出來。

另一方面，每一種冬季蔬菜的個性都很強烈，因此處理的時候需要一些技巧。尤其是前置作業這個步驟會大大影響到風味，處理時最好花些心思。像是白菜與高麗菜等菜葉捲起的蔬菜，要將內葉與外葉分開烹調；切法若是不對，味道不但不會變甜，甚至還會釋出澀味。青花菜與花椰菜等花蕾容易破碎的蔬菜要怎麼分切，就是重點。大蔥整支拿來煎烤固然美味出色，但這些都是需要方法的，每一種烹調方式都具有提升風味的技巧。

可是，沒有一種蔬菜像冬季蔬菜這般，每一個部分都能夠利用，不需丟棄。可以的話，我希望大家連菜心都善加利用，徹底品嘗大地深深蘊育出的好滋味。

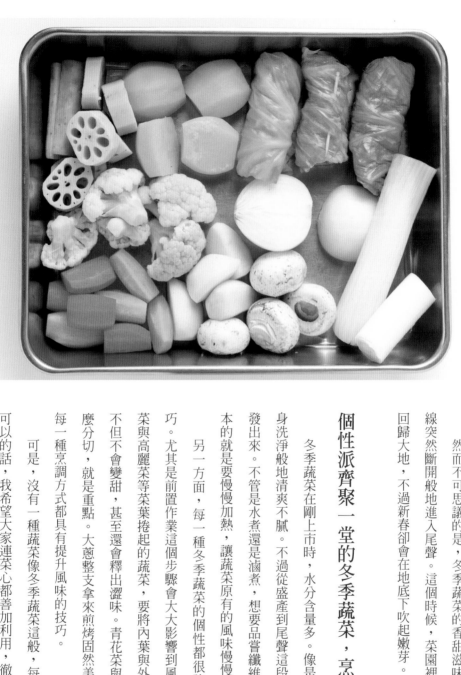

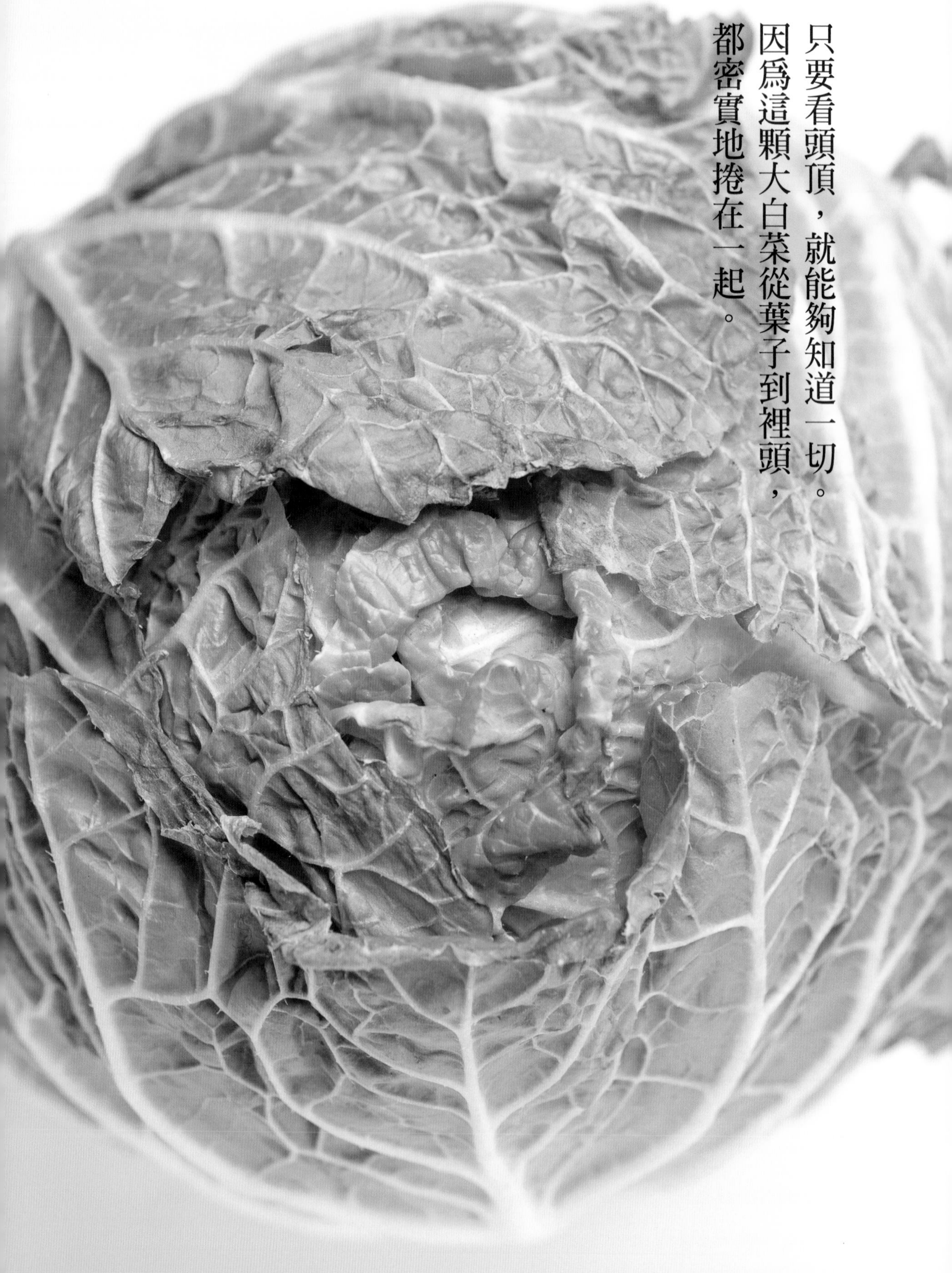

只要看頭頂，就能夠知道一切。
因爲這顆大白菜從葉子到裡頭，
都密實地捲在一起。

大白菜

［十字花科］

只要曬成乾，甜味就會倍增。還可以做成醃漬醬菜的萬能蔬菜。

寒風一吹起，大白菜的季節便到來。只要氣溫急劇下降，大白菜就會從內側緊緊地捲起，一旦葉梢因爲下霜而枯萎，就代表裡頭的糖度已經到達頂點。用菜刀在飽滿的菜心上劃一刀，用手一剝，就能將層層疊起的菜葉分成兩半，散發出清香舒暢的氣味。擠滿黃色小菜葉的菜心是生命萌芽的地方，能量強大。這個部分可以咕嘟咕嘟地燉煮，然後再撒上鹽與胡椒。在這之前加個步驟，曬一下菜葉，就能夠煮出一道令人屏息的美食了。

大白菜的風味會從外層葉片產生階段性的變化。其最大的魅力，就是能夠毫不浪費地按照不同的部位來炒，甚至是用來煮味噌湯。然而充滿大白菜風情、最精華的菜餚，就是利用整顆大白菜的量感所做成的醬菜。曬乾用鹽醃過後，再用米糠還是酒釀醃漬都可以。將數十片菜葉捆在一起發酵，就能做出芳香甘醇的醃白菜。可是，你知道嗎？大白菜在日本栽種的歷史不過百年，是經歷過甲午戰爭與日俄戰爭的士兵，從中國大陸帶過來的蔬菜，但現在卻已經根深蒂固，變成流傳以久的日本傳統食品——醬菜的王者，眞的是非常有趣。

◎原產地

中國

◎產季

12月～2月

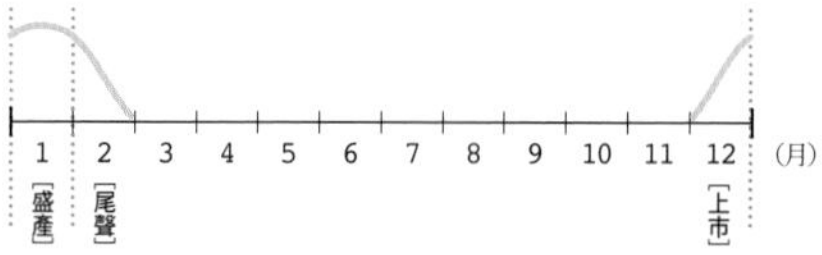

[上市] 水分多且柔嫩。風味清爽。

[尾聲] 菜葉厚實，紋路深刻飽滿，甜味增。

◎日本主要產地

茨城、群馬、愛知

◎臺灣主要產季和產地

11月～5月

冬季／彰化、雲林、嘉義、臺南等

夏季／梨山、南山

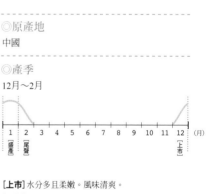

解體

菜葉變色的地方，就是滋味變換的地方。要分切成四個部位。

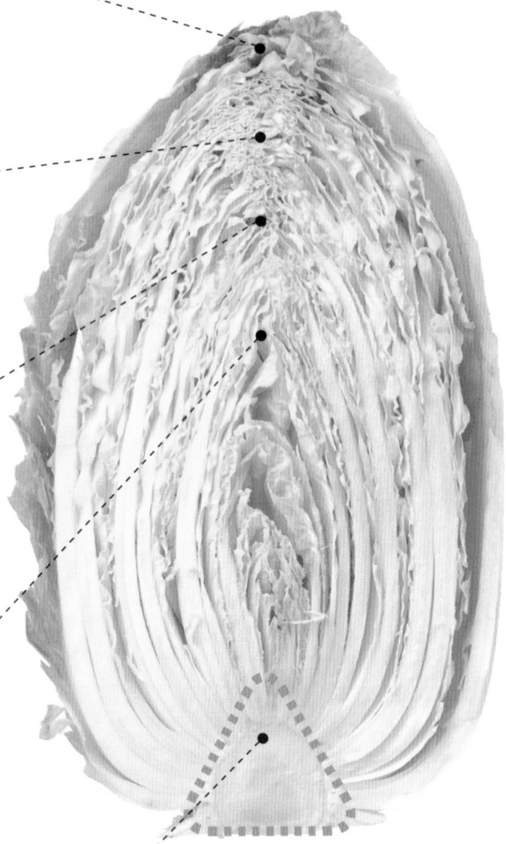

首先是解體

大白菜從第18片菜葉開始就會層層捲起，到菜心的小葉片爲止，一共有50～70片（依品種而異）菜葉，只要成長到這個階段就可以出貨了。曾經日曬的外葉呈綠色，而且味道苦澀；越往內層顏色就越黃，甜味也會跟著增加。使用時可以根據顏色的變化，大致將大白菜區分爲四個部位來使用。

如何解體

按照從外葉捲起的順序，用手在靠近菜心的地方，將菜葉折下。大白菜如果新鮮，就會聽到「啪」的清脆聲。

保存

劃入刀痕，讓白菜停止成長

大白菜如果是完整的一顆，可用報紙包裹，冬天放在戶外，至少可以保存一週。如果已經切開，就在菜心縱切一刀，以保持鮮度，然後再用報紙包起來保存。

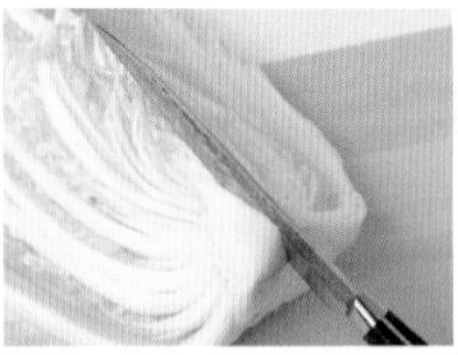

大白菜會持續成長，而且菜葉會一直浮凸出來。只要在菜心劃上一刀刀痕，就可以讓大白菜停止成長。

◎如何挑選◎

1 腰部飽滿，果軸在正中央。拿在手上會有股沉重感。

2 白色部分呈等腰三角形，葉脈左右對稱。

3 頭頂的菜葉密實，一壓會有彈性。

4 菜心不會過大，菜葉之間沒有縫隙。

外（綠色的部分）

特徵◎在成長的階段，外葉會擴展開來以進行光合作用。擁有一股十字花科特有的淡淡苦味，纖維粗，口感硬。將白色部分分切開來會比較好處理，適合用油烹調。

料理◎炒

中 1/4（稍微帶點綠色菜葉的部分）

特徵◎纖維比外葉還要柔軟，不過還是有某種程度的厚度與彈性。均衡的甜味與淡淡澀味相當吸引人。

料理◎火鍋／炒蒸（燉煮）

中 1/4（黃色的部分）

特徵◎纖維柔軟，口感濕潤。甜味濃，一旦加熱會更加香甜。用蒸煮的方式會比用油烹調來得佳。

料理◎煮／蒸煮／燉菜／湯品

中心（菜葉完全閉合的黃色部分）

特徵◎因爲還在成長，所以纖維比較柔嫩。菜葉不厚，用手撕成小塊後，可以直接生食。加熱煮至咕嘟咕嘟的話，味道會更鮮甜，而且入口即溶。

料理◎沙拉／湯煮／焗烤／湯品

菜心

特徵◎成長過程的點點滴滴全都表現在菜心裡。以小巧圓滾者爲佳。風味最爲濃厚。不要丟棄，可以用來燉高湯，或是用來熬火鍋或滷煮菜的風味高湯。

另外一個解體方法

用手剝開

大白菜如果是買整顆，分切後就能從外到內均衡地用來烹飪各種料理，即使已經切開，也能用來醃漬或是燉煮。用手剝開可以漂亮地把菜葉分切開來，且不會破壞葉脈，烹調時更不會釋出澀液。

1 菜刀的刀尖在菜心的正中央劃上刀痕。

2 手指伸入切口處，用力將大白菜剝成兩半。

3 在菜心的正中央劃上刀痕。

4 與2相同步驟將大白菜剝開。

5 剝好後直接保存。曬成菜乾也行。

烹調技術

大白菜有95%是水分，只要一曬成乾，甜味便會完全濃縮。料理的範圍也會大幅增加。

基本烹調方式

1 烹調前先稍微曬乾，去除水分。

2 以削切的方式將纖維切斷，並且厚度一致。如果切面增加，會比較快熟。

3 充分加熱，讓纖維內部完全煮軟。

曬乾

烹調前先曬乾，讓甜味完全濃縮

曬乾的好處是無法計量的，不但可以增長保存的時間，味道也會變得更加甘甜，還可以用來做成醬菜，建議大家買來之後先剝開，再攤放在太陽下曬乾。這樣不僅可以釋出甜味，也更容易煮熟、入味。

整顆大白菜放在太陽下曬乾，可以保存比較久。將菜葉內側朝上擺放，水分較易蒸發。

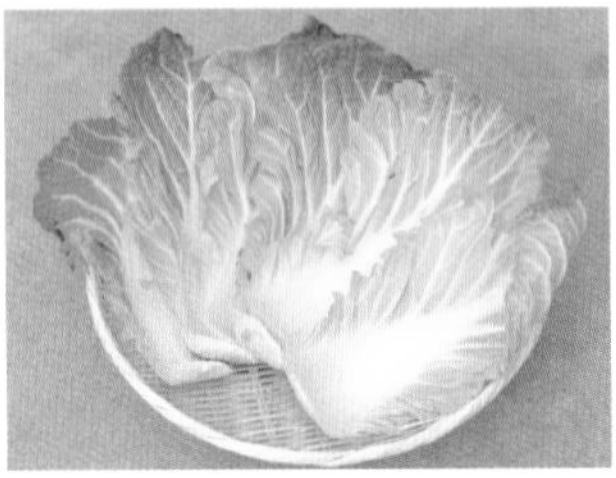

烹調前只要先放在太陽下曬1小時至半天，風味就會完全大不同。曬的時候內側要朝上。

切法

削成薄片，風味會跟著改變

外葉與內側的纖維粗細與柔軟程度都不同。外葉與白色部分可以利用薄片切法將纖維削斷，只要切面增加，烹調時會更輕鬆。柔軟的菜心切好後，可以直接使用。

1 大塊切法——適合炒菜

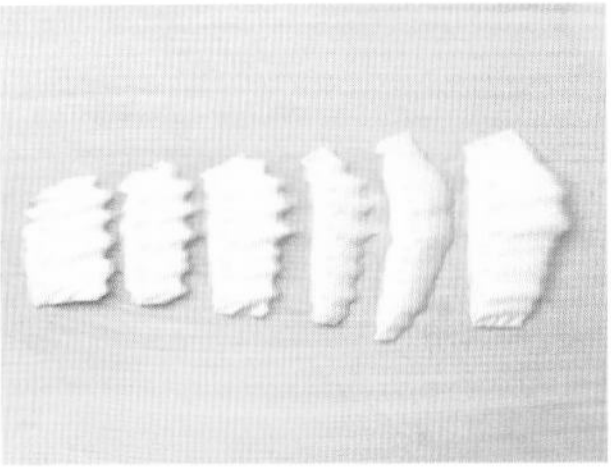

厚度要切得一致，只要切面增加，菜葉就會比較快熟。

口感柔嫩的部分。訣竅就是大小要切得一致。

將硬度與厚度不同的菜葉與白色果軸分切開來。

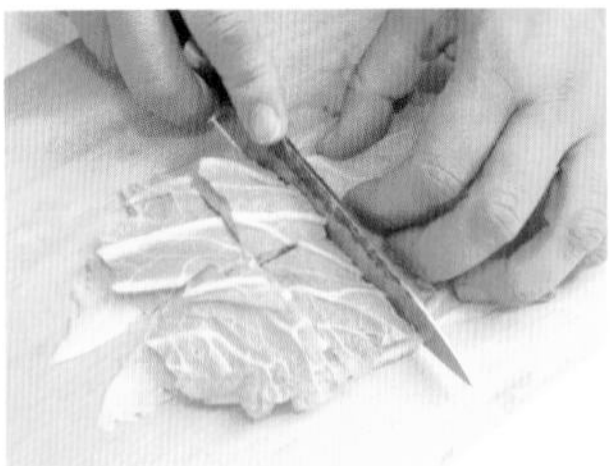

柔軟的部分，纖維也要切斷，並且切成大塊。

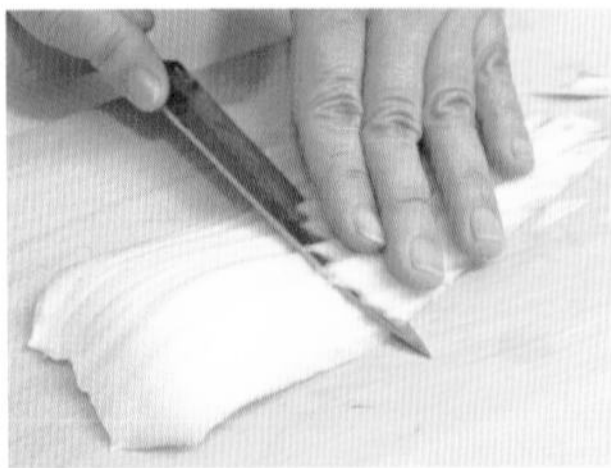

厚的部分削成薄片。菜刀刀尖以滑切的方式將纖維斜斜切斷。

2 絲狀切法——適合做成沙拉或涼拌

葉梢可做成沙拉生食。在白色部分撒鹽，釋出水分後，可以品嘗半生的輕脆口感。

葉片較厚的部分，水分多，容易釋出澀液。用刀尖拉切比較不會傷到纖維。

將柔軟的菜葉重疊，菜刀往前滑行般切菜，就不會傷到纖維。

加熱

充滿纖維質且水分含量多的大白菜只要慢慢加熱，纖維就會鬆弛，讓甘味完全提引出來。若是煮得不夠熟，滋味無法釋放出來。

1 水煮
切之前先水煮，留住甜味

整片菜葉下鍋煮，這樣會比分切後再煮來得佳，因爲切面少，甜味比較不會流失。放入沸騰的熱水裡煮即可。

從菜心開始放入，等煮出透明感，再把上方的菜葉沉入水裡。

等整片菜葉都呈現透明感，再放置篩網裡晾乾。如果泡在冷水裡，會讓口感會變得水水的。

2 蒸煮
利用白菜本身的水分來蒸

將多餘的水分蒸發，讓纖維內側完全蒸熟，不但可以讓甜味更加濃縮，口感還會更綿密。整株菜心縱切後蒸煮，風味會更棒。

將葉片外側朝下排放在鍋身較厚的鍋子裡，倒入少量的水，蓋上鍋蓋以大火蒸煮10～15分鐘。將外側的菜心放入一起蒸煮的話，味道會更加濃郁。

3 熱炒
用大火快炒

訣竅就是一點一點地炒，最後再加水蒸煮。

攪拌讓大白菜沾上油，每一片菜葉都盡量貼在鍋底，並以大火翻炒。

炒軟後將水倒入，利用水蒸氣來加熱，讓每一片菜葉都能熟得透徹。

白菜湯煮《時期：盛產～尾聲》

材料［4人份］

大白菜（中心）……1個、鹽……少許、醋……1滴、水……2大匙

大白菜連菜心縱剝成4等分，果軸也分切成4等分。將菜葉外側朝下排放在鍋身較厚的鍋子裡，果軸也放入。撒上2撮鹽，加入醋與水，蓋上鍋蓋以大火蒸煮，煮至沸騰後轉中火。只要菜葉煮軟便可起鍋。先試味道，再撒鹽調味。

醃漬物

是要「淺漬」，還是用酒釀或米麴發酵保存呢？

冬天最珍貴的常備菜，就是醃白菜。趁新鮮曬成乾，「底漬」※之後就可以醃成米糠漬、酒釀漬、味噌漬等各式各樣的醬菜。只要醃漬半天就可以吃的「淺漬」，以及醃漬時間較長、需要經過發酵的醬菜醃漬方式均不同。

（※編註：「底漬」爲以鹽將食材多餘的水分除去，讓醬菜容易入味。）

《底漬》

準備

【淺漬】大白菜、粗鹽（比例爲大白菜的2～5％）、重物（重量爲大白菜的1.5倍）、碗盆。

【發酵保存】大白菜、粗鹽（比例爲大白菜的10％）、重物（重量爲大白菜的2倍）、容器（醃桶、塑膠容器）。

只要醃漬一天就可以吃，簡單又美味

1 淺漬大白菜

材料

大白菜½個（縱切成½）、鹽……大白菜分量的3％、昆布……15～20㎝

已經底漬的大白菜可以直接當作淺漬白菜。只要醃漬半天至一天就可以食用。

1 曬乾

用手剝成¼大，置於竹簍裡，放在太陽下曬半天至一天。淺漬只要曬1個小時即可。

2 灑鹽-1

將鹽完全灑在大白菜上，菜葉之間也盡量塡滿鹽。

3 灑鹽-2

外側也要灑上滿滿的鹽。

4 加入昆布

只要加入昆布（15～20㎝），就可以增添一股甘甜滋味。以昆布、大白菜、昆布的順序疊放。

5 壓放重物

蓋上一層保鮮膜，壓放重物醃漬半天至一天，盡量不要讓大白菜接觸到空氣。如果是淺漬，可以放在盤子裡，用裝了水的塑膠袋壓放也可以。

《淺漬大白菜的口味變化》

將已經底漬過的大白菜放入綜合調味料裡醃漬、攪拌均勻。醃漬30分鐘即可食用。

綜合調味料［醬油……1小匙、味醂……1大匙、日本柚子擰汁……適量、水（冷開水）……2杯］

《淺漬大白菜飯糰》

用較柔嫩的菜葉來包。散發出來的鹹味與淡淡酸味，吃起來格外美味。

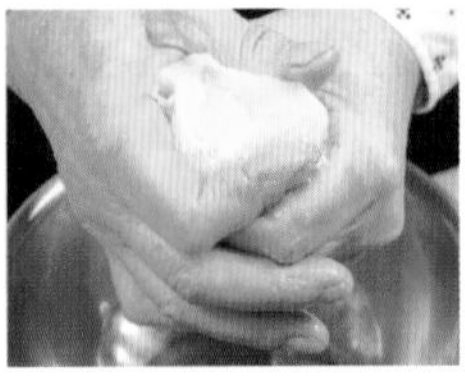

在包之前必須將菜葉的水分完全擰乾，如此一來鹹度會比較剛好。

用酒釀慢慢醃漬

2 大白菜酒釀漬

材料
白菜……1個、鹽……大白菜分量的10%、酒釀……2.5kg、粗砂糖……750g

《底漬》

1 用手將大白菜剝成4等分後，在菜心上劃上刀痕，放在竹簍裡曬一天。

2 大白菜放入醃桶裡，完全撒滿鹽後，蓋上一層保鮮膜，壓放重物。

3 等滲出水後，即可取出。

醃漬4～5天，水量就會增加。

葉梢前段朝下，以握的方式將水擰擠出來。不需擰得非常乾。

《本漬》

1 將酒釀與粗砂糖放入醃桶裡混合均勻。

2 經過底漬的大白菜擰乾水分後，完全浸泡在1裡，醃漬一週即可。

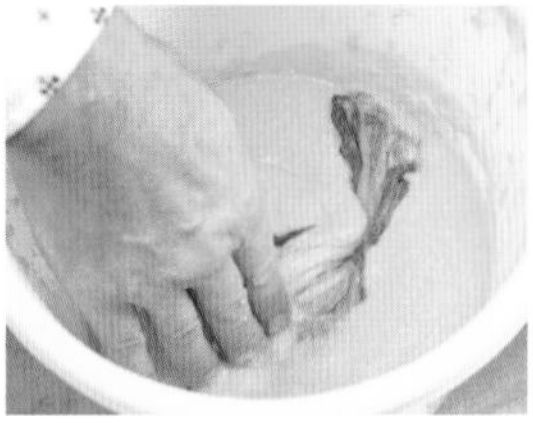

大白菜盡量全部都泡在裡面。

二月～三月擰擠的大吟釀酒糟是經過半年時間熟成製成的。屬於傳統口味的糟糠榨，風味纖細圓醇。

「黎明前大吟釀酒糟醬」商品製造販賣·購買資訊請詳第222頁。

內田流

綻放大白菜的魅力

◎善用大白菜煮汁

想煮出一碗簡單的湯品，推薦給大家的就是大白菜清湯。不需燉高湯，只要有細絲昆布與少許醬油，還有略爲氽燙的大白菜，最後再倒入煮汁就好了。細絲昆布×煮汁的大白菜風味讓這道湯品甜度雙倍，清淡之中卻帶股深沉的滋味。

《大白菜清湯》

大白菜在煮沸時，風味會浸入煮汁裡。

倒入煮汁。

材料［2人份］
大白菜（正中央）……1片、細絲昆布……適量（略多）、蔥花……適量、醬油……2小匙

將大白菜的纖維切斷，切成1㎝寬的菜絲。水煮至沸騰後，從菜心開始放下去煮，煮好之後的煮汁不要丟掉。最後將醬油、蔥花、細絲昆布、水煮大白菜與煮汁倒入碗中即可。

火鍋的精心配料

煮火鍋時固然可以直接放入生的大白菜，但是如果能事先燙過，吃起來會比較順口。

大白菜煮好後擰去適度的水分，從邊端縱向捲起。

捲緊後切成長3～4㎝，也就是容易食用的大小。訣竅是長度要切得一致。

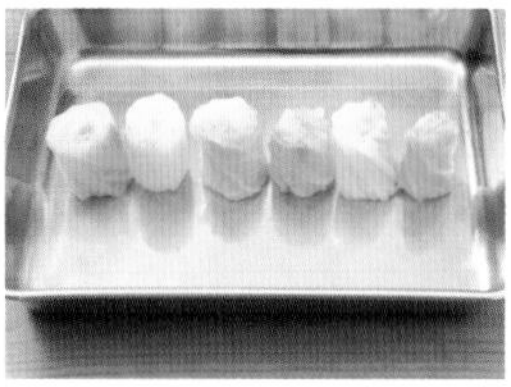

這樣吃起來賞心悅目。

白味噌炒大白菜

《時期：上市～盛產》

味噌很適合搭配白菜
滋味香醇，非常下飯

材料［4人份］

大白菜（外側）……3片
大蔥……½根
香菇……2朵
薑片……2片
日本柚皮絲……少許
沙拉油……2大匙
蔬菜高湯（第18頁）或水……50c.c.
鹽……1撮
白味噌＆味醂……各1大匙
醬油……½小匙
香麻油……½小匙

1 將大白菜纖維切斷，切成寬3㎝的菜條。大蔥斜切成薄片。香菇切成薄片。薑片切成絲。

2 沙拉油與薑絲倒入平底鍋裡，爆香後，依序將大白菜菜軸、蔥、香菇與大白菜菜葉倒入鍋裡，並用大火翻炒。

3 炒軟後倒入蔬菜高湯，加入鹽、味醂與味噌炒煮，最後淋上醬油與香麻油增添風味。熄火，灑上柚皮絲，稍微混合即可。

重點☞ 當蔥煮到沒有土腥味時，再將菜葉加進去煮。

大白菜甘甜煮

《時期：盛產～尾聲》

大白菜的甘甜
讓那股鹹鹹甜甜的滋味變得十分順口

材料［4人份］

大白菜（中）……6～7片
高野豆腐（已經泡軟的）……2塊
乾香菇（已經泡軟的）……3朵
煮汁
- 昆布與乾香菇高湯（第22頁）……2杯
- 酒＆醬油＆味醂……各50c.c.
- 鹽……2撮
- 砂糖……1小匙

鹽……1撮
葛粉……1小匙

1 將大白菜的白色果軸與柔軟的部分分切開來，再分別削切成寬3㎝的菜段。高野豆腐切成容易食用的大小。乾香菇切成略厚的香菇片。

2 將煮汁的材料倒入鍋裡，沸騰後加入高野豆腐與乾香菇，煮至入味。

3 放入大白菜的白色部分，數分鐘後放入菜葉，撒鹽，蓋上鍋蓋後燉煮5～6分鐘。最後加入用2～3倍的水所調開的葛粉水勾芡。

重點☞ 加入大白菜的白色果軸部分與菜葉時，必須有段時間差距。

與生命息息相關的蔬菜 column

上市的風貌 尾聲的風貌

蔬菜的事情就要向蔬菜請教。心裡這麼想的我，於是開始和蔬菜打交道。觸摸、聞香、仔細觀察、放在舌頭上；切塊、氽燙、試吃。重複這些步驟是理解蔬菜最好的方法，更是烹調出美味佳餚不可或缺的過程。

與蔬菜交往最有趣的地方，就是它們會隨著時期不同而展露出不同風貌。蔬菜的季節分為「上市」、「盛產」、「尾聲」這三個時期。不管是哪種蔬菜，剛上市的時候水分最多，一旦接近尾聲，水分就會自然而然地變少。例如胡蘿蔔。剛上市時只要先縱切再切成細絲，口感就會非常水潤且輕脆；然而一到尾聲，果皮會變得飽滿，連纖維也會跟著變粗。肉質雖然會變硬，不過風味卻會整個提升，而且滋味濃厚，只要水煮氽燙，深沉的甘甜滋味就會浮出檯面，產生戲劇般的變化。我開玩笑地把這個變化比喻為人的一生。二十歲與五十歲的人，兩者之間的年齡差距就像蔬菜的風味一樣，色彩非常強烈。

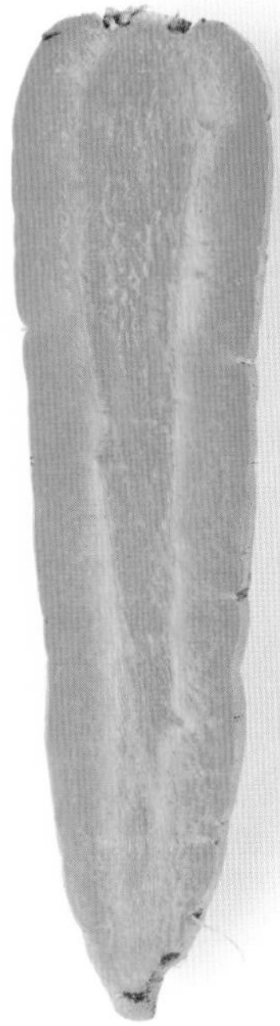

當季的胡蘿蔔會像左邊，連菜心都是紅色的。將進入產季尾聲的胡蘿蔔縱切，會發現中心部與果皮之間的顏色變淡，這就是內含的水分變少，差不多該迎接尾聲的證據。中心會與第51頁提到的胚軸相連結，以此為起點，到了春天就會發芽。

所謂「當季」，並不僅是為了迎合人類喜好，而刻意將風味最好且又適合食用的季節這麼稱呼。站在蔬菜的立場來看，這只不過是其一生中的一個時期，因為蔬菜在前一個階段與後一個階段都還是會在土壤裡或地面上，孜孜不倦地將生命持續下去。只要下雨，就暫停成長；只要氣溫適宜，就提升成長速度。這些都是蔬菜這一輩子的生活點滴。本來只要產季一結束，蔬菜就會發芽，繼續把生命延續下去；可是這個時期還沒到來，蔬菜就已經被人類採收，並且出現在餐桌上。倘若這就是當季季節，那我們就非得好好品嘗這難得一次的好滋味。上市、盛產、尾聲，產季的每個階段都要盡情享受，並且試著體會蘊藏在蔬菜裡的生命力。

既然如此，何不珍惜這難得的機會呢？我們應該要尊重每個時期的特色，選擇適合相處的方式才是。基本上，水分較多的產季初期「要縱切並用油來烹調」；水分減少的產季尾聲則要「切成圓形片後水煮烹調」。雖然有幾種蔬菜例外，不過這麼做絕對不會錯。不信的話大家可以先試試，比較一下這兩者味道的差異。如此一來舌頭就會自然而然地記住每個時期的風味，並且憑直覺來使用適合的烹調法。

兩千年前的繩文人吃芋頭。
然後，我們也在吃。

芋頭［天南星科］

兩千年前，從南方傳來的古老蔬菜。

沖繩有種芋頭叫做「夏威夷芋」，外觀呈紡錘型，就像是小一號的橄欖球，重量爲一至二公斤。體型雖然碩大，但是從果皮的紋路與果肉的質感來看，會覺得夏威夷芋和芋頭非常相像。沒錯，夏威夷芋與芋頭是同一祖先的親戚。芋頭在地處亞熱帶的沖繩扎根，但耐寒性佳，一路往北流傳到群馬爲北限，並在日本各地落地生根。這兩種都是母、子、孫共生，而且均屬於果實豐盛的多產類蔬菜。因此在日本人心裡，芋頭是象徵後代興隆的吉祥物。但不知南國的情況如何？

芋頭在繩文時代就已經扮演著主食這個重要角色。肉質黏滑，只要一蒸，就能夠品嘗到非常細膩滑順的口感。如果用炸的，口感會變得鬆軟香甜。水煮後搗成泥，口感變得非常綿密。只要簡單烹調，就美味萬分，不過烹煮之前必須事先好好處理才行。削下一層厚厚的皮，將果肉泡在水裡，稍微燙過後就能去除黏液。不知道喜歡芋頭的繩文人是否知道這個講究的處理技巧呢？

◎原產地

馬來半島

◎產季

10月～1月

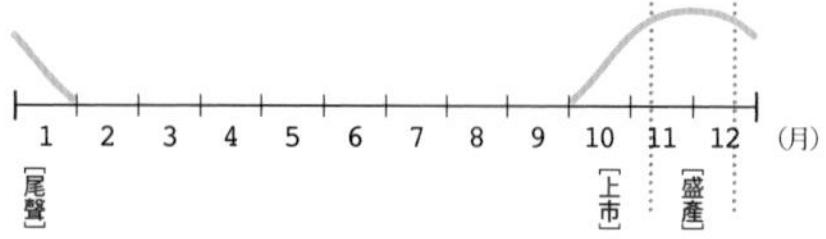

[上市] 纖維堅硬味淡泊，適合用油烹調。

[尾聲] 成熟風味增，適合蒸煮烹調。

※儲存性高，收成後放置一段時間會慢慢熟成。

◎日本主要產地

千葉、宮崎、埼玉、鹿兒島

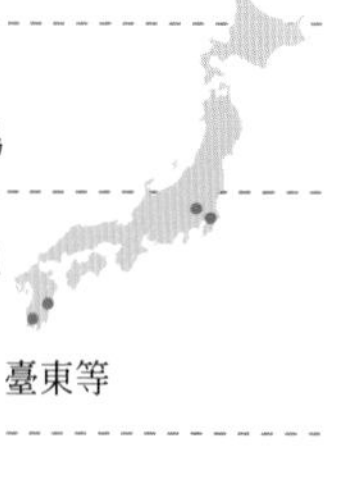

◎臺灣主要產季和產地

7月～10月

屏東、雲林、臺南、南投、臺東等

烹調技術

事先將表皮與黏液處理好，將芋頭的風味完全提引出來。

基本烹調方式

1 皮要削得厚一點。
2 略為汆燙，去除黏液。
3 蒸過後可以封住甜味。

芋頭根部的中心有顆母芋。
母芋會生出子芋，然後周圍會再分櫱※出孫芋。

（※編註：母植物地下的莖或根發生的不定芽，或禾本科作物，如稻、麥在莖節所發生的分枝。）

大致可分爲：
A 食用母芋
B 食用子芋
C 食用母芋與子芋
這三種類型。

土垂芋

葉片前端伸展垂至地面上的土垂芋，口感十分黏密柔軟，爲關東地區經常食用的熱門品種。此外還有**B**系統品種、體型較小的「石川早生芋」。

蝦芋

略爲彎曲的形狀與條紋圖案非常像蝦子，因而取名爲蝦芋。肉質黏稠緊實，帶有一股淡淡的高雅甜味，通常爲京都料理中的高級食材。屬於**C**系列的品種。另外還有「八頭芋」與「西里伯斯芋」。

※**A**系的系統裡有「筍芋（京芋）」、「芋頭」等芋類。

保存

原生於熱帶的芋頭非常不耐寒以及怕乾燥。如果帶泥土可直接保存，如果已經洗淨則用報紙包起，置於常溫下保存，並於兩週內食用完畢。

◎如何挑選◎

1 飽滿渾圓，腰部（a）鼓起。

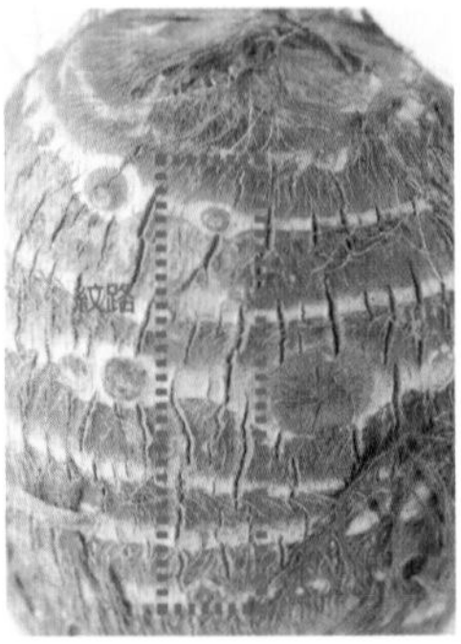

2 紋路間隔等距且細膩。

3 頭頂的芽沒有顏色且位在正中央。
※呈現紅色代表澀味重。

切法

削下一層厚厚的皮，塑整成一樣的大小

芋頭外型若是彎曲或大小不一，加熱或調味時就會不均勻，因此要把外型塑整成一樣大小。靠近皮的內側帶有筋，削皮的時候要一起去除。

《基本的成形方式》

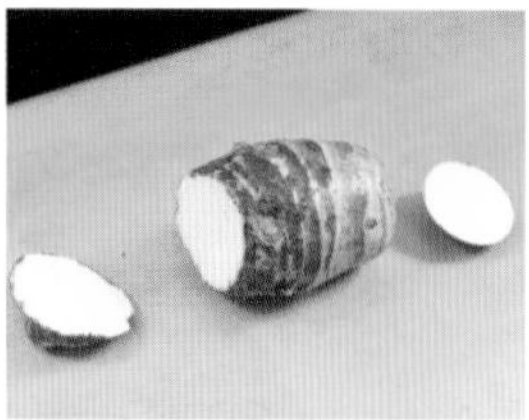

1 兩端切落
將粗細不同的兩端厚厚地平行切落。

2 切成4等分（如果太大的話）
表面有黏液，所以帶皮的那一面要貼在砧板上。採用拉切的方式較不易釋出澀味。

3 削皮
筋若是殘留，會破壞口感，因此要連皮一起削落。

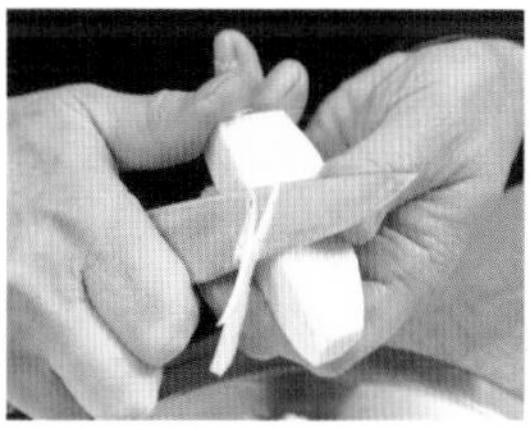

4 削圓
如果有邊角，這個部位的肉會煮散，因此要把形狀削圓。

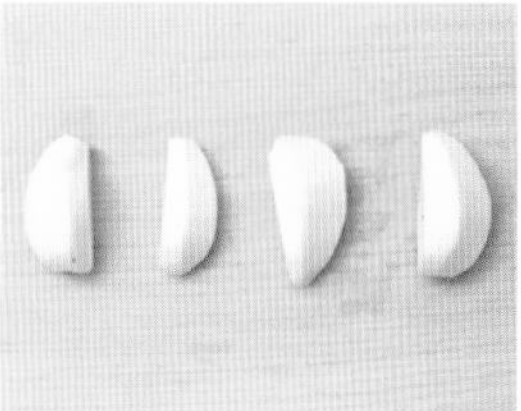

5 完成
可用來滷煮或乾燒。

《圓形切片》

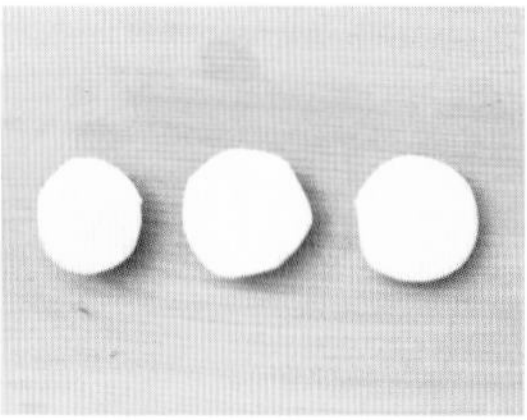

切成薄片，可焗烤或放入烤箱裡烤。

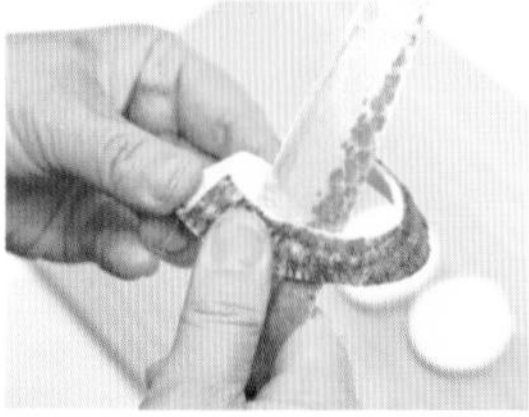

切成圓形片後再削皮，這樣切的時候，手才不會因爲黏液而變得滑滑的。

《縱切》

切成容易食用的大小。可烹調成味噌湯，用滷的或炸的也行。

事前處理—去除黏液

泡水 略爲汆燙

如果有黏液會不易煮熟，也不好入味，因此要泡水或稍微燙過，以去除黏液。

《泡水》

皮削去後立刻泡在大盆水裡，稍微去除黏液。

切成小塊會非常容易釋出黏液與澀液，因此水要替換2～3次，直到水不會變爲混濁爲止。

《稍微汆燙》

如果用水還是洗不乾淨，就放入沸騰的熱水裡汆燙1～2分鐘。

用篩網撈起後稍微用水清洗，去除黏液。
※撒鹽搓洗會讓芋頭的果肉變得更加緊實，反而會不容易入味，因此要盡量避免使用這種方法。

加熱

不想讓果肉變得水水的，而且想保持黏密口感的話，建議大家用「蒸」的。

1 蒸
趁熱剝皮

放入充滿水蒸氣的蒸籠裡，直接用大火蒸。只要竹籤能夠輕易刺穿即可。

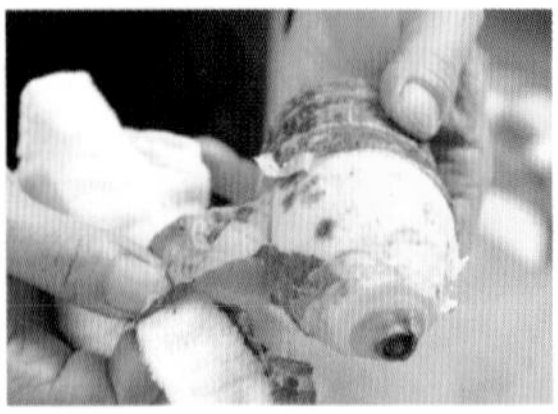

趁熱用毛巾將皮剝下來。

如果想讓形狀更漂亮，可以塑整成形之後再蒸。

2 炸
放入170℃的油鍋裡炸，但不要經常翻面

一定要先去除黏液，瀝乾水分後再下鍋炸。

經常翻面會讓油鍋溫度下降，因此要特別注意。不過偶爾要翻面，以免炸得不均勻。

炸好起鍋時要趁熱撒鹽，這樣鹽才會融化並滲入果肉裡。

綻放芋頭的魅力

◎蒸過之後再浸泡的滷煮菜

芋類或是根莖類蔬菜要做成滷煮菜，有兩個方法，一是直接放在火爐上滷煮，另一是加熱後再浸泡入味。想讓蝦芋那股細緻高雅的風味釋放出來，就要採取後者的方法。塑整成形後蒸熟，趁熱放入醃汁裡浸泡，這樣不但不會損壞風味，還可以做出美麗的菜色。

《滷蝦芋》

材料［4人份］

蝦芋……1個（約250g）、醃汁［昆布與乾香菇高湯（第22頁）……5大匙、醬油……4大匙、味醂……5大匙、酒……1大匙、鹽……1撮、薑……1片］

1 蝦芋的兩端切落之後縱切成4等分，塑整成形。接著泡水去除澀味。

2 放入充滿水蒸氣的蒸籠裡蒸煮30分鐘。這段期間將醃汁的材料倒入鍋裡混合，略爲煮沸。

3 蒸熟後趁熱放入2的醃汁裡，只要浸泡一個小時就可以上桌。

浸泡的過程要翻面，這樣兩面都能醃漬入味。

烹調要訣

做成湯品也要先泡水去除黏液。這樣煮出來的湯才不會混濁，而且口味清淡。

《芋頭湯》

材料［2人份］

芋頭……大1個、青蔥……⅓根、蔬菜高湯（第18頁）或昆布高湯（第22頁）……3杯、味噌……適量

1 芋頭削皮後切成2cm的塊狀，泡水的過程中要換水數次，直到水變得清澈爲止。青蔥切成略粗的蔥絲，外側的白色部分泡水。

2 高湯放入鍋裡，煮開後倒入芋頭；煮軟之後加入味噌並且調勻，撒上蔥絲，略爲煮沸即可。

炸芋頭拌黑芝麻

炸好之後立刻淋上芝麻醬
黏黏滑滑、鬆鬆軟軟

《時期：上市》

材料［4人份］

芋頭……5個（300g）
油炸用油……適量
鹽……1撮
拌醬
- 黑芝麻醬……2小匙
- 味醂……1大匙
- 醬油……1滴
- 蔬菜高湯（第18頁）或水……1大匙

1 芋頭兩端切落，削皮後切成一口食用的大小；泡水2～3分鐘後放入沸騰的熱水裡，略為汆燙即可撈起。
2 拌醬的材料混合攪拌。
3 油鍋熱好後將瀝乾水分的芋頭下鍋油炸；瀝好油之後立刻撒鹽。
4 芋頭盛入盤裡，淋上拌醬即可。

重點☞ 如果外表黏滑會不容易炸熟，因此先將芋頭放入水裡汆燙，瀝乾水分後再下鍋油炸。

芋頭蒸飯

甜味清淡，風味高雅
品嘗起來，暖活在心

《時期：盛產～尾聲》

材料［4～5人份］

芋頭……5個（300ｇ）
米……2合（約300ｇ）
蔬菜高湯（第18頁）……煮飯所需的分量
醬油……1½大匙
酒……1大匙
味醂……½大匙
鹽……½小匙

1 芋頭削皮，對切成半。
2 水倒入鍋裡，煮至沸騰後將芋頭放入。煮至半熟就可撈起。
3 將米、蔬菜高湯與調味料倒入飯鍋裡，放上芋頭，按照平常的方式蒸煮。

重點☞ 芋頭水煮過後再放入飯鍋裡煮，不但可以去除黏液，還會更加入味。

啾嚕啾嚕地煎出顏色。

關鍵就在於微微刺辣的黑胡椒。

只要再來杯啤酒，

就完美無缺了！

蘿蔔排，是屬於大人的口味。

蘿蔔

[十字花科]

◎原產地

地中海沿岸到中亞，眾說紛紜。

◎產季

10月～2月

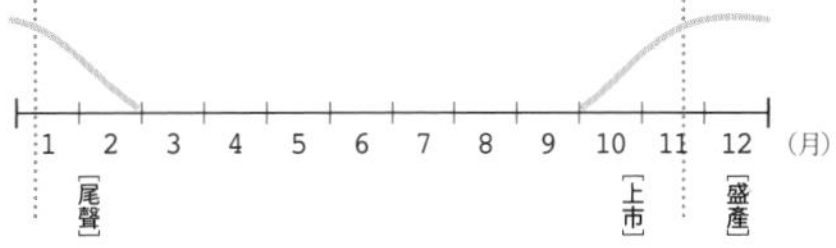

[上市] 水分多，肉質柔嫩。味辛辣，適合用油烹調。

[尾聲] 外型略粗，水分變少，但肉質變硬。甜味增，可以久燉。

◎日本主要產地（秋冬）

千葉、神奈川、北海道、茨城、青森

◎臺灣主要產季和產地

全年皆有，但以冬季所產的較美味

全國各地

劈哩劈哩 劈哩，是當季的聲音。

只要大地萬里無雲，水變得冰冷，蘿蔔的模樣也會跟著改變，眞的非常有趣。頂端長得筆直，拿在手上非常沉重。乳白色的外皮平滑飽滿。當菜刀慢慢切下時，會發出劈哩劈哩劈哩的聲響，宛如木頭破裂。這就是當季蘿蔔的聲音。水分飽滿、鮮嫩多汁，而且風味馥郁。

整條冬季蘿蔔帶回家之後，從菜葉到尾端，食用時連皮都不浪費，才是眞正的醍醐味。蘿蔔上半部水分多、滋味甘甜，不過越往尾端，味道就越辛辣。每個部位的味道截然不同。如果剛上市與尾聲的蘿蔔拉開了這個差距，那麼這整條蘿蔔究竟會充滿多少清甜風味呢？將這個差異牢記在心，烹調時調整切法與加熱方式，不僅可以改變最後呈現的風貌，還能讓菜色更有變化。

正因爲如此，每到冬天，我幾乎每天都在追著蘿蔔料理跑。其中有一種非得用當季蘿蔔的烹調方式，那就是用蘿蔔泥燉煮。不管是煮蔬菜也好，煮魚也罷，只要加入蘿蔔泥，就能去除雜味，讓整道菜餚的風味更加高雅迷人。

解體

上方甜、下方辣是蘿蔔的特色。分切成五個部位，區分使用吧！

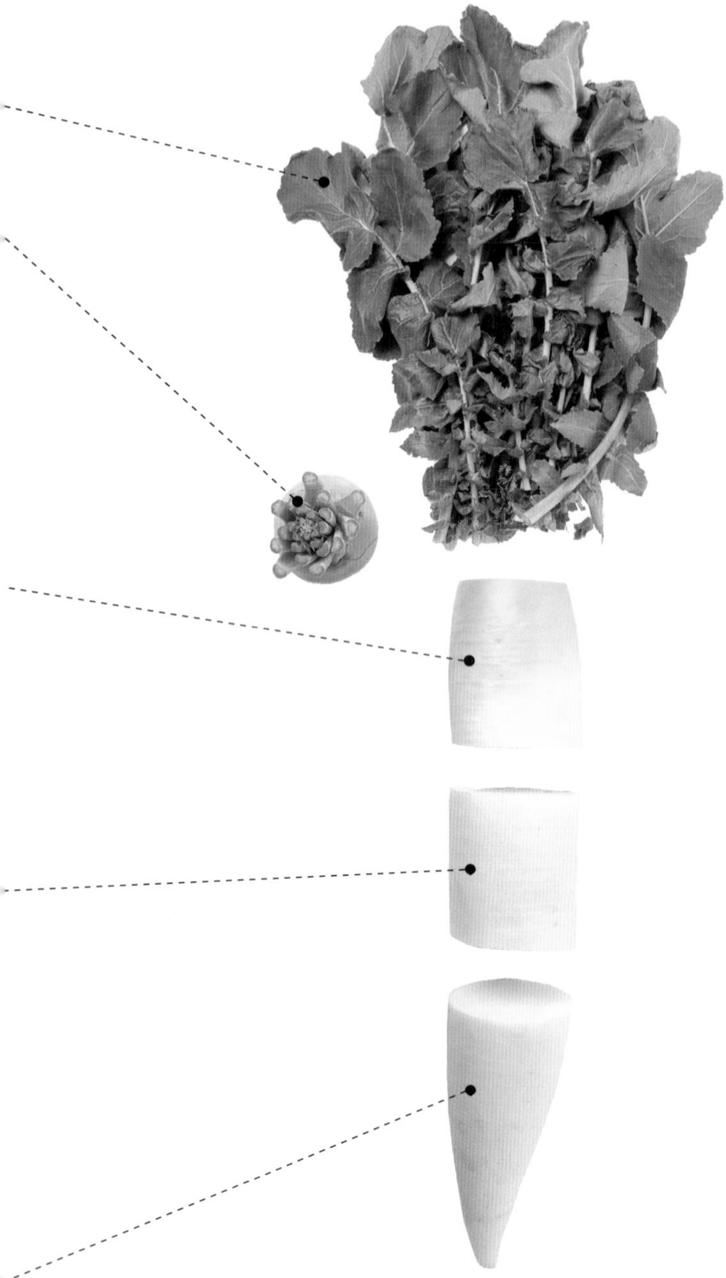

首先是解體

分切成「葉」、「軸」、「上⅓」、「正中央⅓」、「下⅓」這幾個部位。分切好再保存，這樣就可以每天嘗試不同的料理了。

◎如何挑選◎

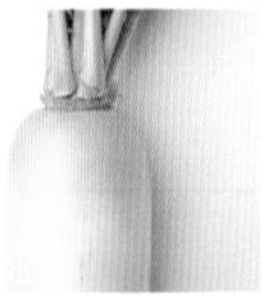

1 莖葉與莖根之間（胚軸）鼓起，紮實飽滿。

2 鬚根痕跡等距，筆直排列。

3 葉脈左右對稱，帶著淺淺的綠色。

4 莖葉是呈放射狀伸展。

5 切開後會看見紋路細膩的纖維。

葉・軸／皮

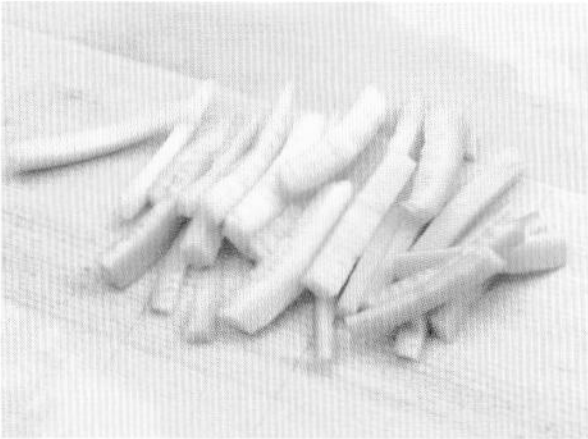

特徵◎菜葉有股十字花科蔬菜特有的苦味，口感也不錯。先放在太陽下曬半天至一天，不但可以去除澀味，甜味還會變得更加濃郁。菜軸部分通常都會丟棄，但其實這個部分充滿了甜味與營養。爲了保護果肉，皮的部分會比較辣，不過只要曬成乾，味道就會變得十分甘甜，而且充滿嚼勁。

料理◎醬油辣炒之類的熱炒／湯品

根部上方的⅓

特徵◎露出地面的部分。耐寒，糖度高且香甜。水分多，纖維細膩，肉質紮實，即使加熱也不容易煮軟。切成大塊的圓形片好將纖維切斷，這樣風味會更加突出。

料理◎味噌佐蘿蔔等滷煮菜／蘿蔔排／蘿蔔泥

保存

每個部位用報紙包起來，或是曬乾之後再保存。

若是連同菜葉一起保存，養分會被吸收，這樣菜根會變得乾巴巴的，因此要按照部位分切保存。用報紙包起，盡量不要吹到風。菜葉用報紙包起後，再用噴霧器將報紙噴濕，置於常溫陰涼處。亦可將蘿蔔切成圓形片曬乾保存。

根部正中央的⅓

特徵◎水分恰當，甜味與辣味均衡。纖維比上部1/3還要粗，但是縱切與橫切所呈現的口感和風味均有所不同。若要享受輕脆的口感或方便食用，要順著纖維縱切。

料理◎味噌佐蘿蔔等滷煮菜／炒煮／醋拌菜／沙拉／生魚片的生蘿蔔絲

根部下方的⅓

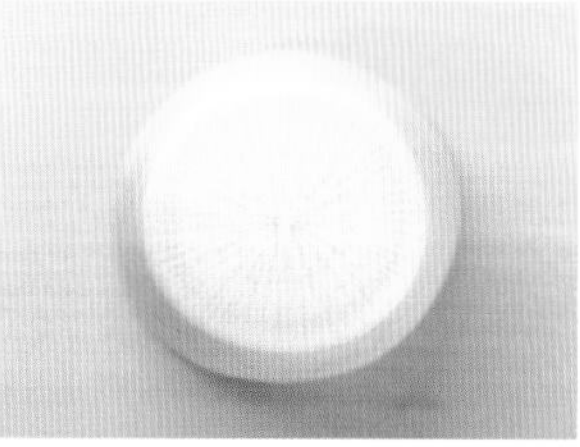

特徵◎屬於還在成長的部位，水分多，辣味重且皮厚。帶皮滾刀切成小塊，增加切面面積，並置於太陽下曝曬，讓水分蒸發，這樣就能消除澀味與辣味，同時增添風味。

料理◎炒／湯品

烹調技術

整條買來曬成乾會更放心。不但可以保存，味道也會更甘甜。

基本烹調方式

1 剛上市的蘿蔔水分較多，縱切之後適合用油烹調。
2 到了產季尾聲，水分較少，切成圓形片後適合滷煮。
3 稍微花點心思「曬乾」，就可以大幅提升甜味。
4 用蘿蔔泥做成調味料。

曬乾

燉煮之前也要先曬乾

不管要做成什麼料理，只要一切開，就先拿到太陽下曬，因為蘿蔔只要一曬，便能去除多餘的水分與澀味，同時還能增添甜味。曬過後用報紙包裹，或放入有乾燥劑的保存容器裡，這樣就能長期保存了。

烹調前3小時只要曬過，效果就足夠了。置於太陽下曬時，切面要朝上。

曬了1個月的自家製蘿蔔乾，洋溢著市售品所沒有的樸素風味。

削皮／切／磨泥

蘿蔔磨成泥的時候，要一邊畫圈一邊慢慢磨

蘿蔔的纖維狀態與水分的含量會隨時期與部位而異。沿著纖維縱切的切法，適合剛上市的蘿蔔，比較不容易釋出水分與澀味。切斷纖維的圓形切法適合產季尾聲的蘿蔔，這樣口感會變得比較柔嫩。充滿辣味與澀味的蘿蔔皮基本上要削得厚一點，不過在家的話，品嘗帶皮蘿蔔的那股樸素風味其實也不錯。

《縱切》

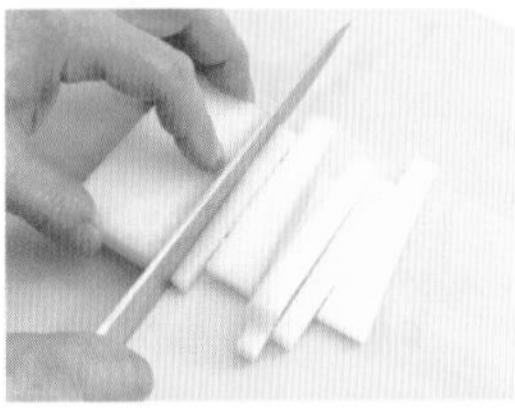
若想切成條狀或絲狀，則要使用正中央的部位。沿著纖維縱向拉切，切的時候盡量大小一致，這樣加熱時才能均勻受熱。

《如何處理菜軸》

將菜軸邊緣凹凸不平的地方處理好，口感會較佳。

《圓形切法》

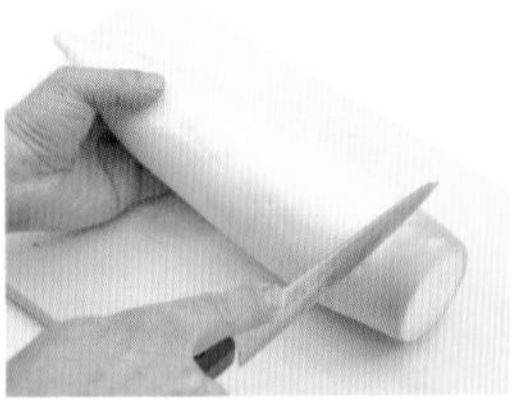
抬起蘿蔔下方，菜刀以向前滑動的方式壓切。

《滾刀切法》

下方1/3的部分以滾刀切法切成小塊。利用增加切面面積讓水分蒸發，蘿蔔會比較快熟。蘿蔔放在手邊，一邊轉90度一邊切成小塊。切的時候菜刀放在切口頂點，斜斜切下即可。

《如何削皮》

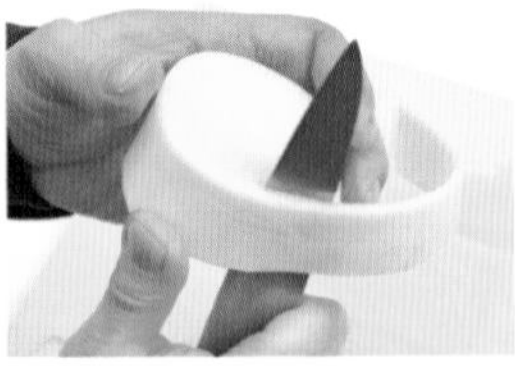
從皮的內側厚厚削下。要訣是削的時候，一邊轉動蘿蔔。

《磨成蘿蔔泥》

縱切成半，以單手可以握住為佳。垂直貼在磨泥器上，一邊畫圓，一邊慢慢地磨成圓醇風味。磨成泥後放置一段時間雖然風味會變淡，不過辣味卻會轉變成甜味。

《刮圓・劃上刀痕》

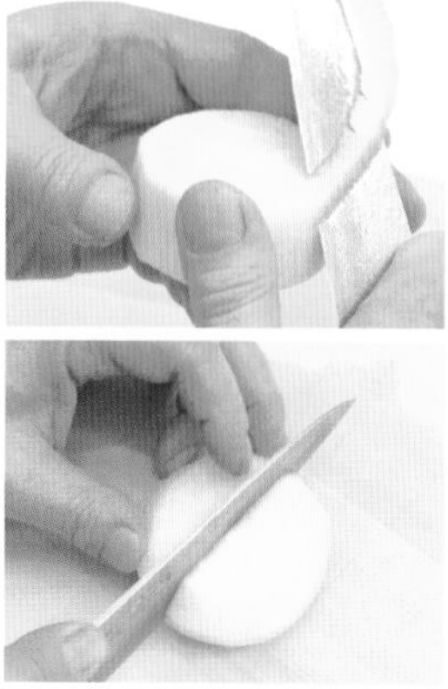

做滷煮菜或味噌佐蘿蔔時，要整塊切平，其中一面從一端至另外一端劃上深深的十字刀痕，這樣比較能均勻受熱且快熟。削除邊角，這樣的形狀比較不會煮散。

《蘿蔔皮絲》

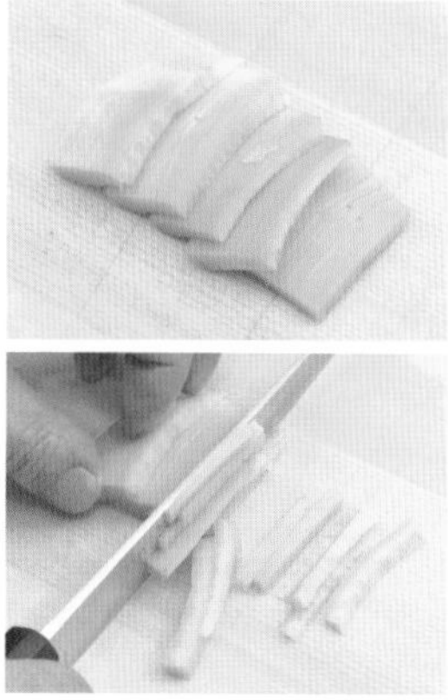

蘿蔔片錯開疊放，從邊端開始切成大小一致的菜絲。

事前處理——去除澀味

花點心思，去除雜味

蘿蔔不管味道有多淡泊，還是會有澀味。去除澀味時稍微花點心思，風味就會變得洗鍊又圓滑。方法就是「曬乾」、「淋熱水」、「撒鹽」、「泡水」。烹調的料理不同，做法也會跟著改變。

《淋熱水》

滷煮之前先淋上熱水。

《泡水》

在煮味噌佐蘿蔔時，稍微多個步驟，把蘿蔔泡在水裡，就能去除雜味了。

蘿蔔沙拉的切法，如實地將風味呈現出來。

美味的蘿蔔沙拉憑靠的就是切法了。總之要把它細心地切得細細細。挑把好切的菜刀，將蘿蔔切成長短粗細都一樣的菜絲，就能品嘗到蘿蔔原有的風味。切的時候就像是要把菜刀往前推一般，充滿節奏感地推切。

《蘿蔔彩色沙拉》

材料［4人份］

青首蘿蔔・紅心蘿蔔・紅皮蘿蔔……各5cm、沙拉淋醬［洋蔥（磨成泥）……¼個、醬油……1大匙、醋……1½大匙、酒精揮發的味醂……½大匙、鹽……1撮、香麻油……1½大匙］、炒過的芝麻……1小匙

1 蘿蔔削皮後先縱切成薄片，再切成細絲，並分別浸泡在水裡。
2 沙拉淋醬的材料全部倒入碗盆裡，攪拌均勻。一邊壓擰炒過的芝麻一邊撒在淋醬裡，這樣風味會更出色。
3 蘿蔔絲撈起後混合。
4 放入碗盆裡，淋上沙拉淋醬拌和即可。

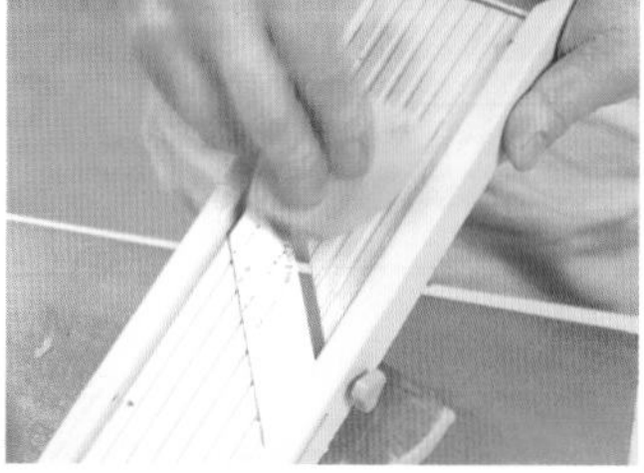

1 縱切後用削片器削成薄片，這樣可以切出細絲。

2 浸泡在水裡約10分鐘。泡太久口感會變得水水的。

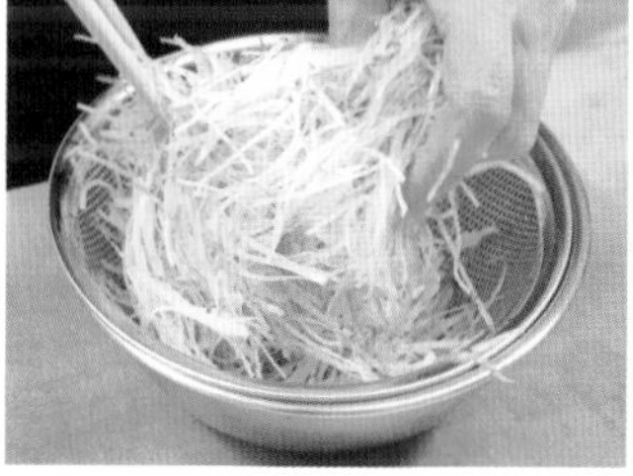

3 放在篩網裡混合的時候，可以順便瀝乾水分。用手輕輕拌和。

加熱

放入冷水裡用小火慢慢加熱

想提引出蘿蔔的甘甜滋味，就要放入冷水裡用小火慢慢煮。水分多的蘿蔔非常適合用油烹調。

1 煮

熱與味道的傳遞是從外側開始的。想讓切得較厚的圓形片均勻受熱，就要放入冷水裡用小火慢慢煮。

劃入刀痕會較容易煮熟。水不需煮至沸騰，只要水面呈搖晃狀態即可。

2 炒

少放一點油，最後用大火翻炒。蘿蔔炒成透明時，加水將甘味提引出來，熬煮後再次回到蘿蔔的狀態。

加水將風味提引出來後，
再次熬煮，好讓蘿蔔的甜味完全封鎖起來。

3 煎

用煎的，風味會更加香濃。最後再加水，利用水蒸氣把心煮透，讓風味完全釋放出來。

在煎出顏色之前都不要翻面，並將多餘的油水吸乾。

起鍋前補充水分，這樣就可以將蘿蔔完全煎熟。

事前處理——調味之前

花點時間「曬乾」，滋味會完全截然不同

想讓生蘿蔔入味，事前處理非常重要。要先透過「曬乾」→「撒鹽」這個步驟，將多餘的水分與澀味去除，然後再調味。

曬過後灑鹽放置15分鐘。釋出的水分用廚房紙巾擦乾。

明明只有用炒的，滋味怎會如此美妙

蘿蔔炒煮《時期：上市》

材料［4人份］

蘿蔔……菜葉適量・菜軸1條分量・菜根（⅓分量）、薑片……1片、香麻油&橄欖油……各1大匙、味醂&醬油……各1大匙、鹽……1撮、水……⅓～½杯

1 菜根縱切成長條狀，菜軸與菜葉的長度需與其一致。

2 油與薑放入平底鍋裡，爆香後放入蘿蔔根，並用大火翻炒。

3 炒至透明後加水，倒入菜軸與菜葉翻炒；撒上鹽、胡椒與味醂調味，炒至完全沒有湯汁爲止。

蘿蔔的品種

不管是顏色、形狀還是大小，都多彩繽紛

《古事記》※中提到的「清白」，指的就是蘿蔔。來自中國的蘿蔔流傳至日本各地，還在當地誕生了特有品種。以占市場八成的青首蘿蔔爲首，現在蘿蔔的種類已超過百種了。

（※編註：爲日本最早的歷史書籍，約於西元七一二年完成。內容大略可分成：「本辭」、「帝紀」兩個項目，以及「上卷」、「中卷」、「下卷」三個部分。）

聖護院蘿蔔
外型圓滾的傳統京都大蘿蔔。肉質細膩柔軟，不易煮散，且風味高雅。適合做成滷煮菜、湯品或醬菜。

紅皮蘿蔔
外皮鮮紅，果肉白皙。口感濕潤，甜味恰當。適合做成醬菜或沙拉。

青首蘿蔔
脖子的部分是綠色。水分多，味清甜。適合烹調的料理範圍非常廣泛，從沙拉到滷煮菜均適合，非常活躍。

紫蘿蔔
外皮呈淺紫色，內側爲斑點模樣。肉質堅硬，辣味淡，口感輕脆，適合用來醃漬。用煎的，肉質會變得香甜多汁。

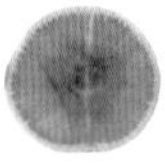

紅心蘿蔔
中國系列的蘿蔔。外皮呈淡淡的綠色，裡頭的果肉卻是鮮紅色。水分多，甜味濃。適合做成沙拉或甜醋漬。

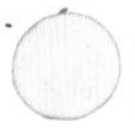

黑蘿蔔
歐洲系列的蘿蔔。雖然外皮是黑色，但裡頭卻是充滿透明感的白肉。肉質硬，澀味重，必須充分加熱翻炒。

綻放蘿蔔的魅力

◎使用蘿蔔泥吧！

我經常把蘿蔔泥當成煮汁使用。例如有道菜叫做「雪鍋」。就算沒有做成火鍋，只要將蔬菜還有魚一同與蘿蔔泥煮，也能去除雜味和比較刺激的味道，讓風味變得更加馥郁。不信的話，不妨試著將蘿蔔放到蘿蔔泥裡煮。蘿蔔應有的甘味、辣味與風味會融爲一體，展現出令人驚豔的美味。

《蘿蔔＋大量的蘿蔔泥＋剛好蓋過材料的水》，再以小火燉煮。白色浮末要撈除。水分如果變少了再補足，最後撒鹽調味。

◎要削皮，還是直接使用呢？

在家料理，不一定要削皮，畢竟蘿蔔原有的甘甜滋味藏在果皮與果肉之間。醃漬醬菜或炒菜時如果連皮烹調，可以品嘗到樸實又強勁的風味。只不過味噌佐蘿蔔這道菜如果帶皮烹調，可能會不夠入味，所以最好是將皮削去。削下來的皮還有刮下來的邊端可以曬過後再炒，這樣就是一道不錯的小菜。

皮、胚軸與菜葉一起炒成醬油辣炒。

烹調要訣

炒的話比較適合搭配香麻油

蘿蔔風味淡泊，非常容易入味，適用於中西日各種料理。炒的時候基本上比較適合搭配「薑與醬油」，調味方面比較推薦用醬油搭配薑，熬煮做成「焦香醬油」（第22頁），這樣就會香氣四溢。

適合組合搭配的蔬菜

胡蘿蔔

牛蒡

蕈菇

大白菜

風味洋溢
蘿蔔的鮮嫩湯汁都快滿出來了

蘿蔔排

《時期：盛產～尾聲》

材料［2人份］

蘿蔔……菜根的正中央（⅓條）與適量的菜葉
薑片……1片
沙拉油……1大匙
蔬菜高湯（第18頁）……50c.c.
鹽……⅓小匙
胡椒……適量
水……適量

1 菜根切成厚4㎝之後削皮，刮去稜角，其中一面劃上刀痕。菜葉切成碎末。薑切成絲。
2 蘿蔔放入鍋裡，注入剛好可以蓋過材料的水，以小火燉煮。只要竹籤能夠刺穿即可。蘿蔔的煮汁放置一旁。
3 沙拉油倒入平底鍋裡，劃上刀痕的那面朝下，以中火煎出顏色後再翻面。放入薑絲，倒入100c.c.的煮汁與蔬菜高湯，炒過後燜蒸5分鐘再加入菜葉。略爲煮沸，撒上鹽與胡椒調味。
4 連同湯汁盛入容器裡。

重點☞ 利用蘿蔔煮汁做成醬汁，可讓風味倍增。

只要醃漬一晚
風味就會更加濃郁

柚香蘿蔔淺漬

《時期：上市～尾聲》

材料［4人份］

蘿蔔……菜根底部（⅓條）
昆布……5㎝
日本柚子皮（切絲）……適量
鹽……約1小匙

1 菜根連皮滾刀切成容易食用的大小。
2 放在陽光下曬3小時至半天，去除水分與澀味。
3 放入碗盆裡，撒鹽放置一段時間，將釋出的水分捨去。
4 將浸水泡軟的昆布切絲，連同3的蘿蔔與柚子絲放入碗盆裡，注入剛好可以蓋過材料的水，浸泡半天以上即可。

重點☞「曬乾」、「撒鹽」可以去除澀味，也比較容易入味。

內田流 5 column

當季蔬菜與鮮魚 清淡的鰤魚滷蘿蔔

清淡的鰤魚滷蘿蔔

材料［3人份］

蘿蔔……1條、鰤魚（青魽）（魚肉片）……3片、薑片……3片、乾香菇高湯（第22頁）……200c.c.、水……1L、酒……100c.c.、A［粗糖……2大匙、味醂……80c.c.、醬油……100c.c.］

1 蘿蔔削皮，滾刀切成大塊後，放入沸騰的熱水裡略為汆燙，去除澀味，再用篩網撈起。將少許酒（分量外）倒入同一鍋熱水裡，煮至沸騰後放入鰤魚，當表面變成白色即可取出，略為冷卻後放入冰箱裡。

2 水與蘿蔔倒入鍋裡加熱，煮沸後轉小火，蘿蔔煮至8分熟時加入高湯與酒，再連同鰤魚與薑一起煮。等所有材料差不多煮熟了再加入A，蓋上鍋蓋，以小火煮10～15分鐘。當蘿蔔煮成琥珀色時即算完成。冷卻後會更入味。

我很喜歡釣魚，以前還常常去海釣或溪釣。那時候滿腦子想的都是如何讓蔬菜與魚組合搭配。像是土魠，我會鹽烤，然後搭配淋上醋味噌的土當歸。青花魚則是乾煎後淋上草莓醬汁也不錯。雖然不知道魚會不會上鉤，但是在等待的這段期間，我的心裡都會這麼幻想，有時雖然會因為想得太出神而讓魚跑掉，但是在這大自然裡，與魚、鳥，以及植物交流的這一刻，真的非常開心舒暢。

不管是蔬菜還是魚，都有其季節性。只要盛產季節相同，就是命中註定要相遇，搭配起來也會非常合適。從前的人常說「眼張魚（即臺灣所說的石狗公）配竹筍」、「星鰻配小黃瓜」、「秋刀配蘿蔔泥」，這些都是固定的組合。談到冬天，第一個想到的就是「鰤魚滷蘿蔔」。這道菜原是富山的鄉土料理。該地為日本數一數二的魚場，加上剛好有人拿蘿蔔與鰤魚的下巴肉一起燉煮，一嚐，沒想到驚為天人。這道菜會好吃，其實是有理由的。蘿蔔獨特的芳香能消除魚的腥味，加上蘿蔔味道淡泊，因此能將鰤魚的甜美滋味完全吸收。調味方面不管是略濃或略淡都可以。不過有個重點一定要記住，就是要稍微淋上熱水汆燙，也就是運用「霜降」的方法，不只是鰤魚，蘿蔔也要這麼做，如此一來就可以去除澀味，烹調出一道風味高雅的佳餚。

油菜會讓人吃了上癮。
這股獨特的風味，
非常適合搭配
蒜辣義大利麵。

油菜［十字花科］

長久以來深受平民喜愛的江戶蔬菜

十字花科裡有一個族群總稱爲「醬菜」。十字花科蔬菜原本廣泛分布於地中海沿岸與中亞。其野生種傳至中國後，以醬菜之姿開始栽種。奈良時代，醬菜也在日本各地落地生根。在不停交配之下誕生了許多品種。其中之一，就是在江戶小松川周邊栽種的葛西菜，之後改名爲小松菜（即油菜）。至今依舊可見當地居民遵守著這項栽種的傳統，讓東京的油菜產量榮登日本的第一、二位，可說是都市派蔬菜。

其實在這段漫長的旅途之中，油菜早已自我進化了，否則它原本帶有一股土腥味。如果讓它自然生長，菜根會長到二至三公尺。油菜雖然耐熱，不過它最喜歡的還是寒冬，而且氣候越冷，風味就越濃郁，這是爲了避免菜葉受凍而故意讓葉片變厚，並且提升甜度。這股風味不僅清甜，還帶有一股苦味。此外，油菜並沒有什麼特殊味道，因此不需事先汆燙。下鍋熱炒，是再適合不過了。但是光是炒煮是不夠的，我還試著搭配義大利麵。不對，怎麼會只是嘗試呢？這一定會成爲冬天的基本菜色。

◎原產地

中國

◎產季

11月～2月

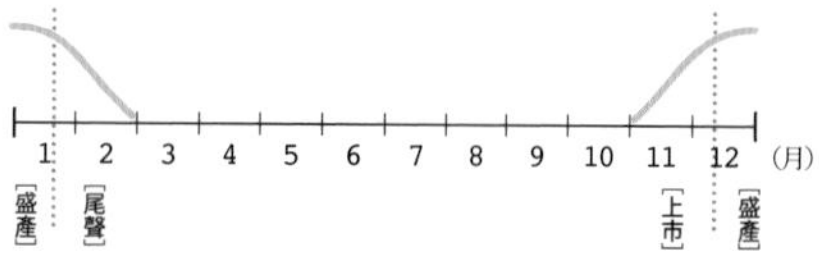

[上市] 菜葉柔嫩，口感輕脆。

[尾聲] 菜葉厚實，風味濃郁。

◎日本主要產地（秋冬）

關東一帶

◎臺灣主要產季和產地

11月～4月

彰化、臺中、苗栗、嘉義、雲林、南投等

解體

按照不同的硬度，分切成外葉、菜梗與中心，再來烹調。

◎如何挑選◎

1 葉脈間隔等距又密實。

2 葉片上可以看見一層淡淡的白膜，那是角質層（※），目的是爲了保護表皮。

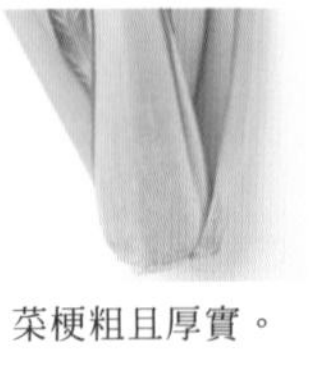

3 菜梗粗且厚實。

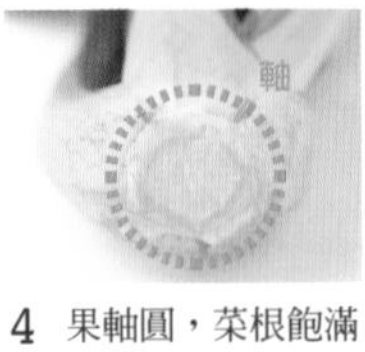

4 果軸圓，菜根飽滿。

※角質層／爲了守護植物表皮細胞，與預防紫外線及乾燥而形成的薄膜。

首先是解體

外葉、菜梗與中心菜葉所需要的加熱時間長短不同，在烹調之前最好先分切開來。軸心的部分比較硬，因此要切開。

保存

用報紙包裹，噴上霧水，放入冰箱保存。需在4～5天內食用完。

外葉 特徵◎剛上市的油菜，菜葉柔嫩，盛產以後的菜葉厚實且風味濃郁，甜味比菜梗還要濃。

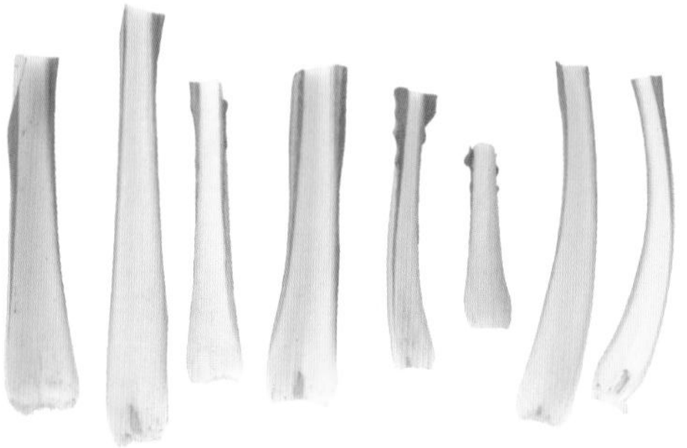

菜梗 特徵◎苦味比甜味還要明顯。會隨著時期變粗，並且變得飽滿。

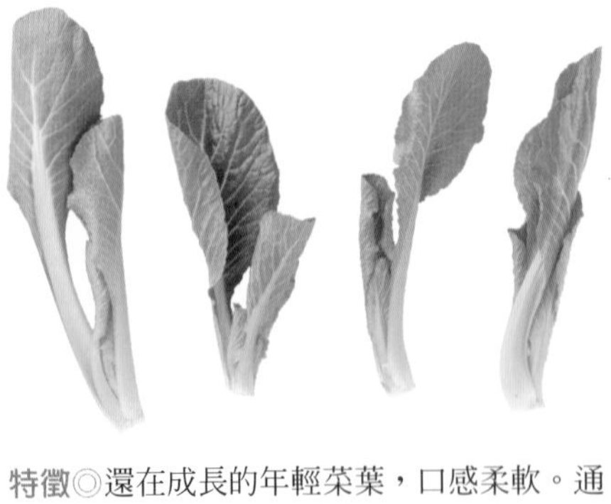

中心的菜葉 特徵◎還在成長的年輕菜葉，口感柔軟。通常會留到最後再加熱。

解體的流程

1 摘下外葉
摘下4～5片外葉。

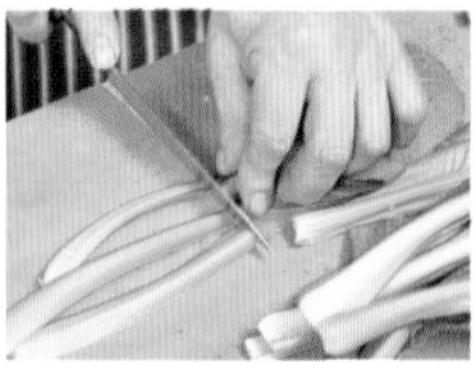
2 菜葉與菜梗分開
菜葉與菜梗的硬度不同，分切開來比較容易處理。

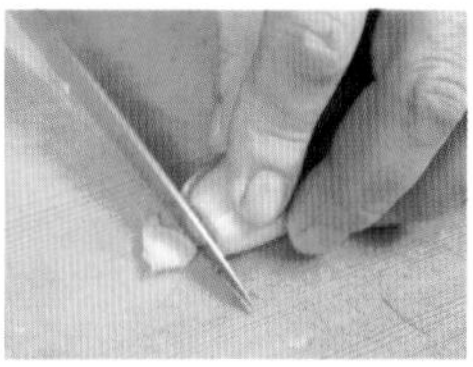
3 切下菜軸
菜軸口感硬，要切除。

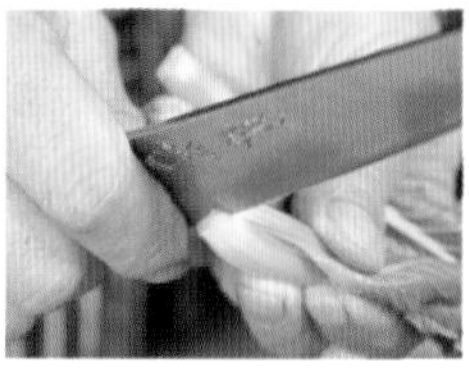
4 切入刀痕
在中心部劃入十字刀痕會比較容易煮熟。

烹調技術

淡淡的苦味與濃厚的風味就是一切。以高溫略爲汆燙，但是水分不要擰得太乾。

基本烹調方式

1 要將風味提引出來，就要用高溫汆燙，但是水分不要擰得太乾。
2 汆燙後再切，與切後再汆燙，這兩者所呈現的味道都不一樣。
3 炒的時候不會釋出澀味，可以直接生炒。

事前處理——泡水

要讓風味更加洗鍊就要泡水

油菜幾乎沒有澀味，若是直接生炒，可先泡水。烹調之前略爲汆燙會更有效果。

切好後泡水1～2分鐘再加熱，滋味會更加洗鍊。

放在熱水裡汆燙數秒可去除雜味，味道也會變得比較輕脆爽口。再次加熱烹調成浸煮油菜等料理時，必須事前處理。

切法

用菜刀切成大塊

油菜幾乎沒有澀味，不會因爲對菜刀的金屬產生反應，而產生澀液。

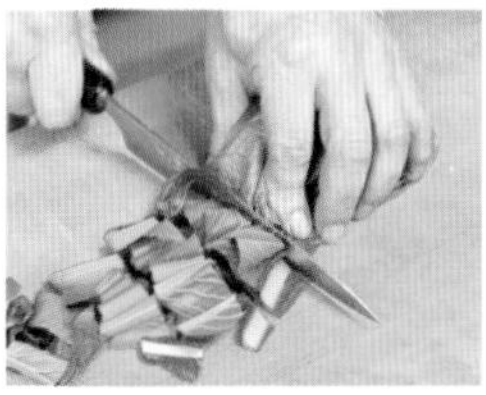
橫切將纖維切斷會比較快熟，口感也會較軟。

加熱

菜梗與菜葉加熱時必須有段時間差距，並且依序放入。

不論汆燙還是熱炒，都必須先放入纖維較硬的菜梗。

1 汆燙

汆燙的方式必須隨著料理而改變

不切直接汆燙，與切好之後再汆燙，這兩種烹調方式所呈現的風味均不同。但不管是哪種方式，一旦煮得過熟，口感就會變差。依序將菜梗與菜葉放入鍋裡略爲汆燙後，即可撈起，並用餘溫來加熱。另外，燙的時候不需在熱水裡撒鹽。

《菜葉與菜梗分開汆燙》

1 先將菜梗放入沸騰的熱水裡汆燙。

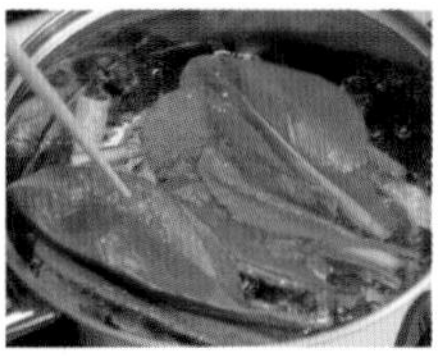
2 數秒後依序將外葉與中心的菜葉放入鍋裡，汆燙約10秒。

3 撈起放在竹簍裡，攤開冷卻。

《整株菜氽燙》

1 將菜梗放入沸騰的熱水裡，經過數秒，等菜梗變軟，再讓菜葉沉入水裡。

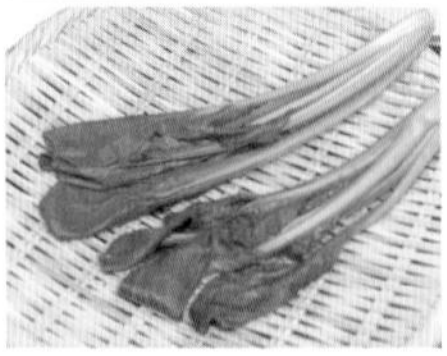

2 翻面。只要菜葉變色即可。氽燙時間約20秒。燙好後放在竹簍上晾乾。

《切成大塊之後氽燙》

依序將菜梗與菜葉放入鍋裡氽燙。燙熟的速度非常快，只要稍微泡在熱水裡即可。

《擰擠水分》

燙好後若是擰得太乾，風味反而會流失。稍微保留一點水分，不需用力，輕輕地用手夾住擰擠就好。

2 炒

纖維紮實，適合用油烹調

依序將菜梗與菜葉放入鍋裡用大火翻炒。將菜炒得輕脆的訣竅，是先讓所有材料沾上油，直到起鍋前都用大火翻炒。

油倒入平底鍋裡，熱好後放入菜梗，使其沾上油。

過數秒後放入菜葉，使其沾上油。最後倒入少許水，一口氣翻炒。

綻放油菜的魅力

◎煮浸之前要先稍微氽燙

煮浸難在加熱。如果直接放入煮汁裡，會有雜味，反而較不容易入味。燙過後再煮，口感又會因爲過度加熱而變差。我的作法是先稍微燙過去除雜味，就算放入煮汁裡也頂多煮1分鐘。之後連同煮汁放入鐵盆裡冷卻入味。如此一來不但可以保留口感，風味也能滲入其中。

所有材料平坦攤放在鐵盆裡，這樣才能均勻入味。

《煮浸油菜油豆腐皮》

材料［4人份］

油菜……1把（300g）、油豆腐皮……1片、煮汁［昆布與乾香菇高湯（第22頁）……200c.c.、醬油……60c.c.、味醂……50c.c.、酒……30c.c.、砂糖……1小匙］

1 油菜如果比較大株，要在菜梗劃上十字。油豆腐皮淋上熱水去油後，切成可一口食用的大小。
2 將煮汁材料倒入鍋裡，煮開後放入油豆腐皮煮至入味。
3 水倒入鍋裡，煮至沸騰；將整株油菜的菜梗放入，略爲氽燙後撈起，用扇子搧涼，盡量不要讓餘溫把菜梗煮熟。
4 輕輕地將3的水分擰乾，切成可一口食用的大小後，放入2的煮汁裡煮約1分鐘。熄火後放入鐵盆裡靜置一段時間即可。

淡淡苦味，風味濃厚 適合大人的苦澀義大利麵

油菜義大利麵

《時期：盛產～尾聲》

材料［2人份］

油菜……1把
洋蔥……¼個
大蒜……1片
紅辣椒……1根
義大利麵……160g
橄欖油……2大匙
鹽（煮義大利麵用）……適量
蔬菜高湯（第18頁）或
煮義大利麵的湯汁……50c.c.

1 油菜的菜葉與菜梗分切開來，菜軸切成2～4等分。洋蔥縱切成薄片，大蒜切成碎末。紅辣椒去籽，切成小段。

2 水煮至沸騰後，加鹽煮義大利麵；即將起鍋前，把油菜放進一起煮。油菜變色後即可撈起。

3 橄欖油、大蒜與辣椒放入平底鍋裡，炒熱後接著放入洋蔥翻炒。等材料都沾上油，再倒入義大利麵與油菜拌炒，倒入蔬菜高湯或義大利麵的煮汁，稍微攪拌即可。

重點☞ ①油菜與義大利麵一起煮會比較有效率。②洋蔥慢慢炒的味道會比較甘甜。

添加一些柚子胡椒醬 就是一道基本的下酒菜了

芝麻拌油菜

《時期：上市～尾聲》

材料［4人份］

油菜……1把
拌醬
- 白芝麻醬……½大匙
- 柚子胡椒醬……½小匙
- 蔬菜高湯（第18頁）……1大匙
- 酒精揮發的味醂（第22頁）……½大匙
- 鹽……1撮

1 油菜切成1cm大小，拌醬材料混合備用。

2 水倒入鍋裡，煮至沸騰後，依序放入菜梗與菜葉並且立刻熄火，迅速撈起直接放置冷卻。

3 將2的水分稍微擰乾，與拌醬拌和即可。

重點☞ 使用菜筷與手一起拌和會比較入味。

雖然只是用煎的，
但是可別小看喔。
這可是有技巧的，要一整根！
整根煎過的冬季青蔥。

青蔥

［蔥科］

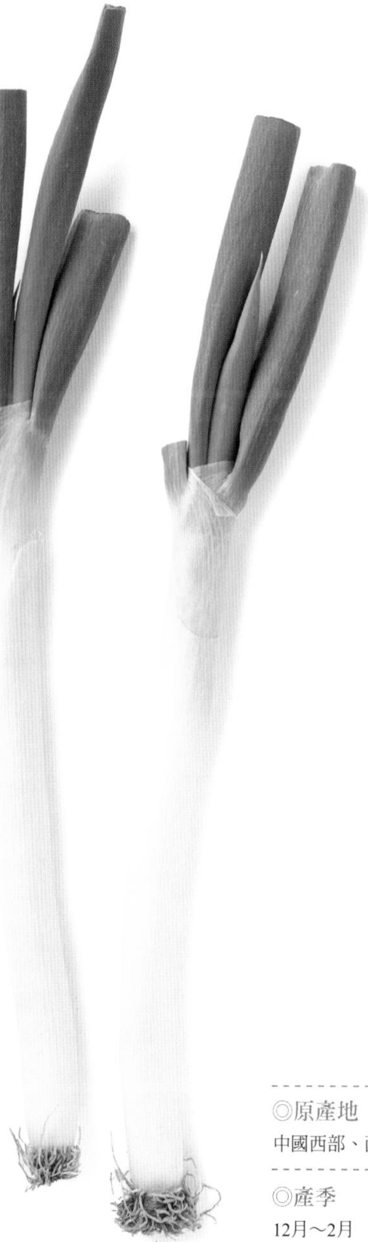

冬蔥只要一煎，辣味就會搖身變成甜味！

在好吃的烤雞肉串店裡，美味的不只有烤雞肉串。沒錯，他們的蔥也很好吃，芳香甘甜，將肉塊完全串連起來。我常常覺得青蔥眞的很厲害，因爲它們扮演著如土木建築工人般重要的角色。不過能充分發揮這個精采存在感的，僅限晚秋到冬季之間上市的青蔥。正因爲耐寒，所以在那捲得密實的白色漩渦裡，才能儲藏滿滿的甘甜與芳香。

當季青蔥大多扮演著火鍋料或配料的角色。但對於愛吃蔥的我來說，卻想用煎的或炒的等加熱方式來烹調。用煎的，青蔥那股特殊辣味會完全消失，而且還會轉換成鮮甜芳香的滋味。

最値得大力推薦的，就是「煎青蔥」。將蔥切碎，會因爲酵素發揮作用而釋出辣味，因此蔥要切得長一點，然後再放入平底鍋裡啾嚕啾嚕地煎。當表面煎成金黃色時，捲得緊緊的青蔥內側就會完全融化。趁熱放入嘴裡，入口即化，全身舒暢，蔥甜會整個瀰漫唇齒之間。讚！讓青蔥在那一瞬間躍升爲冬季蔬菜冠軍寶座。

◎原產地

中國西部、西伯利亞

◎產季

12月～2月

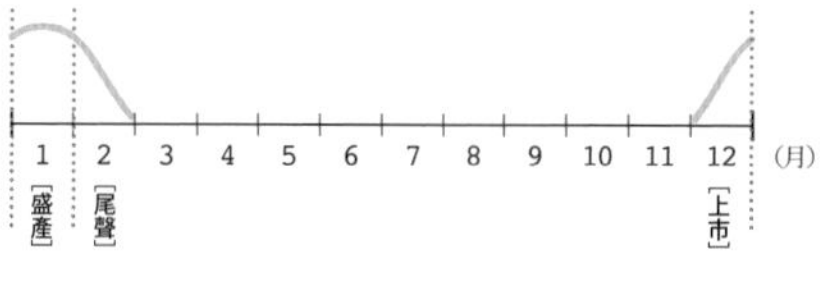

［上市］纖維細，柔嫩水潤。辣味香氣濃郁。

［尾聲］纖維粗，捲度密實。甜味比辣味明顯，只要一加熱就會變得濃稠。

◎日本主要產地（大蔥）

埼玉、千葉、茨城

◎臺灣主要產季和產地

全年皆有

雲林、彰化、宜蘭、高雄

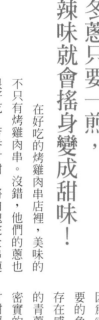

解體

每根青蔥都有4種風味。無論是配料還是香煎蔥段，都要按部位分開烹調。

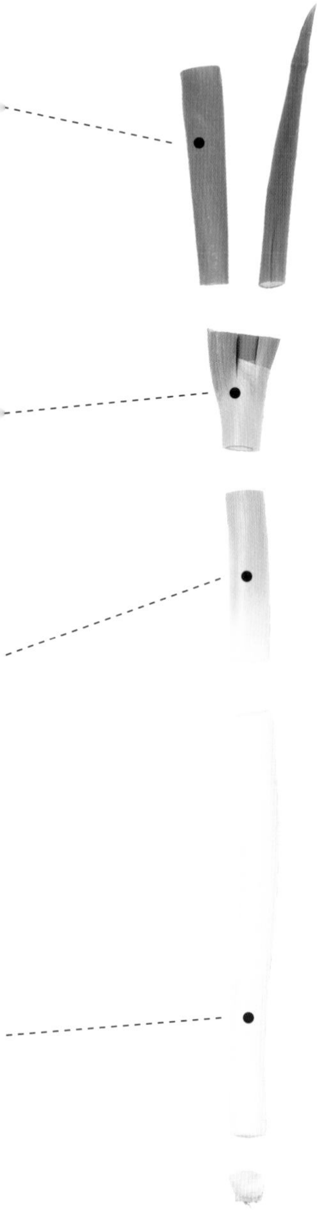

首先是解體

白色部分其實是蔥葉。越靠近根部味道越甜，越往上味道就越辣。綠色與白色的分界處也是風味改變的地方，因此分切時要以這個地方為基準，並且分切成四個部分。烹調時也是以這四個風味各異的部位來區分使用。

如何解體

《將外側與中心分切開來》

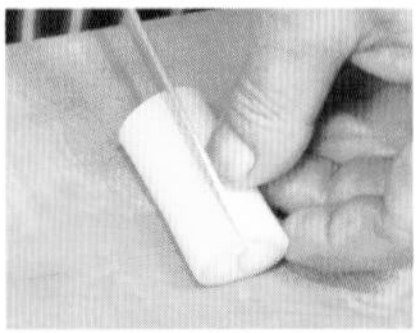

用刀尖在外側劃上刀痕。

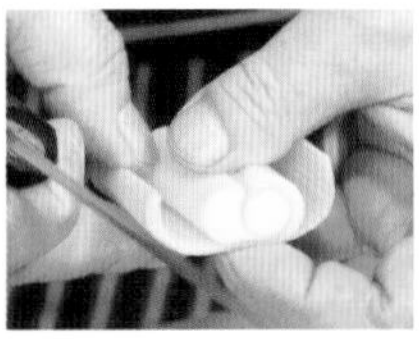

撥開取出中心部。

《分歧的部分》

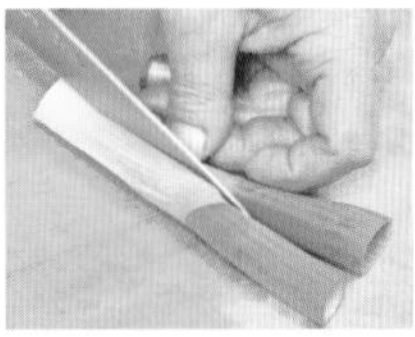

從分歧的部位分切開來。

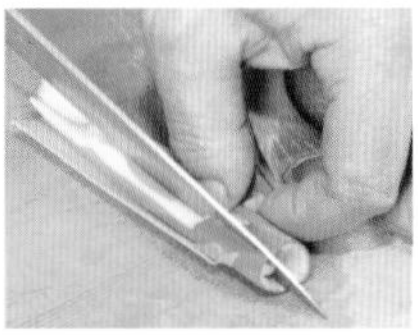

縱切成容易食用的大小。

基本切法

將纖維切斷可以增添辣味與香氣。

1 沿著纖維縱切，味道香甜；將纖維橫切，辣味明顯。

2 拉切對纖維比較溫柔，風味也較爽口甘甜；壓切會將纖維破壞，因此風味辛辣。

保存

用報紙包裹，根部用噴霧器噴濕，給予水分，置於陰涼處保存，並於一週內食用完。帶有泥巴則能保存比較久。沒有使用完的部分要放入保鮮袋裡冷藏保存。

◎如何挑選◎

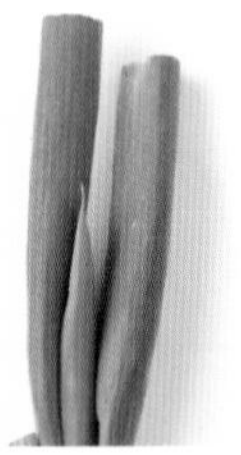

1 蔥葉部分肉厚且粗，呈淺綠色。

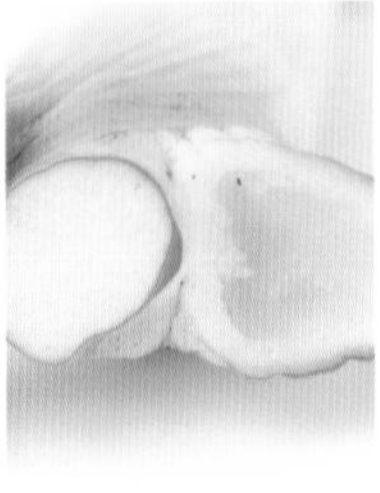

2 蔥葉內側充滿蔥絮。

3 捲度結實。壓住綠色與白色相接處會感覺非常堅硬紮實。

4 蔥白部分水潤，紋路細膩。

5 根鬚多，蔥白部分的紋路數量與根鬚一樣多。

綠色（葉片）部分

特徵◎味道最爲辛辣的部分，可做佐料。白色蔥絮有黏液，越到產季尾聲就會越多，而且滋味香甜，當做佐料時要用菜刀削。

料理◎炒／炒飯／湯品／醬汁等佐料

《切蔥段》

只要清除蔥絮，就不會再釋出黏液（請參照第176頁）。可做佐料，或用來增添炒飯或炒菜的香味。

《縱切》

連同蔥絮縱切成段，可以充分散發出辣味與蔥絮的甜味。適合炒成中式口味。

分歧的部分

特徵◎混合了綠色部分的辣味與白色部分的甜味。有蔥絮的部分肉質柔嫩，口感較粗。因夾雜著泥土，故必須用水洗淨。

料理◎炒／湯品／佐料

《縱切》

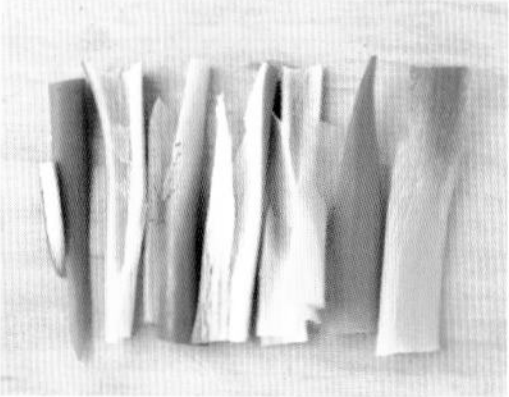

沿著纖維縱切成較長的蔥段，可享受到柔嫩的口感。一旦加熱，會變得十分濃稠綿密，越到產季尾聲滋味越香甜。適合用炒的。

白色部分（葉鞘）上方

特徵◎甜味與辣味均衡，香氣佳。纖維比下方的部分還要細緻柔嫩。

料理◎炒／煎／火鍋／佐料（白蔥絲）／湯品／滷煮

《斜切薄片》

外側口感輕脆，內側香甜，入口即化。可用來炒菜或搭配麵類、蓋飯類以及滷煮菜。

白色部分（葉鞘）下方

特徵◎甜味濃烈，只要一加熱，口感就會變得十分濃稠。這個部分已經完全成長，故纖維緊密，肉質厚實。

料理◎滷煮／煎／炒／火鍋／湯品

《白蔥絲》

將外側飽滿的部分切成白蔥絲。上半部氣味香濃，下半部甜味強烈，可加入湯品或麵裡，甚至是生魚片的配菜。

《內側／縱剖》

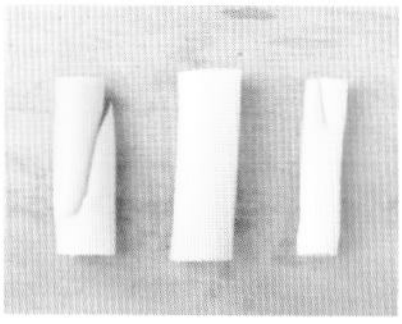

將外側與內側分開。中心部的黃色蔥絮越到產季尾聲就越柔軟香甜。縱切後可加入湯品裡。

《切蔥花》

將纖維切斷剁成蔥花，香味會變得十分濃郁，且口感細膩。適合當做湯品或麵類的佐料。

《圓筒切法》

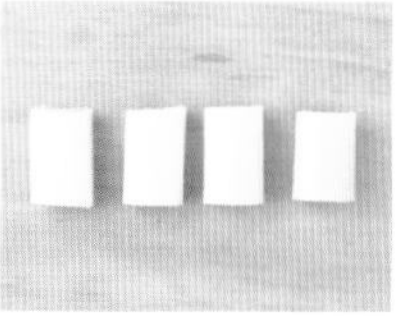

只要一加熱，中心部就會變得濃稠香甜，外側口感依舊輕脆。適合烹調成想展現蔥味的滷煮菜、炒菜與生魚醋拌菜。以產季尾聲者爲佳。

《粗蔥絲》

沿著纖維切，能展現青蔥應有的輕脆口感。切得越粗，風味就越濃烈。炒或滷的料理，最後可以加些粗蔥絲。以剛上市者爲佳。

《長蔥段》

想將蔥甜完全提引出來，就要減少切面，以長蔥段的狀態來使用。如此一來會呈現燜燒狀態，使口感變得濃稠柔軟。以產季尾聲者爲佳。

《斜切薄片》

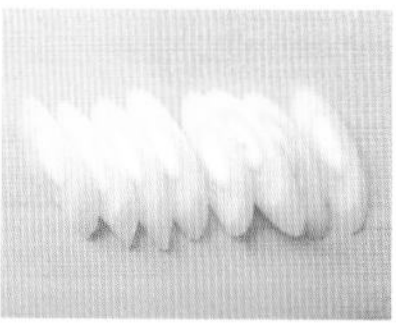

不容易釋出澀味，散發出蔥原有的爽口甘甜。可用來炒或滷煮。以剛上市的風味爲佳。

《蔥根》

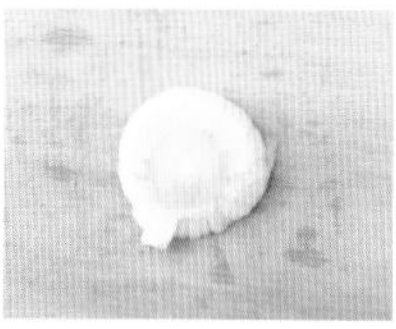

甜味與甘味最濃的部分。可放入高湯裡讓滋味更加濃郁。

烹調技術

透過切法與加熱方式，讓青蔥特有的辛辣與香甜展現出來。

基本烹調方式

1 區分使用拉切與壓切這兩種切法，將口感、甜味與辣味提引出來。

2 慢慢加熱，將甜味、甘味與濃稠感提引出來。

3 當做佐料，散發出青蔥特有的辣味與香氣。

事前處理—去除黏液

將黏液去除乾淨

綠色部分有黏液（蔥絮），當做佐料使用時會影響到風味，因此必須事先刮除。

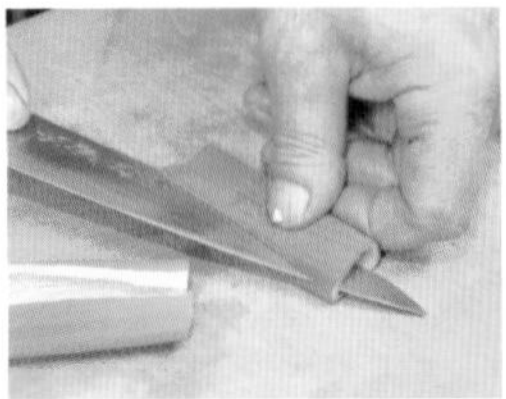

1 綠色部分縱切開來。

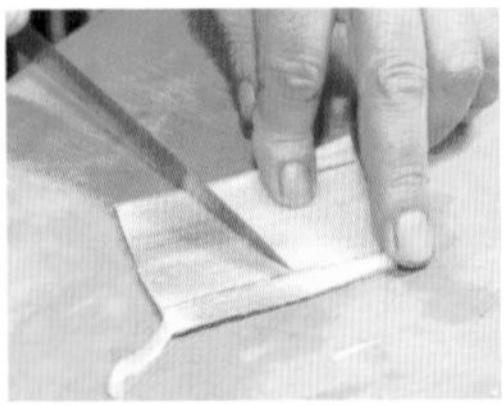

2 用刀刃將蔥絮刮除乾淨。

《拉切》

刀尖朝身體方向拉切，這樣就不會破壞纖維，澀味也不容易釋出，還能將蔥原有的清甜完全提引出來。

《壓切》

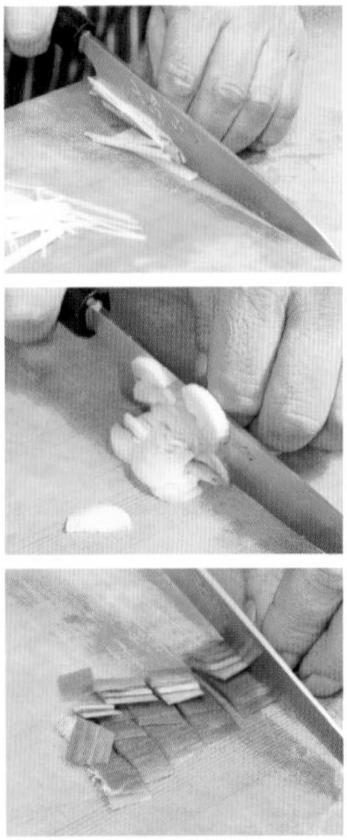

用刀刃正中央的部位以向前滑動的方式壓切，或將刀尖放在砧板上，由上往下壓切。可突顯出辣味。

加熱

慢慢加熱，提引甜味

只要一加熱，辣味成分會變成甜味，肉質也會變得入口即化。訣竅就是要慢慢來。

1 煎

整根蔥下鍋煎

想將甜味完全提引出來，下鍋煎時要把蔥切得長一點（配合平底鍋的大小）。這樣裡頭會變成燜燒的狀態，口感濃稠且柔嫩。

只要撒上鹽與胡椒，滋味就會變得美味萬分，散發出青蔥應有的香甜和濃稠精華風味。

1 表面劃上淺淺的刀痕，熱就可以傳到內部。

2 熱好油後用小火一面一面煎出顏色。煎約4～5分鐘。

3 轉大火加入約2大匙的水，將裡頭煎熟即可。

2 炒

一邊沾油一邊用大火炒

想利用青蔥的輕脆口感，就要讓材料全都沾上油，用大火翻炒，以免水分流失。

1 使用幾種不同部位的蔥時，先從不容易炒熟的部分下鍋，並算好時間差距，一一下鍋翻炒。

2 全都下鍋之後略爲攪拌，讓材料沾上油，並用大火一口氣翻炒。

3 加水煎炒

將甜味提引出來

蔥用少量的水慢慢煮炒，可以將最精華的部分完全提引出來。甘甜順口，可以用來做成湯品和醬汁的湯底。將蔥斜切成薄片以增加切面，內含的精華會比較容易釋出。相同方式改用少量油翻炒，滋味會更加香醇。

《製作湯底》

用少量的水以低溫慢慢炒至沒有蔥腥味。所有材料炒軟時，改用大火翻炒。

▼

炒至透明時轉小火慢炒。當蔥變得濃稠時將材料聚集到中間，這樣比較不會燒焦。

▼

大功告成。接下來進一步烹調成其他料理。

《進一步熬成湯》

注入蔬菜高湯（第18頁）或水，熬煮一段時間後就是一道湯品。

▼

繼續炒煮讓水分蒸發，當整鍋變得濃稠時，便可用來做爲焗烤菜的醬底。

如何當做香味蔬菜使用

當做擁有獨特辣味與香氣的香味蔬菜來使用。

1 蔥油

讓蔥的風味融入油裡

將蔥放入低溫的油鍋裡炸，讓香氣釋出。可以多做一些，炒蔬菜或炒飯時就能隨時派上用場。

《蔥油》

蔥香濃郁。置於常溫下可保存1個月。

材料

青蔥……1根、沙拉油……200c.c.

蔥剁得細碎之後倒入已加熱至160℃的油鍋裡。用小火維持已經下降的溫度（約140℃），一邊用菜筷攪拌一邊炸蔥，以免材料焦掉。當蔥花炸成金黃色時，撈起放在廚房紙巾上。

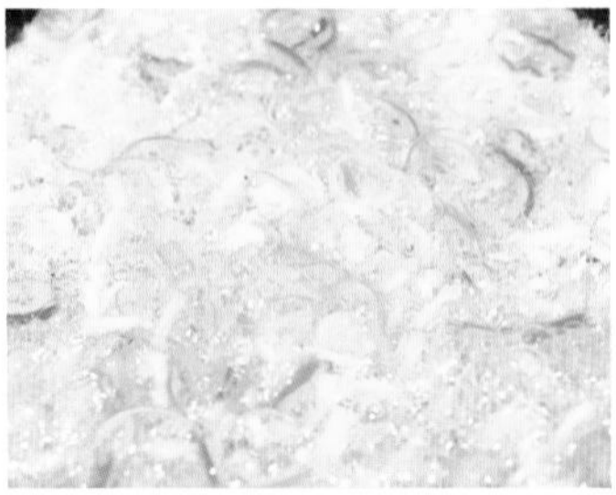

1 將蔥剁得細碎一點，比較容易釋出風味。蔥花倒入油鍋後，盡量維持低溫（約140℃）。

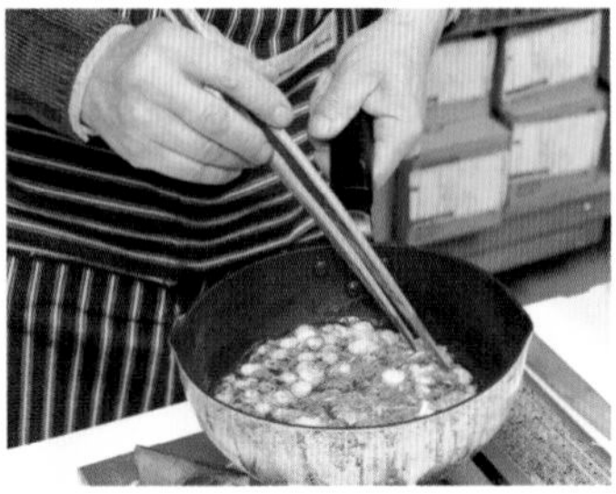

2 偶爾用菜筷攪拌，以免炸焦。

3 炸好的蔥花用廚房紙巾包好後可常溫保存。炒飯或炒菜時加一些，可以增添蔥香。

2 白蔥絲

可當配料也能夠做成沙拉

切成細絲的白蔥絲最吸引人的地方，就是香氣清爽，口感細膩。除了可以當做麵類與蓋飯類的佐料、增添涼拌菜的氣味、當作生魚片的配菜，還能與其他蔬菜絲搭配做成沙拉，口感十分新鮮。

切好之後泡水，可使辣味變得比較溫和，而且滋味水潤。

《白蔥蘿蔔絲沙拉》

材料［2人份］

青蔥（白色部分）……1根、蘿蔔&胡蘿蔔……各5㎝、油豆腐皮……1片、沙拉淋醬［醬油……2小匙、酒精揮發的味醂（第22頁）&酒精揮發的醋（第22頁）……各1大匙、香麻油……1大匙、鹽……1撮、蘿蔔泥……3㎝長的分量］

1 將蔥切成長5㎝，再切成白蔥絲。蘿蔔與胡蘿蔔削皮，配合蔥的長度切成菜絲。所有材料均泡水5分鐘。

2 油豆腐皮下鍋煎過後，切成容易食用的大小。沙拉淋醬的材料混合。

3 將1倒入碗盆裡，用手攪拌。

4 油豆腐皮盛入盤裡，放上3，附上沙拉淋醬即可。

綻放青蔥的魅力

◎蔥段用煎的才香！

遇到「蔥段」，我的處理方式是用煎的，而不是用燙的。我會用斜切的方式切蔥，盡量增加切面，讓內含的甜味能夠完全釋放出來，接著再沾上一層麵粉。這層麵粉就像是外套，不僅可以將蔥的甘甜完全封鎖，還會吸收裡頭的甜味，並且將蔥段包裹起來。如果能夠沾上一層味噌，味道就會變得更加芳香濃郁。放在熱呼呼的白飯上，就是一道可口美味的香蔥蓋飯了。

《香滑烤蔥段》

材料［4人份］

青蔥（白色部分）……2根、薑片……1片、麵粉……適量、沙拉油……2大匙、香麻油……1小匙、醋味噌［味噌&醋……各1小匙、味醂……2小匙］、鹽……1撮、水……100c.c.

1 蔥斜切成厚片，薑切成細絲。醋味噌的材料混合攪拌。
2 將油倒入平底鍋裡加熱；蔥的切面沾滿麵粉，兩面分別煎出顏色。
3 加水蒸炒，等蔥變得黏糊之後，加入薑與醋味噌。撒鹽用大火加熱，並且翻面讓整鍋變得濃稠。

1 爲了保留甜味，蔥片要全部沾滿麵粉，並且立刻下鍋煎。如果放置時間太久，麵粉會把裡頭的水分吸光，反而會變得水水的。

2 油鍋熱好後將蔥放入，用大火煎出顏色，但是不要太常翻面。

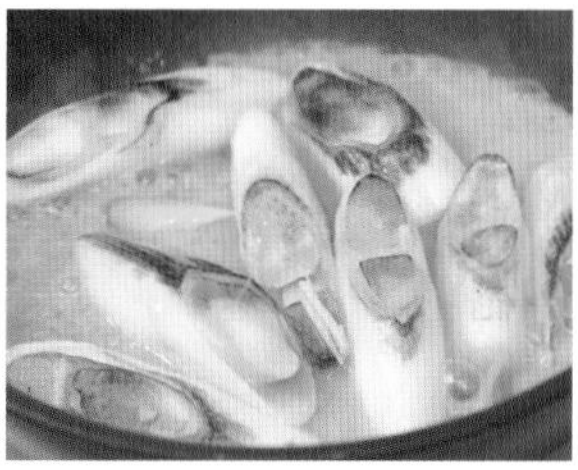

3 用中火讓整鍋變得濃稠，但不要翻面攪拌。

蔥的品種

白蔥系列與青蔥系列

蔥在奈良時代傳到日本之後，到了各地方便開始分化，孕育出特有的品種。從前關東地方以白蔥（※深根蔥）爲主，關西地方則是以青蔥（※葉蔥）爲主，不過近年來這條界線已經越來越淡了。烹調的時候，記得搭配各種蔥的特色來區分使用。

九条蔥

京都九条的特產，現在廣泛栽種於關西地區。柔嫩黏液多，滋味香甜。可用在湯品、佐料、火鍋與生魚醋拌菜上。

下仁田蔥

群馬特產，亦稱「殿樣蔥」。外形粗短，肉質鮮嫩，生食刺辣，但只要一加熱，味道就會變得清甜順口。適合與火鍋或湯品烹調。

珠蔥

還在成長的葉蔥，別名「萬能蔥」或「細蔥」。柔嫩香甜，十分好用，適合做成佐料或湯品。以「博多萬能蔥」最爲知名。

深根蔥

別名爲「長蔥」或「白蔥」的熱門品種。辣味與甜味均衡美味，適合放入火鍋裡烹調，或是滷煮、熱炒，甚至當作佐料。用途非常廣泛。

※深根蔥：隨著成長將土壤培在蔥根上或遮住陽光，好讓蔥白部分能夠維持成長。葉片與葉鞘部分的風味不同，用途十分廣泛。
※葉蔥：充分日曬成長的蔥。綠色的蔥葉部分長，口感柔嫩、風味佳。

簡單的料理

透過多樣的切法來增添變化
嚐盡整根蔥

炒青蔥

《時期：盛產～尾聲》

材料［4人份］

青蔥……2根
蒜末與薑末……各1小匙
橄欖油……2大匙多
鹽……½小匙
胡椒……2撮
蔬菜高湯（第18頁）或水……50c.c.

1 蔥分切解體之後，依各個部位採用不同切法（請參照第175頁）。
2 將2大匙的橄欖油、蔥與薑放入平底鍋裡，熱鍋後按照不容易煮熟的順序放入，並且保留時間差距把蔥倒下去炒，讓所有材料都沾上油。
3 等所有材料都沾上油之後，加入鹽、少許橄欖油以及胡椒略為攪拌，注入蔬菜高湯，等水分全都蒸發即可起鍋。

重點☞ 依照時間差距把蔥倒入鍋裡，每一次倒入都確保材料沾到油，這樣比較不會釋出水分。過程中都要用大火翻炒。

芳醇的甘味
入口即溶

焗烤下仁田蔥

《時期：尾聲》

材料［2人份］

下仁田蔥……1根
馬鈴薯……1個
蒜片……1片
橄欖油……1大匙
蔬菜高湯（第18頁）……200c.c.
鹽……⅔小匙多
胡椒……少許
法國麵包片……3片

1 下仁田蔥斜切成薄片。馬鈴薯削皮水煮後切成4等分，稍微撒上鹽與胡椒。法國麵包片放入烤箱裡略為烘烤。
2 將橄欖油放入鍋身略厚的平底鍋裡，稍微加熱後將蔥倒入。等所有材料都沾上油之後轉大火翻炒；全部都炒至透明後轉小火繼續翻炒，直到蔥變得柔軟濃稠為止。放入蔬菜高湯與大蒜，撒上⅔小匙的鹽與1撮胡椒，炒煮至水分完全蒸發為止。
3 馬鈴薯放入耐熱盤中，擺上法國麵包片，加入蔥，放入烤箱裡烤成金黃色即可。

重點☞ 火候必須隨著蔥的狀態調整。剛開始是大火，等煮透了再轉小火，讓甜味慢慢釋放出來。

蔬菜的世界 column

所謂傳統蔬菜文化
下仁田蔥

在所有種類的蔥裡，外形粗短、大放異彩的就是下仁田蔥。這是群馬縣甘樂郡下仁田特產的蔥，蔥白部分長達二十公分。外形雖然短小，但是直徑卻達四至五公分。綠色部分比一般的深根蔥還要粗，白色部分充滿彈性，一壓就會彈回來。一加熱，緊緊捲起的蔥葉內側會釋出膠原蛋白，風味非常香甜。據說江戶時代的達官貴人（殿樣）非常喜歡這個滋味，而且一吃就上癮，下令要人大量購買，迅速送來，就算擲入千金也在所不惜，所以才會擁有「殿樣蔥」這個別名，而且在當時還是獻給幕府的貢品。

下仁田地區位在群馬縣西南端的平坦山地之間，四周環繞著清流與美麗群山，自兩百多年前就已開始栽種下仁田蔥，之後移至平地種植。戰爭時期這項傳統成了風中殘燭，不過戰後又再次燃起火苗復活，並且成為今日的下仁田蔥。屬於固定品種，沒有與其他品種混搭，光是這樣就足以讓人稱道。但最有趣的是這種蔥只要一離開下仁田地區，就無法栽種。雖然可以種出品種相近的蔥，卻無法重現下仁田蔥的那股甘甜滋味，真的是此地特有的蔥，要是能夠以傳統蔬菜之名流傳下去的話，那有多好呀！

那麼下仁田蔥的特徵究竟是什麼？除了風土，別無其他。這裡的土壤含有豐富的石灰質，而且冬季天氣候寒冷。衆多要素聚集起來，當然就會生產出獨自的品種。另一方面，當地人為了與這樣的自然環境對峙，每十五個月會移植兩次，磨練出相當費事又獨特的栽種技術。當然，下仁田蔥已經深深融入當地生活之中，點綴了當地人的餐桌風景。說得更具體一點，下仁田蔥對於人們的精神生活與風土人情或多或少也有影響。從這個層面來看，所謂傳統蔬菜，代表的其實就是土地文化，不是僅僅二至三年的時間就能夠栽種、根基較淺的蔬菜。像這樣的傳統蔬菜即使名聲不是那麼響亮，卻普見於日本各地。

下仁田蔥大多用來烹調火鍋而且品質穩定，不過我最大力推薦的，就是焗烤。那股濃稠綿密的口感讓人一吃就上癮！關於作法，請參考１８０頁。

冬天的菠菜泡在醬油裡，
美味萬分。
想讓味道濃一點，
那就撒些鹽吧！

菠菜
［藜科］

卜派愛吃的菠菜是冬天的蔬菜。

對我這個世代的人來說，一提到菠菜，就會聯想到「卜派」。一口氣把菠菜罐頭吃光，衝去拯救大喊「救命哪，卜派！」的奧莉薇。所以媽媽常常對小孩說：「卜派好棒喔！」、「我們也要吃菠菜喔。」可以匹敵這個讓人活力充沛的罐頭，就是冬天的菠菜。這個季節的菠菜菜葉厚實，充滿嚼勁，而且風味倍增。這些都是爲了在寒風中保護自己，因而讓全身緊縮，並且提升糖分。當然，胡蘿蔔素之類的營養素也是非當季菠菜所能比擬的。

正因爲是在嚴冬之下成長的蔬菜，個性十分頑固。菠菜草酸含量多，因此澀味重，不能像其他綠色蔬菜汆燙後直接放在竹簍裡冷卻，而是必須浸泡在冷水裡，然後適度擰乾。菠菜纖維口感較硬，風味強烈，燙的時候必須煮久一點，吃的時候只要淋上醬油就已經相當美味，不過與其他葉菜類蔬菜一起搭配時，也能充分發揮王者風範，成爲一道意外美味的佳餚。雖然略帶一股土腥味，滋味卻十分香甜。就算當不成卜派，吃了照樣神采奕奕！

◎原產地

西亞

◎產季

11月～2月

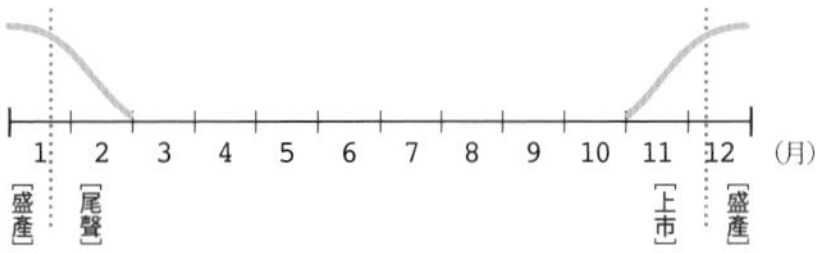

[上市] 菜葉薄且柔嫩。少澀味。

[尾聲] 菜葉厚實風味增。澀味重。

◎日本主要產地

千葉、埼玉、群馬、茨城

◎臺灣主要產季和產地

全年皆有

全國各地

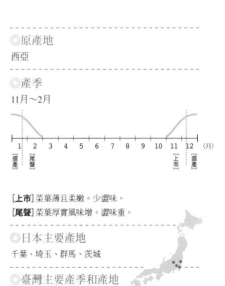

解體

菜葉與菜梗的甜味不同。要隨著烹調的料理不同而分切使用。

首先是解體

不只是菜梗，菜葉中的外葉與內葉甜味和柔軟程度也截然不同。尤其是煎或炒的時候只要用手分摘，或保持一段時間差距汆燙，區分使用每個部位，品嘗起來就會變得格外美味。

外葉

特徵◎剛上市的菜葉比較柔軟，到了產季會變得厚實且充滿彈性。一旦加熱，會變成鮮豔的翠綠色。口感佳，香氣濃。

內側的小葉片

特徵◎還在成長的嫩葉。柔軟且甜味濃。要留在最後汆燙。

菜梗

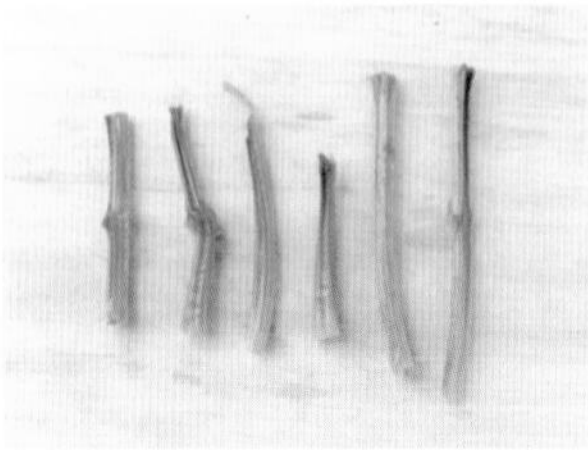

特徵◎甜味與風味都比菜葉濃。剛上市時纖維細膩柔嫩，到了產季的菜筋會變得又粗又硬，汆燙時必須煮久一點。

菜軸（菜根）

特徵◎滋味最爲香甜的部分，而且充滿嚼勁。不要丟棄，將附在其上的泥巴洗淨便可使用。若是太粗，可以分切成2～4塊後再使用。

菠菜可分爲東方品種與西方品種

菠菜大致可分爲菜葉薄且呈鋸齒狀的東方品種，與菜葉渾圓厚實的西方品種。最近以將東方品種與西方品種交配而成的耐寒菠菜爲主流。

◎如何挑選◎

1 菜葉上可以看見宛如覆蓋著一層淡淡白膜的角質層（※），目的是爲了保護表皮。

2 葉脈左右對稱密實。

3 菜軸粗圓飽滿。

※角質層／用來保護植物表皮細胞，以免受到紫外線與乾燥傷害的一層膜。

漂亮分切解體的步驟

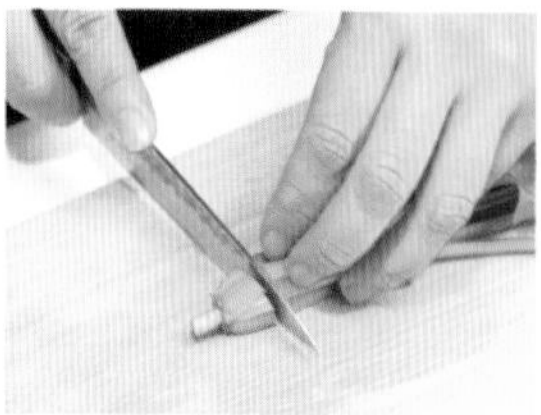
1 切下菜軸

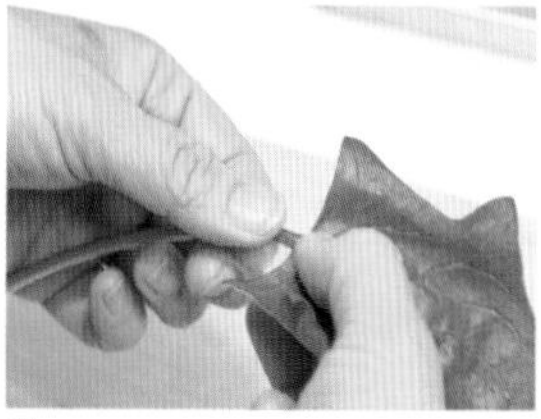
2 菜葉與菜根分開

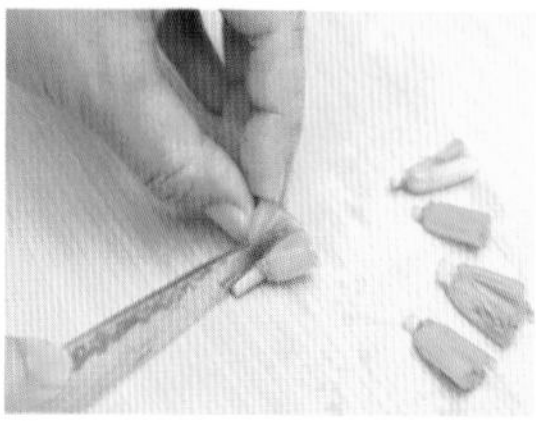
3 分切菜軸

保存

用報紙包裹、噴霧器噴水之後，置於常溫下保存，並於1～2天內吃完。如果是燙好的菠菜，水分要完全擰乾，並放入保鮮盒裡冷藏保存，於3～4天內吃完。

在下方鋪上紙巾以吸收水氣。包保鮮膜冷藏保存。

烹調技術

滋味好壞，取決於汆燙的方式。

基本烹調方式

1 燙好後立刻泡水，去除澀味。
2 水分擰乾，但要保留風味。
3 如果用油烹調，則不需要汆燙。

清洗

將附著在菜軸（菜根）的泥土洗淨

從內側長出嫩葉時，泥土比較容易卡在葉面上。因此要一邊攤開菜軸一邊沖水洗淨，或是浸泡在水裡10分鐘後，再沖去泥土。

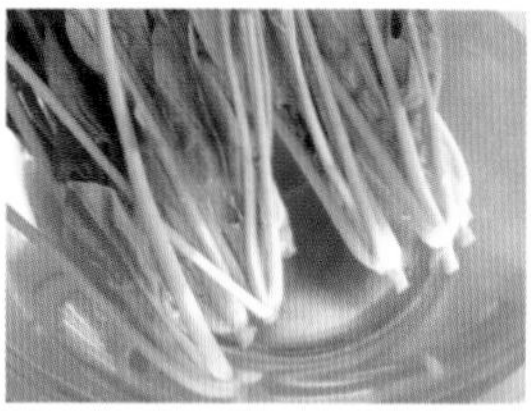

事前處理——泡水

泡水10分鐘，去除澀味

若是做成沙拉生食，一定要先泡水。

泡水10分鐘後撈起，並將水分瀝乾。

切法

用手將菜葉與菜梗折斷

分切若使用菜刀切，菠菜會非常容易釋出澀味，因此要用手折斷。菜根部分比較硬，可以用菜刀切落。

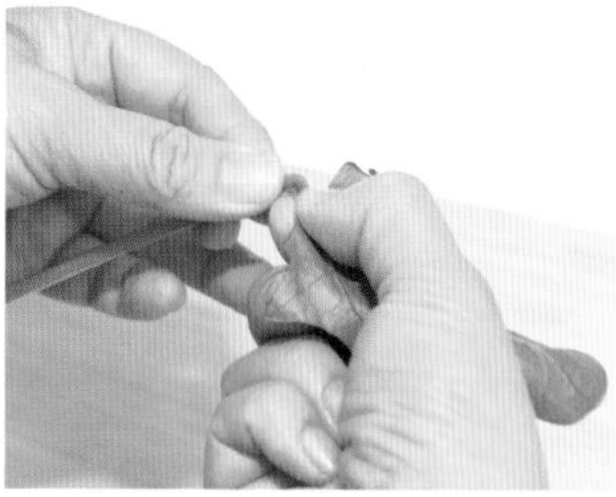
指尖用力，用摘的方式將菠菜折斷，比較不會傷害纖維。

將菜根切成容易食用的大小。

加熱

菜葉與菜梗加熱時，需有一段時間差距

菜葉與菜梗硬度不同，因此要依照菜梗→菜葉的順序來加熱，之間要有一段時間差距，這樣口感才會一致。

1 汆燙

汆燙之後一定要泡冷水

汆燙時將整把菜放下去燙，甜味比較不會流失。由於菠菜澀味重，燙熟之後一定要泡冷水去除澀味，擰擠水分時千萬不要太過用力。

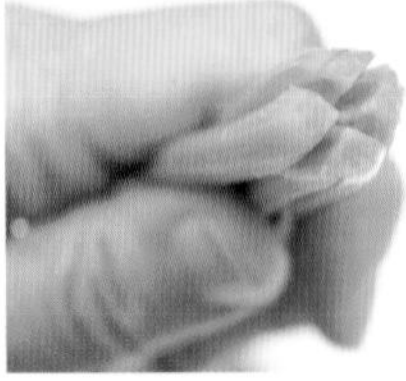

1 根部劃上刀痕

用刀尖在不容易煮熟的根部劃上十字刀痕。

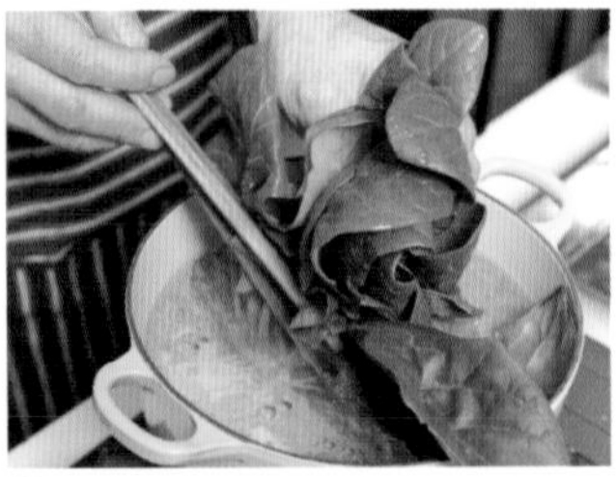

2 從菜根開始放入

先將菜根放入沸騰的熱水裡，菜葉部分拿在手上，約煮10秒鐘。

3 放入菜葉

菜梗煮軟後，將菜葉沉入熱水裡。整株菜翻面，只要煮至變色即可（這段時間約10秒）。

4 泡水

立刻放入一大盆水裡浸泡，並且換水數次，只要菠菜變涼即可撈起。浸泡太久甜味會流失。

5 攤放在竹簍裡

攤放在竹簍裡，擰乾之前稍微瀝乾水分。這就是保留甜味與風味的訣竅。

6 適度將水分擰乾

用力將水分擰乾會破壞纖維，反而會讓甜味流失。擰擠時只要用菜筷由上往下壓擰即可。

《分切汆燙的時候》

要快速將菠菜燙熟時，先把菜梗放入已經沸騰的熱水裡燙10秒鐘，之後再放入菜葉。當菜葉變色就可以一起撈起。

2 炒

生菜葉直接下鍋翻炒

菜葉與菜梗分切之後直接下鍋炒，因爲油可以去除澀味。

1 從菜梗開始炒

如果熱好鍋再炒，表面很容易炒焦，因此要趁油還沒熱好前，便將菜放入鍋內。

2 放入菜葉

當菜梗完全沾上油後再放入菜葉。翻炒要訣是讓所有材料都裹上一層油，這樣比較不會變得水水的。菜葉的部分很容易炒熟，所以分量稍多也沒有關係。

撲鼻而來的濃郁風味

薑炒菠菜《時期：上市》

材料［2人份］

菠菜……2株、薑片……3片、香麻油……1大匙、鹽……1撮、A［醬油&味醂……各1小匙、昆布高湯（第22頁）……60c.c.、太白粉……1小匙］

1 菠菜的菜根與菜葉都切成長2～3㎝。混合A的材料備用。
2 將香麻油、薑與菜梗放入鍋裡，炒熱後繼續放入菜葉，讓所有材料都沾滿油。撒鹽，淋上A後用大火翻炒。上桌之後趁熱吃，放太久味道會變澀。

內田流

綻放菠菜的魅力

◎最簡單的烹調方式最美味。訣竅就是鹽。

充滿活力的當季菠菜只要汆燙，就會散發出濃郁的香氣。不需涼拌，只要淋上一點醬油就美味萬分。不過我會在醬油裡加上一點鹽混合。這兩種胺基酸（甘味）的相乘效果不但可以增添甜味，風味也會變得更加深沉。

《簡單涼拌菠菜》

材料［4人份］

菠菜……1把、醬油……1小匙、鹽……1撮

1 菠菜的根部劃上十字刀痕。
2 鍋裡的水煮至沸騰後，先從菜梗放入鍋內汆燙。燙好後泡水，撈起後切成長3～4㎝，輕輕將水分瀝乾。
3 將菠菜排放在鐵盤裡；醬油與鹽混合均勻後，淋在菠菜上拌和即可。

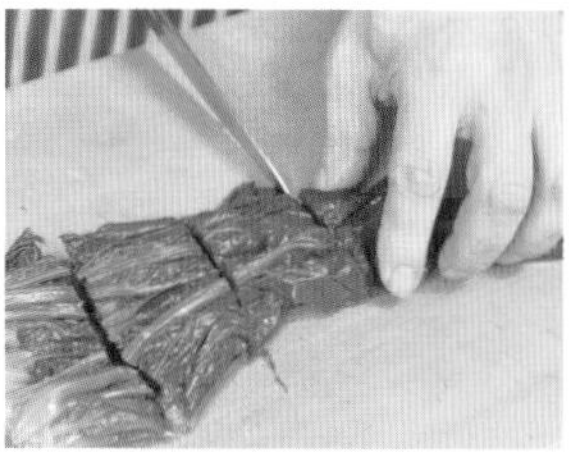

將根部對齊，切成等同大小。

去除水分時，用手按壓，力道要適度。按壓過頭，美味會和水分一起流失。

將菠菜並排平放在小鐵盤上，混和醬油，讓菠菜全面沾上醬油後，靜放一段時間，就能夠均勻入味。

烹調要訣

菠菜雖然風味強烈，不過適合搭配的蔬菜也不少。與數種葉菜類蔬菜組合，風味會更上一層樓。調味的訣竅就是要用手細心拌和，讓所有材料都能夠入味。

適合組合搭配的蔬菜

十字花科的葉菜類蔬菜、蔥科的蔬菜。

洋蔥　蔥　油菜　高麗菜

在菜葉柔嫩的剛上市時期，
淋上熱呼呼的沙拉淋醬品嘗

菠菜沙拉

《時期：上市》

重點☞ 食用時再將油醋醬汁趁熱淋在菠菜上拌和。

材料［2人份］

菠菜……2株

油醋醬汁

- 紅蔥頭（或洋蔥）碎末……30g
- 綠橄欖果……3粒
- 蒜片（略厚）……1片
- 蔬菜高湯（第18頁）……1大匙
- 醋……½大匙
- 橄欖油……2大匙

1 分開菠菜的菜葉與菜梗，分別用手摘成適合食用的大小，並泡水10分鐘。

2 製作油醋醬汁。綠橄欖與大蒜切成碎末。將橄欖油與大蒜放入平底鍋裡爆香之後，加入綠橄欖與紅蔥頭，注入蔬菜高湯與醋並且煮開。

3 菠菜放入碗盆裡，趁熱將**2**淋上拌和即可。

強勁有力的菠菜，
將3種蔬菜串連起來

涼拌菜葉三重奏

《時期：盛產～尾聲》

材料［4人份］

菠菜……1把

蔥……½根

高麗菜（小）……¼個

拌醬

- 顆粒芥末醬……1大匙
- 蔬菜高湯（第18頁）或水……1大匙
- 醬油……½大匙多
- 味醂……⅔小匙
- 鹽……1撮

1 高麗菜用手撕成容易食用的大小。蔥先切成一半，再切成蔥段。菠菜的菜根劃上十字刀痕。

2 將拌醬的材料混合備妥。

3 鍋裡的水煮至沸騰後，依序將高麗菜、蔥、菠菜放入熱水裡汆燙20秒。高麗菜與蔥撈起後直接冷卻，菠菜則泡入冷水後再撈起。高麗菜與菠菜的水分輕輕擰乾。菠菜切成段。

4 將蔬菜放入碗盆裡混合，上桌之前再淋上拌醬拌和。

重點☞ 依序從容易釋出澀味的蔬菜放入同一鍋熱水裡汆燙。但需注意的是，汆燙的時間過長，蔬菜的口感與香氣都會變差。

內田流⑥ column

烹調葉菜類的基本規則
用沸騰的熱水汆燙

1 事前處理

有時菜根會沾上泥土，因此要泡水洗淨。菜葉如果開始枯萎，只要將菜葉與菜梗完全浸泡在水裡，就會變得鮮嫩欲滴。

2 切

用菜刀切，菜葉會對金屬產生反應，反而會釋出澀味，因此要用手將葉片摘下。菜軸太粗就用菜刀劃上刀痕，如此一來煮熟的程度才會一致。

3 加熱

菜葉與菜梗不分切，直接汆燙，甜味比較不會流失。燙好後除了菠菜，其他葉菜類都不需泡水，直接撈起迅速冷卻即可。只要是隨著大自然的節奏成長的當季蔬菜，通常都不會變色。

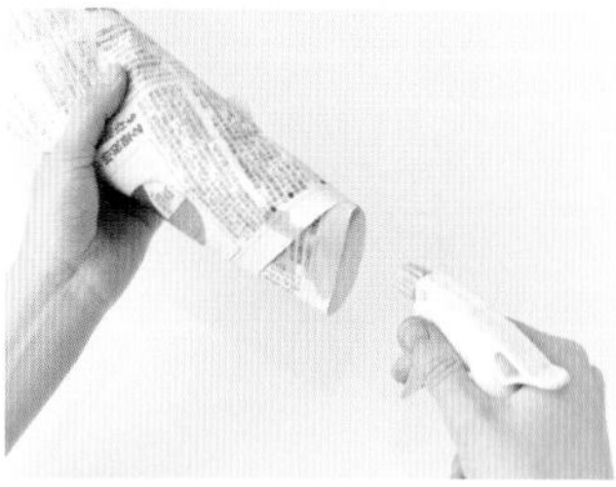

保存

用報紙包裹可避免蔬菜乾燥，並用噴霧器在菜根或整體外層噴水。基本上要放入冰箱裡保存，不過還是要根據蔬菜的不同而一一確認。

事前處理——泡水

烹調之前先補充水分。不管是菜葉還是菜梗全都泡在水裡，這樣整把菜會變得非常水潤且有活力。不過若泡太久，蔬菜會變得水水的，因此以15分鐘為基準。

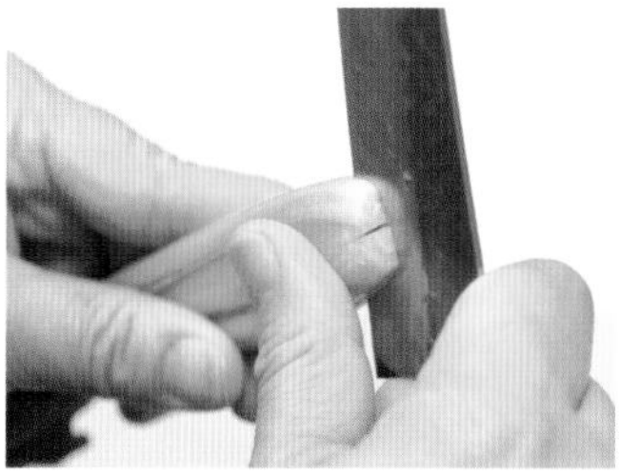

切——在菜根劃上刀痕

用菜刀在不容易煮熟的菜根劃上十字刀痕。

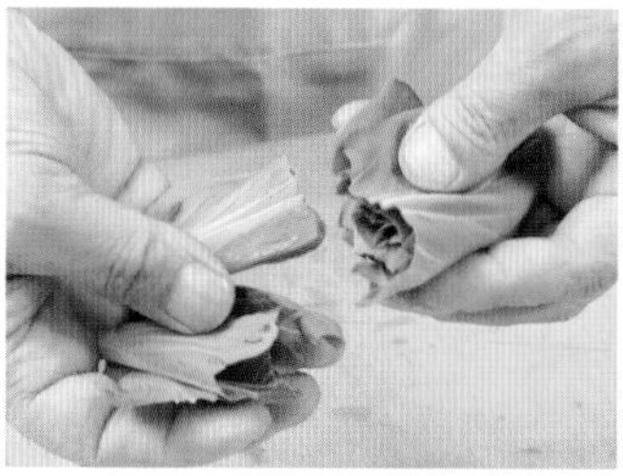

切——用手撕成小塊

將菜葉與菜梗分切開來，或是切菜的時候，要用手撕成小塊。用拉扯的方式撕開，會傷到纖維，所以應以指尖用力，用摘的方式撕成小塊即可。

汆燙——用沸騰的熱水

放入沸騰的大鍋熱水裡汆燙。菜葉與菜梗的加熱方式不一樣。若是不分切直接汆燙，要先從較粗的菜梗開始放，燙軟後再將菜葉沉入熱水裡，接著再上下翻面讓蔬菜均勻受熱。若是急著使用，可將菜葉與菜梗分切開來再燙。汆燙的時間依蔬菜而異，以10秒～1分鐘為基準。

冷卻——放在竹簍上直接冷卻

顏色翠綠，菜梗會呈現透明感。蔬菜不要重疊，攤放在蒸氣容易散去的竹簍上直接冷卻。若是泡冷水，口感會變得水水的，風味反而會變差，因此不建議這麼做。

高麗菜最基本的切法，
就是從葉脈之間
將纖維切斷。
這樣風味會
神奇地變得非常清甜。

高麗菜

[十字花科]

◎原產地

地中海沿岸

◎產季

12月～3月

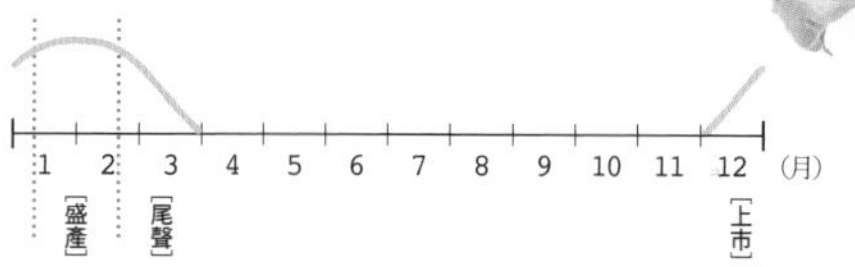

[上市] 水分多，口感柔嫩。輕脆爽口，香甜不膩。

[尾聲] 水分變少且纖維堅硬。甜味與香氣倍增。

◎日本主要產地

愛知、群馬

◎臺灣主要產季和產地

全年皆有，12月～3月爲盛產期

雲林、彰化、嘉義等

切出可口美味高麗菜絲的訣竅是？

現在一年四季都可以看到高麗菜這個常備蔬菜，可是只要嚐過冬天的高麗菜，你一定會發現，天哪！原來高麗菜也有如此可口美味的盛產季節呀！占了這個時期八成產量、來自渥美半島的冬季高麗菜，外觀美，風味充滿活力。或許是此地有暖流與太平洋吹拂的海風，這與高麗菜的故鄉——地中海沿岸的風土氣候非常相像，所以此地所產的高麗菜只要燙過，滋味會清甜得幾乎不需要沙拉淋醬。

很多人都以爲高麗菜非常好烹調，而且幾乎沒有什麼特殊風味。但是讓我告訴大家，高麗菜可是非常倔強的。舉例來說，本來想將高麗菜切成細絲，可是菜葉是不是就會莫名地硬到切不下去？汆燙的時候，是不是會不小心釋出澀味呢？烹調高麗菜時，訣竅是要注意到各個部位與纖維，可別以爲這只不過是顆高麗菜喔！將纖維切斷，然後再切成跟線一樣細的高麗菜絲，風味絕對比平時的切法更美味萬分。

※關於高麗菜亦可參考第7至16頁。

解體

顏色變化的地方，就是味道變化的地方。外葉用炒的，中心做成沙拉。

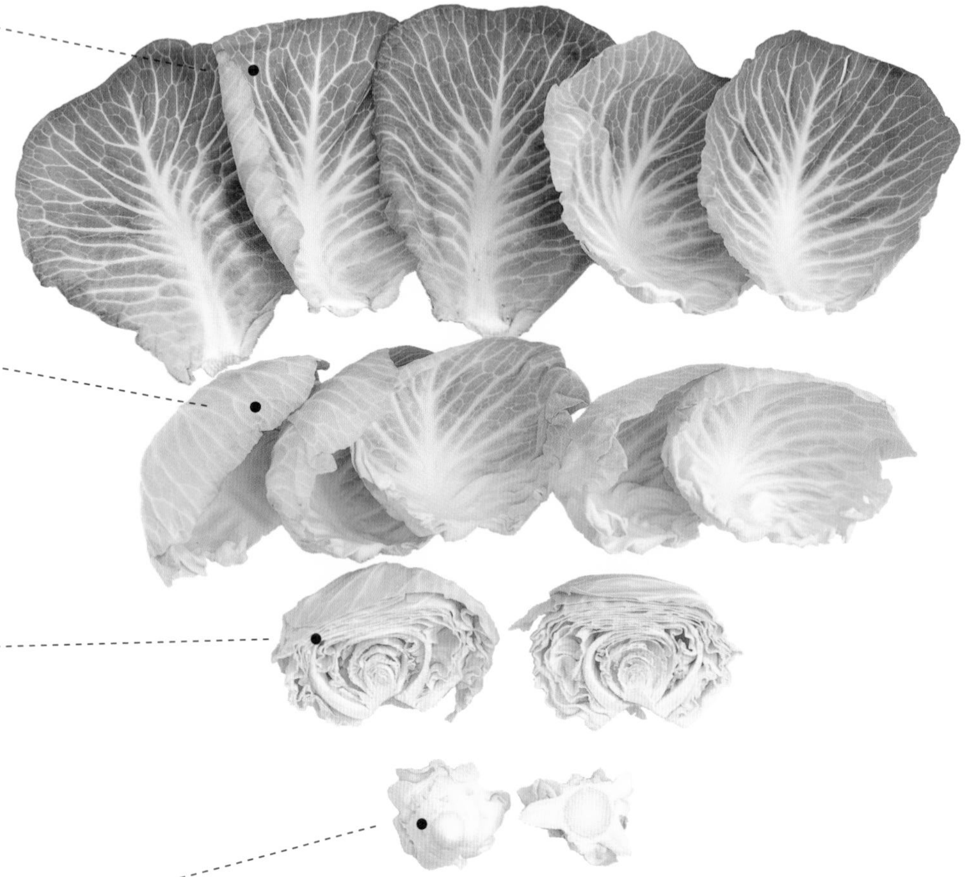

首先是解體

高麗菜葉片到了第十幾片，內側的葉片就會捲起（出貨時，會有幾片外葉被切除）。因爲日照的關係，綠色的菜葉有深有淺。這個深淺不同的部分會影響到風味，菜葉越靠近外側，纖維就會越粗，風味也會越香濃。整顆高麗菜大致可分成四個部分，每一個部分都有適合的料理與方法。

◎如何挑選◎

1 葉脈左右對稱，間隔等距。

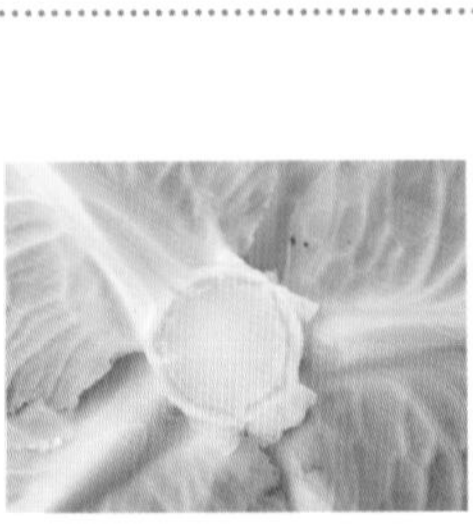

2 菜心小（約直徑26.5mm），位在正中央。

3 綠色部分淺淡，葉子外緣若呈紫色，則表示這個部分承受過寒氣，因此甜味倍增。

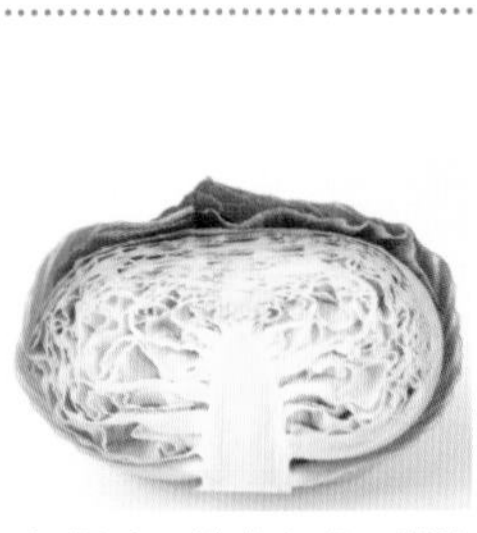

4 沉重，捲度密實，葉片之間沒有縫隙。

解體順序

將菜心挖出，菜葉一片一片剝下。按照這個順序比較不會撕破菜葉。

1 剝下外葉

按照捲的順序，用手將2～3片的外葉從菜心處剝下。

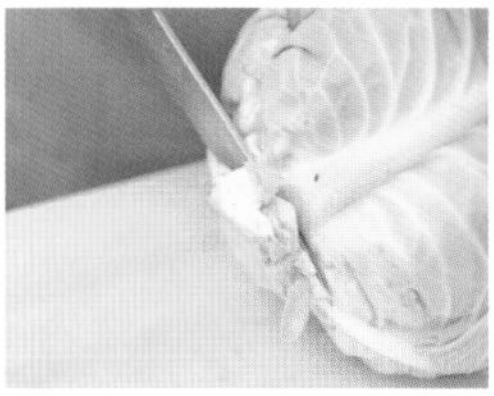

2 切下菜軸

切下菜軸，這樣菜葉會比較好剝。

3-1 挖除菜心

刀尖刺入後轉動菜刀，將菜心挖出。

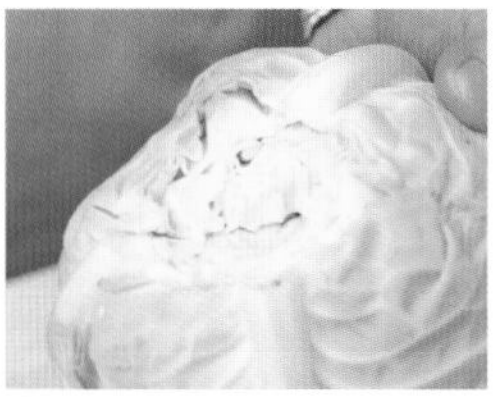

3-2 挖出菜心

挖好的痕跡呈橢圓狀。

4 剝下菜葉

按照菜葉捲的順序一一剝下。

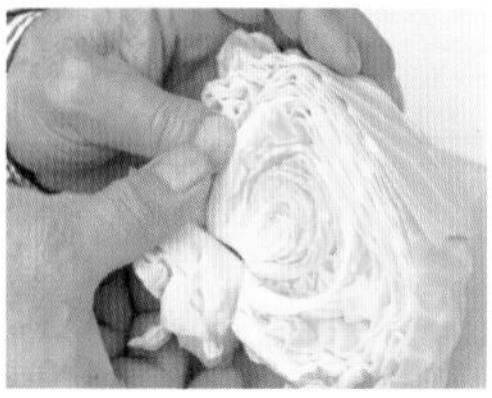

5 將中心部切開，剝除菜心

將中心部切成兩半，剝除沒有切下的菜心。

外側（外側數來的5～6片）

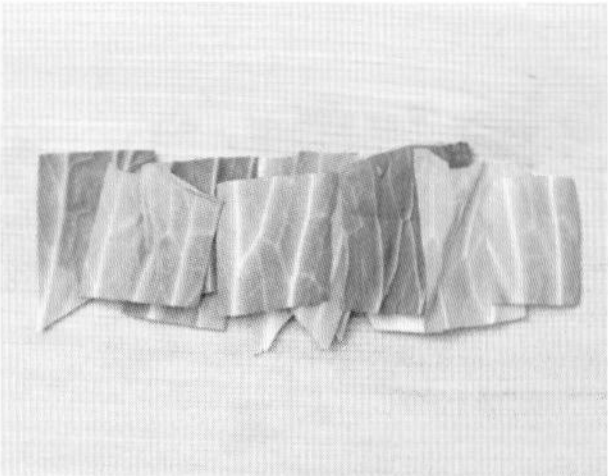

從葉脈之間切開，比較不會釋出澀味。

特徵◎纖維粗，菜葉厚。具有十字花科蔬菜特有的土腥味與淡淡苦味，澀味重。用油烹調勝過生食或汆燙。

料理◎炒

外側（5～6片）

用手撕成小塊，口感佳且柔嫩。

特徵◎菜葉柔嫩，芳香無異味，屬於用途最爲廣泛的部分，可做成沙拉，亦可汆燙、滷煮，甚至是用油烹調。

料理◎溫沙拉／高麗菜卷／炒／甜醋漬

中心

纖維切斷後再切成細絲，口感會變得比較柔軟且容易食用。

特徵◎纖維細，菜葉薄，味道清甜。與內側一樣使用範圍廣泛。柔嫩的葉片特別適合做成沙拉或配菜。

料理◎生沙拉／高麗菜沙拉／炒

菜心

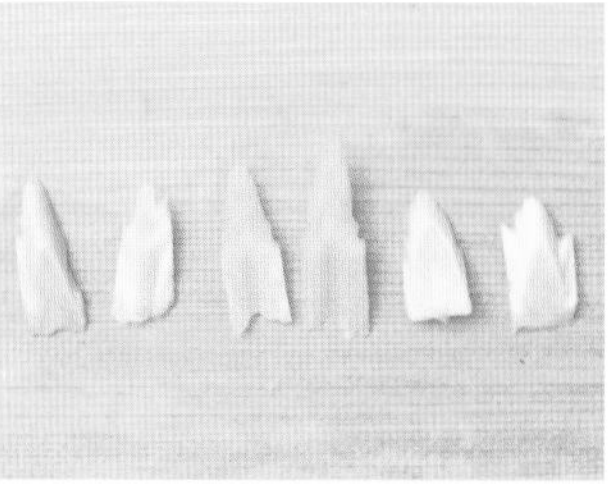

菜心削成薄片以增加切面，這樣比較容易煮熟。

特徵◎口感雖硬，味道卻最甜。切成薄片可以用來炒或是做成沙拉。風味香醇，亦可熬成高湯或是當作湯料。一旦進入產季尾聲的最後階段，甜度就會完全降低。

料理◎燴菜／炒／沙拉

保存

整顆買來後，按照部位分切保存，這樣在使用時會比較方便。解體後，各個部位用報紙包裹、冷藏保存，於一週內食用完畢。

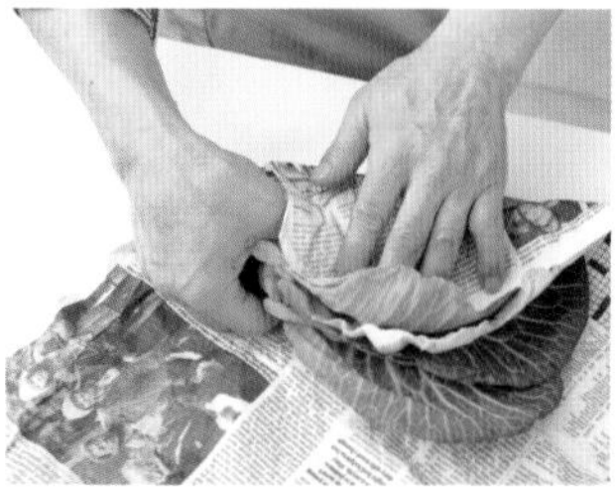

烹調技術

沿著纖維，從葉脈之間切開會更甜。

基本烹調方式

1 切的時候留意纖維的方向，滋味會截然不同。
2 用手撕成小塊較不易釋出澀味，風味也較好滲入。
3 越往外側的菜葉越適合用油烹調；越往內側的菜葉則越適合生吃。
4 加熱至味道完全散去為止。

切法

順著纖維切，味道清甜。將纖維切斷，口感柔嫩。

切的時候留意纖維方向，可以呈現不同的口感。切在葉脈上會釋出澀味，因此菜刀要落在葉脈之間，順著纖維切開，這是最基本的切法。如果要切成細絲或讓口感更加柔嫩，則要將纖維切斷。用手撕成小塊，口感會較細膩溫和，切面增加，烹調時會更容易入味。

《用手從葉脈之間撕成小塊》

柔嫩的菜葉用手撕成小塊，口感會比較好，且滋味甘甜。撕的時候要沿著葉脈。

最後將葉脈折斷。指尖用力，一點一點撕下即可。

《切下菜心》

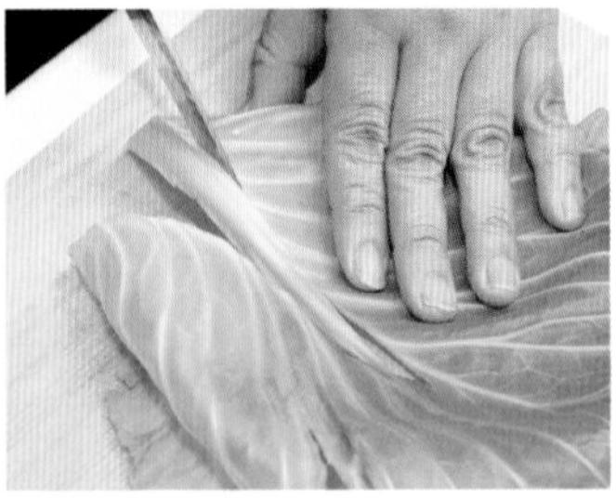

1 將口感較硬的菜心切下。

《從葉脈之間切開》

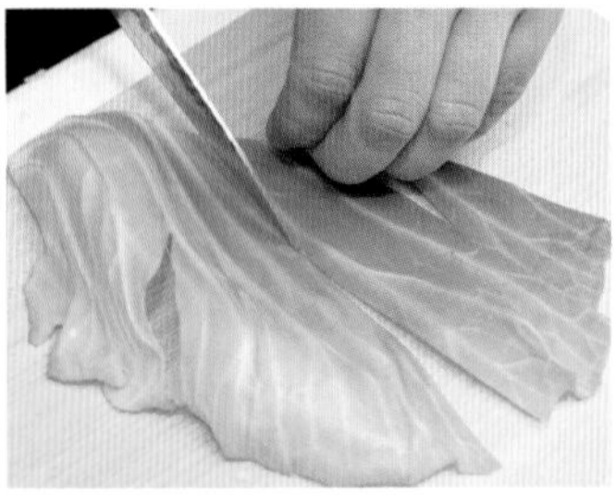

2 將菜刀放在較粗的葉脈之間，沿著纖維切開，這樣比較不容易釋出澀味。

《塊狀切法－大小一致》

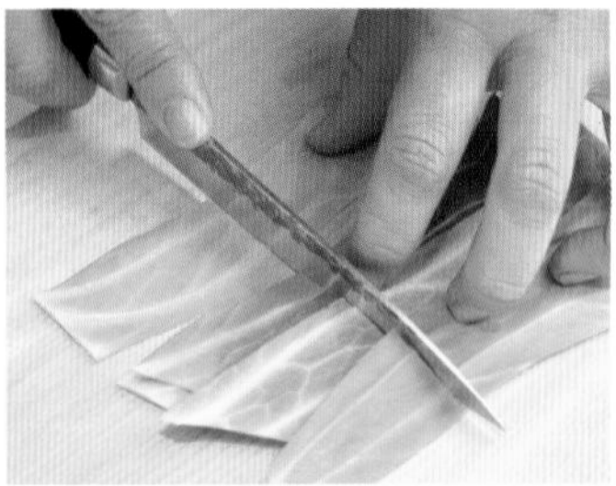

3 順著葉脈切開後，再將纖維切斷。大小切得一致，受熱才會均勻。

適合組合搭配的蔬菜

十字花科、蔥科的蔬菜

花椰菜

大蒜　洋蔥　蘿蔔

《絲狀切法》

中心部橫切成圓盤狀（請參照第195頁）後，壓住並從邊端開始切絲。逆著纖維切，口感會比較柔軟。

《菜芯削成薄片》

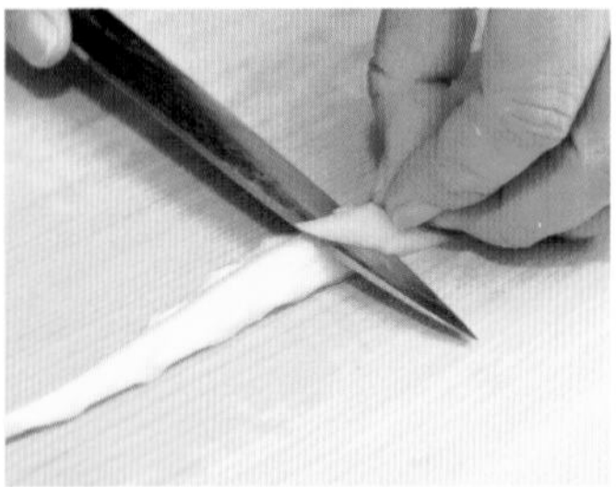

口感較硬的菜心用刀尖削成薄片。切面增加後不僅較易煮熟，也較能入味。

另一個解體的方法

高麗菜上方（葉子外緣）與下方（菜心處）的厚度、纖維粗細、柔軟度均不同。要切出粗細一致的高麗菜絲，最好分切成上下兩半使用。呈圓盤狀的中心部分，口感最爲柔軟，非常適合切成高麗菜絲。

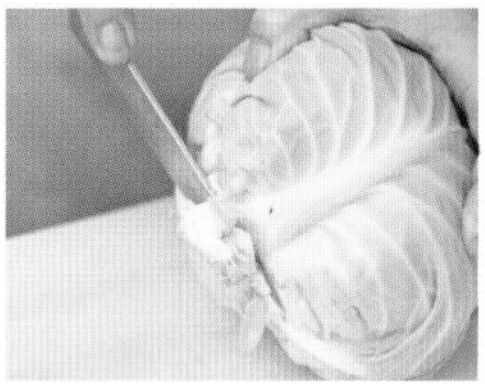

1 剝下3～4片外葉，將菜軸切落。

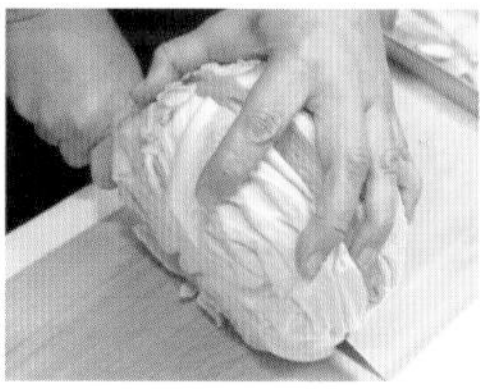

2 將內側分切成上下兩半。

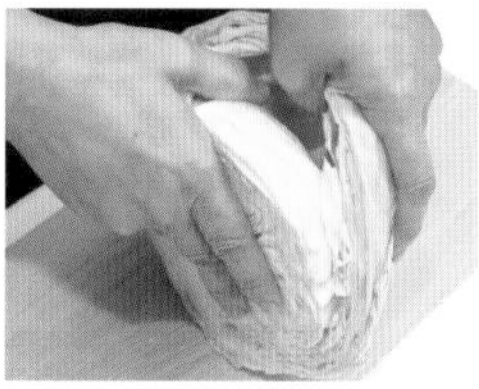

3 取出中心部分。

4 分成外側與中心。

前置作業─去除澀味

生吃時要先用鹽去除澀味

做成沙拉或醃漬菜生吃時，如果能先撒鹽去除澀味，風味會更加清雅洗鍊。

1 撒鹽。從較高處撒下，就能均勻地撒在整盤菜上。

2 放置10分鐘，等水分與澀味釋出後，再沖水洗淨。

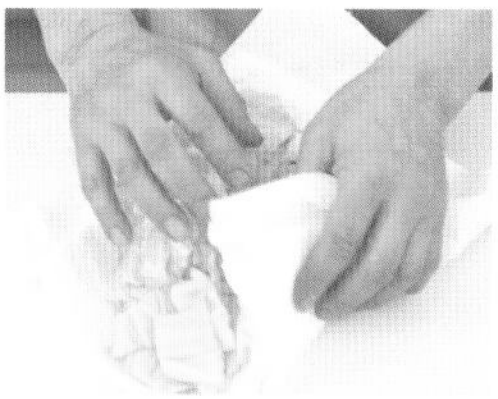

3 用廚房紙巾輕輕包起，拭去水分。

切成高麗菜絲後，浸泡在水裡5分鐘，不但能去除澀味，口感也會變得更加輕脆。

加熱

高麗菜到了產季尾聲，纖維會變硬，加熱時間太長會非常容易釋出土腥味。

1 汆燙

稍微汆燙，只要菜葉變色即可

以半生的狀態製做成甘醋漬時，只要將高麗菜燙至表面變色即可。

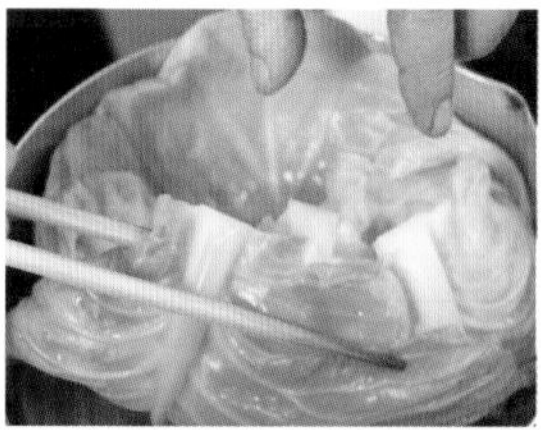

先將外側菜葉放入沸騰的熱水裡，汆燙30秒翻面；當綠色部分變成翠綠色時，即可撈起冷卻。

2 炒

所有材料都要沾上油，並用大火翻炒

炒高麗菜時爲了避免蔬菜變得水水的，蔬菜的分量不要放太多。等所有材料都沾上油後，再用大火翻炒。

油鍋充分熱好後，較硬的菜心先下鍋炒。

斟酌下鍋炒的分量，盡量讓材料均勻受熱，並用大火一口氣翻炒。如果太常翻動，水分會變多，只要高麗菜那股特殊的澀味去除即完成。

乾蘿蔔絲高湯香味濃郁
適合下飯的樸實配菜

高麗菜炒乾蘿蔔絲

《時期：盛產～尾聲》

材料［4人份］

高麗菜（外側）……3片
乾蘿蔔絲……10g
沙拉油＆香麻油……各1大匙
酒＆味噌……各1大匙
鹽＆胡椒……各1撮
乾蘿蔔絲泡過的湯汁……50c.c.

1 高麗菜先切成大塊，再將纖維切斷。乾蘿蔔絲放入水裡泡開（剩下的湯汁留下備用）。

2 沙拉油倒入平底鍋，熱好後以大火翻炒泡開的乾蘿蔔絲。材料都沾上油後倒入香麻油，放入高麗菜翻炒。當油都沾上高麗菜時，倒入乾蘿蔔絲泡過的湯汁、酒、味噌翻炒，最後再撒上鹽與胡椒調味。

重點☞ 乾蘿蔔絲下鍋後，直到起鍋前都要用大火翻炒，這樣就不會釋出多餘的水分，且口感輕脆。

爽口不膩的香草植物
作法簡單的小菜

甜醋漬高麗菜

《時期：上市》

材料［4人份］

高麗菜（內側）……3片
香草類植物
（蒔蘿、荷蘭芹、茴香）……適量
鹽（備用）……適量
甜醋
- 醋……100c.c.
- 味醂……⅔大匙
- 砂糖……1大匙
- 鹽……⅓小匙

1 高麗菜的菜心切除後，從葉脈之間切成容易食用的大小。撒鹽放置一段時間，釋出水分後稍微將鹽分沖洗乾淨。

2 將甜醋的材料倒入鍋裡，煮開後冷卻。

3 高麗菜倒入碗盆裡，加入甜醋與香草植物混合攪拌，醃漬30分鐘即可。

重點☞ ①高麗菜要撒鹽去除澀味。鹽要沖洗乾淨，以免鹹味滲入菜裡。②這道菜可以保存4～5天，不過香草植物若是一直放在裡面醃漬，顏色會變得不好看，必須中途取出。

蔬菜的世界 column

祖先是羽衣甘藍的兄弟
十字花科家族的遙遠旅程

高麗菜、青花菜、花椰菜、白菜、油菜、青江菜，這些蔬菜有個共同點，就是略帶苦味，只要一加熱，便會散放出如同油菜花的獨特風味。沒錯，這些蔬菜都是屬於十字花科，也就是舉世聞名的大家族兄弟。十字花科蔬菜的特徵之一，就是發芽冒出花苞時，會開出呈十字狀的黃色小花，成為同科蔬菜的記號。前三種與後三種雖然是兄弟，但是血緣不同，也就是原種的祖先不一樣。

其中曾經歷過特殊進化的，就是照片中的那些蔬菜。它們的祖先，是以青汁聞名的羽衣甘藍。筆直挺拔、深綠色大葉片油然展開的模樣，看來與菜葉緊實捲起的高麗菜，還有連花蕾都可食用的青花菜，完全都不像。任誰都會問：為什麼會這樣？

數千年以前，羽衣甘藍野生於地中海沿岸的岩壁上，當時被視為是重要的藥草。開始大量栽種羽衣甘藍的是古希臘人。他們挑選葉片碩大且數量多的羽衣甘

藍來栽種，之後菜葉演化至層層重疊，因而產生了結成球狀的高麗菜。從這又衍生出菜莖粗大、外觀宛如外星人的大頭菜，以及只有腋芽比較發達的球芽甘藍。青花菜也在高麗菜栽種進化的過程中意外誕生。之後又因為突變而產生了花椰菜。這段期間，至少歷經超過千年。這就是發源自羽衣甘藍的基因，在經過好幾個世代，一路走來的旅程。

不只是栽種技術，最令人讚嘆的，是蔬菜本身為了延續生命所產生的智慧。對它們來說，改變外觀是為了生存。無法選擇生活地點的蔬菜有時會灑落種子，有時會讓風吹走花粉，以便更改生活的場所。倘若只能在所處的生活環境裡生存是它們的宿命，那麼因為人類的喜好與方便所進行的栽種技術，對它們來說，這樣的生活說不定會非常安逸。

十字花科蔬菜原本就是非常容易交配的蔬菜。到寒冷的北邊能夠與適應嚴冬的蔬菜交配；到了炎熱的南邊，也可以與耐熱的蔬菜交配。無論身在何處，都能不屈不撓，在縫隙中喘息。更重要的是它們從未失去共同的基因。不信你可以看看它們的菜軸，因為證據就在其中。不管是哪一種蔬菜，它們的菜軸都呈五角形，即便形狀不同，依舊是外貌神似的兄弟。

花椰菜雖然含蓄，
但是菜心強韌。
從蔬菜沾醬這道菜便一目瞭然。

花椰菜

［十字花科］

剛上市時風味高雅，用燙的就夠了。

　被大片菜葉抱住的模樣，菜莖頂部結了一顆乳白色的花蕾，出貨運送時，葉片會完全將頂部包住，這是因爲花椰菜的花蕾非常脆弱，對於溫度變化非常敏感，動輒花朵綻放。白色的頂部如果沾到汙垢，鮮度就會變差；如果略呈黃色，代表花芽快要冒出。可是在寒風颯颯的一到二月，花蕾會突然變得十分勇猛，彷彿在玩你推我擠般地，全擠在一起禦寒，以免受凍，同時糖度也會提升。所以，這個時候的花椰菜最好吃了。剛上市的花椰菜只要水煮，口感就會變得十分輕脆，連殘留在舌尖上的那股淡淡特殊風味也會顯得高雅萬分。

　風味清雅與否，端視氽燙的方式。將整顆花椰菜放入沸騰的熱水裡數分鐘，感覺還有點硬的時候立刻撈起，並用餘溫悶熟，如此一來甜味不但不會流失，整顆花球也不會煮散。到了產季尾聲，花椰菜的口感會開始變得乾癟，這時候就一口氣把它煮熟吧。看是要咕嘟咕嘟煮成湯，還是乾脆整個煮至軟爛，做成蔬菜沾醬，宛如花朵般的迷人魅力，就會搖身變成無形的濃郁芳香。

◎原產地

地中海沿岸

◎產季

12月～3月

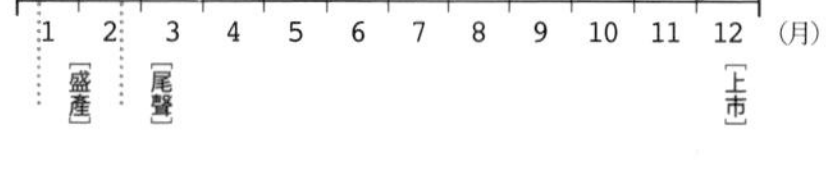

[上市] 水分多，口感輕脆，味香甜。

[尾聲] 水分少，口感乾硬，甜味減，滋味普通。

◎日本主要產地

德島、愛知、茨城、長野

◎臺灣主要產季和產地

8月～3月，冬季品質較夏季佳

彰化、高雄、嘉義、雲林、臺南等

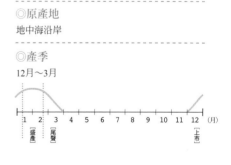

解體

分切時如果不想破壞花蕾，就要從裡面的菜莖切入刀痕，再用手剝開。

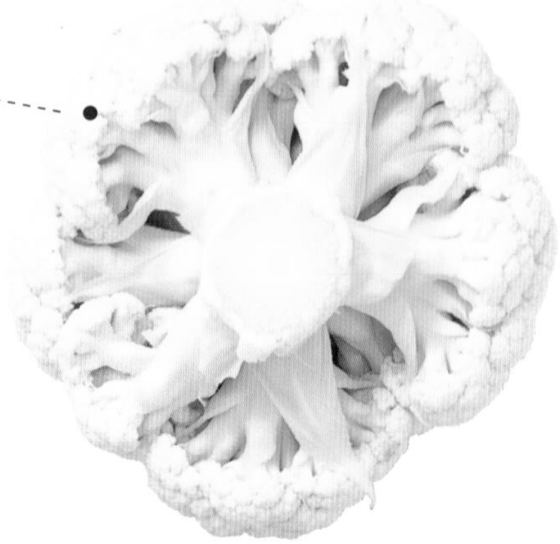

首先是解體

分切時能不能保持花蕾的完美，會影響風味的好壞。卸下葉片，將粗莖切除後，再從切口處的花蕾劃上刀痕，並分成小朵。只要遵照這個順序，切的時候就不會失敗。

保存

置於常溫下會非常容易變色，因此要用報紙包裹，冷藏保存，並於一週之內食用完畢。

◎如何挑選◎

1 花蕾堅硬緊實，外形圓滾。

2 花蕾表面沒有刮傷或變色，表面沒有粉粉的。

3 葉片呈淺綠色且茂密叢生。

4 菜軸幾乎呈五角形。

5 直徑約15cm，飽滿沉重。

花蕾分切成小朵

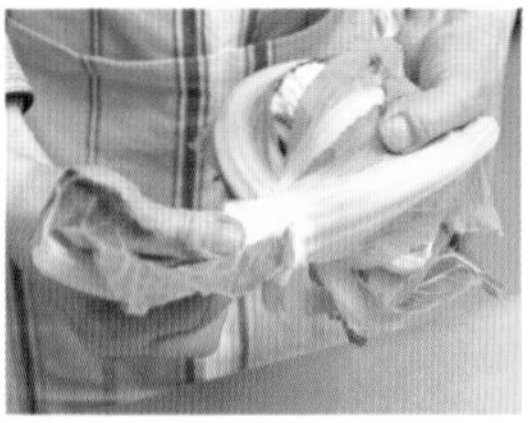

1 摘下葉片
按照葉片生長的順序，用手一片一片地摘下。

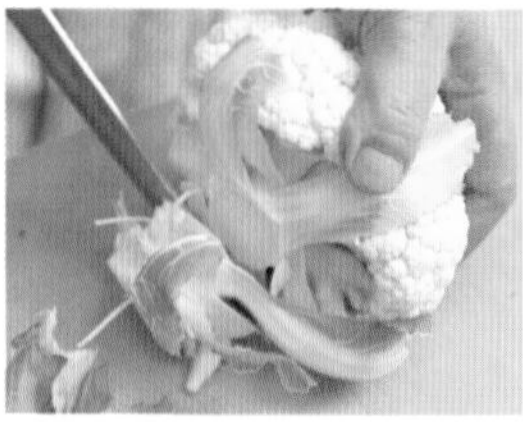

2 將菜莖切落
刀子下在最接近分枝的地方，切落。

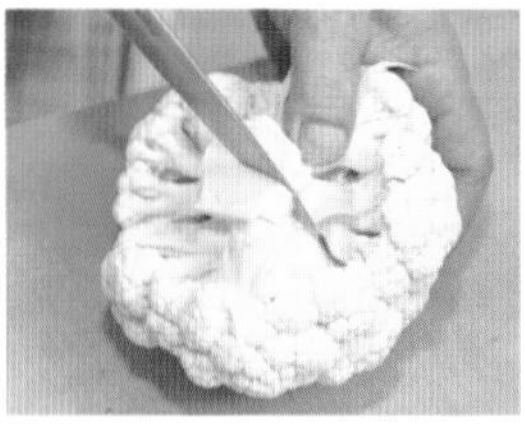

3 切成兩半
在花蕾的正中央劃上刀痕。

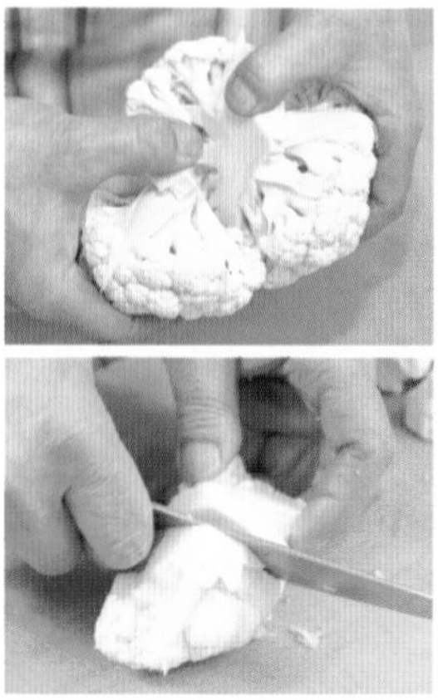

4 分切成小朵
劃入刀痕，用手剝開，以相同要訣分切成小朵。

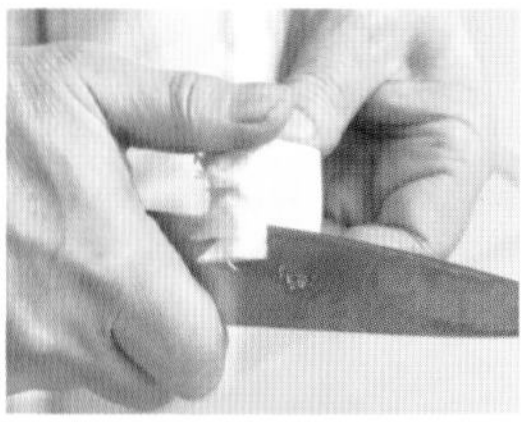

5 莖的處理
外側充滿口感不佳的菜筋，必須削下厚厚一層皮。沿著纖維縱切。若是切成圓形片，口感會比較硬。

花蕾

特徵◎尚未成熟的花蕾的密集部位。要保留花蕾的模樣，訣竅是從內劃入刀痕分切。剛上市到盛產的花椰菜口感輕脆，帶著一股淡淡的香甜；到了產季尾聲，水分就會開始變少，口感非常容易變得乾癟。
料理◎沙拉／醃漬／炒／湯品／滷煮

《切成兩半》

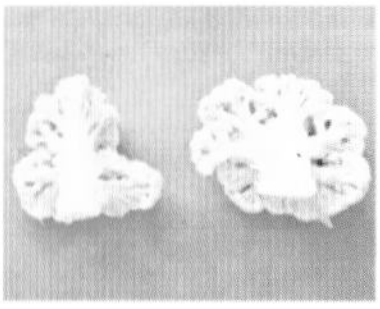

切成兩半再水煮會比較快熟。不過菜莖若是變色且出現刮痕，鮮度會完全降低。

《小朵》

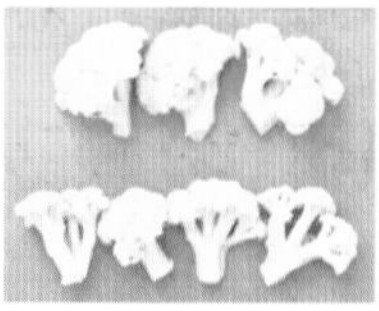

要生炒或是快點燙熟，就分切成小朵。不過大小要盡量一致，受熱才會均勻。

葉

特徵◎充滿十字花科特有的苦味、風味與土腥味。纖維粗硬，煮久一點會比較好烹調。
料理◎炒

莖

特徵◎礦物質與維他命等營養素的儲存室。莖越粗，風味越甘甜。剛上市～盛產的口感柔嫩滑順，非常迷人。
料理◎沙拉／醃漬／炒／湯品／滷煮

《莖》

沿著纖維縱切，口感柔嫩香甜。橫切會切斷纖維，容易釋出雜味。

《水煮之後再分切》

水煮前先分切，容易散掉。

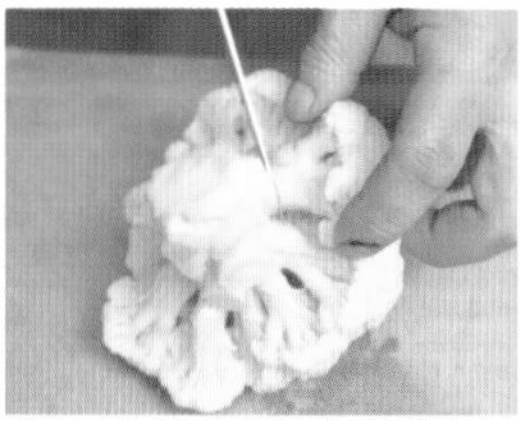

1 切成小朵
底部朝上，用刀尖從較粗的主莖根部切開。

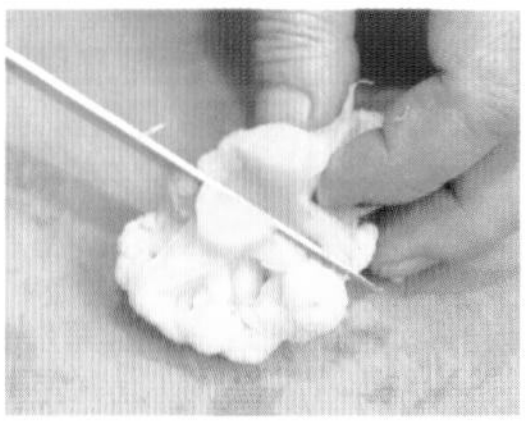

2 用菜刀分切
用菜刀刀尖以滑切的方式，從菜莖的正中央切開，這樣就能漂亮地分切開來。

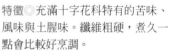

烹調技術

整顆水煮，保留甜味。若是生炒也可以。

基本烹調方式

1 整顆水煮，甜味比較不會流失。

2 生炒可以展現口感。

3 煮糊做成湯品或蔬菜沾醬。

加熱

1 水煮

用餘溫加熱的時間也要算進去

整顆花椰菜下鍋水煮，因爲切面少，所以甜味不容易流失。若是急著使用，可分切成小朵再水煮。越接近產季尾聲，加熱的時間就越長。

1 從內側的菜莖開始煮

將內側比較硬的菜莖放入咕嘟咕嘟沸騰的熱水裡。

2 翻面

煮1～2分鐘之後翻面，讓花蕾那一側煮熟。等菜莖呈現透明感後，試用牙籤刺刺看。因爲要用餘溫加熱，只要煮至稍微還有彈性的硬度即可。

3 直接冷卻

放在竹簍裡直接冷卻，同時利用餘溫加熱。不要泡水冷卻，以免口感變得水水的。

葉片燙過後也可以烹調。放入沸騰的熱水裡汆燙，當菜葉變成鮮綠色時即可撈起。

2 炒

最後再加水，讓口感更加柔軟

花椰菜不容易吸油，炒的時候等材料都沾上一層油，封住甜味之後再倒水，利用蒸氣一口氣蒸熟，不過這樣就會失去生炒時的輕脆口感。

1 沾上油

所有材料都沾上油，讓切面貼著鍋子煎，以便封住甜味。以煎出顏色爲佳。

2 加水

最後倒入略多的水，利用蒸氣讓所有材料一口氣蒸熟。

內田流

綻放花椰菜的魅力

◎利用蒸煮的方式，將綿密又單純的風味提引出來

將風味收斂的花椰菜做成蔬菜沾醬，吃下後，喉嚨深處會散發出一股濃郁的芳香，滋味非常綿密，卻又帶著一股獨特的微微苦味。只要用水或白葡萄酒蒸煮，搗成菜泥，再用剛燙熟的花椰菜去沾這個蔬菜沾醬即可。可以的話，盡量使用新鮮的花椰菜來烹調。

花椰菜蔬菜沾醬《時期：尾聲》

材料［4人份］

花椰菜……½顆、大蒜……1片、橄欖油……1大匙、水或葡萄酒……適量

1 花椰菜分切成小朵。大蒜切成碎末。

2 橄欖油與大蒜倒入平底鍋裡，熱鍋後加入花椰菜翻炒。等所有材料都沾上油後，倒入剛好可以蓋過材料的水煮至柔軟。竹籤可以輕易刺穿即表示完成。

3 將2倒入食物處理機或果汁機裡攪打成菜泥。

《同一種菜拌和》

花椰菜煮好後分切成小朵，拌上蔬菜沾醬即可品嘗。

香辛輕脆！順便來杯白葡萄酒吧！

香料炒花椰菜

《時期：上市》

材料［4人份］
花椰菜……½顆
橄欖油……1大匙
蔬菜高湯（第18頁）或水……50c.c.
伽蘭馬薩拉辛香料……½小匙
鹽＆胡椒……各1撮

1 將花椰菜分成小朵，切成容易食用的大小。
2 橄欖油倒入平底鍋，放入花椰菜並用大火翻炒。等所有材料都沾上油，花椰菜炒出顏色後，注入蔬菜高湯並轉大火，撒上伽蘭馬薩拉辛香料、鹽與胡椒即可。

重點☞ 花椰菜炒出焦焦的顏色會比較香。

酸甜順口 搭配魚貝料理亦十分美味

熱酒香醋淋花椰菜

《時期：盛產》

材料［4人份］
花椰菜……½顆
蔥……10cm
橄欖油……½小匙
熱酒香醋
- 白葡萄酒……100c.c.
- 白酒醋或醋……50c.c.
- 紅蔥頭碎末……60g
- 酸豆……1小匙

鹽……2撮

1 蔥斜切成薄片。橄欖油倒入平底鍋裡，熱鍋後將蔥放下去炒。酒香醋的材料全部倒入鍋裡，煮開後撒上1撮鹽調味。
2 在進行**1**的同時，將花椰菜倒入煮至沸騰的熱水裡，煮至略硬後，撈起切成小朵。
3 將**2**倒在碗盆裡，趁熱淋上**1**。撒上1撮鹽與橄欖油（分量外），放置一段時間使其入味，再依個人喜好撒上茴香。

重點☞ 花椰菜趁熱淋上醬汁會比較容易入味。

剛燙熟的青花菜，
急著要你趕快吃。

青花菜

［十字花科］

風味的好壞，取決於燙的方式。

追溯青花菜的起源，其實與高麗菜一樣，都是屬於以羽衣甘藍為祖先的十字花科。它的故鄉在地中海沿岸的冷涼地帶，因此非常怕熱。喜好寒冷，屬於過冬後，味道會變得更加甘甜的冬季蔬菜。花蕾密實的模樣，彷彿是為了禦寒。不過每一朵花苞都非常柔嫩，寄宿著在春天將要茁壯發芽的生命種子。綠色淺淡、風味清爽就是證據。

充滿量感，色彩美麗的青花菜雖然幫忙撐場面，能將餐桌點綴得亮麗萬分，不過加熱方式非常重要。煮的時間不夠長，口感會太硬，風味無法釋出；煮得太久，花蕾又會散開。起鍋的時間點，就是放入熱水裡數分鐘，當顏色變得鮮豔、菜莖呈現透明感的這一刻。只要迅速冷卻，不管是口感還是色彩都完美無缺。不過，青花菜的魅力可不只有外形與色彩。有時反過來想，如果將它煮得軟爛呢？將花蕾煮到看不出原來的形狀，再與義大利麵拌和，做成熱那亞（編註：Jenobéze，即為青醬）口味，那股從喉嚨滑過的濃郁芳香和顆粒感，可是會讓人吃上癮的。

◎原產地

地中海東部沿岸

◎產季

12月～3月

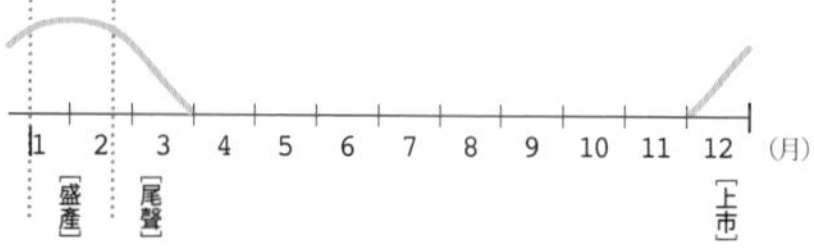

[上市] 水分多，花蕾與莖柔嫩。

[尾聲] 花蕾隆起，肉質乾癟，風味稍嫌不足。

◎日本主要產地

埼玉、愛知、長野、香川

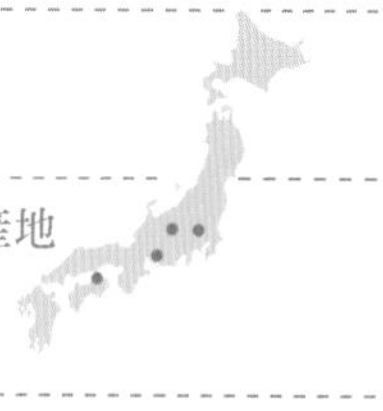

◎臺灣主要產季和產地

11月～4月

雲林、嘉義、彰化

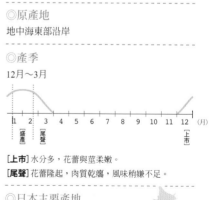

解體

花蕾用手撕成小朵。莖沿著纖維縱切。

首先是解體

花蕾與莖分切，使其能散發出應有的風味。切花蕾時，要在莖的部位劃上刀痕，再分成小朵。菜莖削皮後，沿著纖維縱切。

花蕾

特徵◎口感佳，風味濃厚。一旦氣候變冷就會摻雜紫色，而且風味倍增。若用刀切，花蕾會剝落並整個散開，因此要從莖劃入刀痕，再用手一一將花蕾剝開。
料理◎炒／蒸煮／沙拉／湯品／義大利麵

莖

特徵◎滋味比花蕾還香甜，口感滑順迷人。外皮堅硬充滿筋絲，口感不佳，因此要削去一層厚厚的皮。燙過後只要沾上沙拉淋醬品嘗，就十分可口。
料理◎炒／沙拉／燴菜

《解體的方式－花蕾與莖分開》

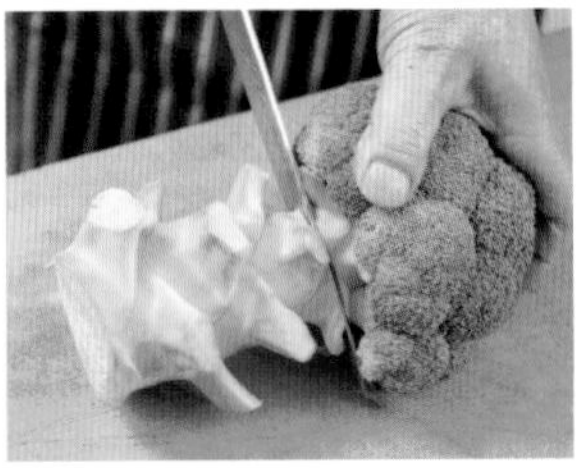

在枝節分開處，將花蕾與莖分切開來。

保存

鮮度下降得快，置於常溫下會開花，因此要用報紙包裹，放入冰箱保存，並於3～4天內食用完。

◎如何挑選◎

1 花蕾不會過大，飽滿沉重，整體圓滾。

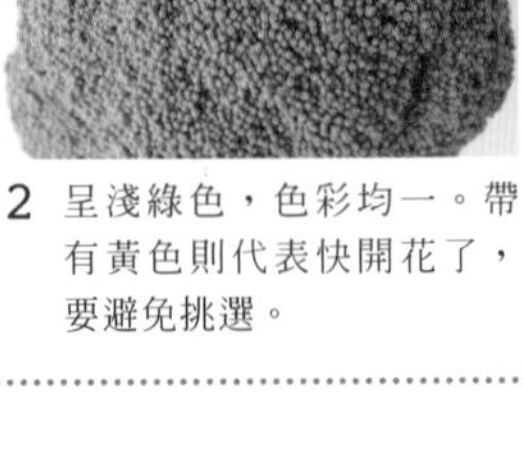

2 呈淺綠色，色彩均一。帶有黃色則代表快開花了，要避免挑選。

3 菜軸呈五角形，約與50圓硬幣大小相同。軸裡沒有空洞，水嫩多汁。

分成小朵

從莖分切，就不會破壞花蕾

若從花蕾切開，會將花蕾整個切碎，因此要在莖劃入刀痕，再用手剝開，這樣就可以漂亮地分切成小朵，又不會傷到花蕾。莖切長一些，並削去一層厚厚的皮以去筋絲。

《切莖》

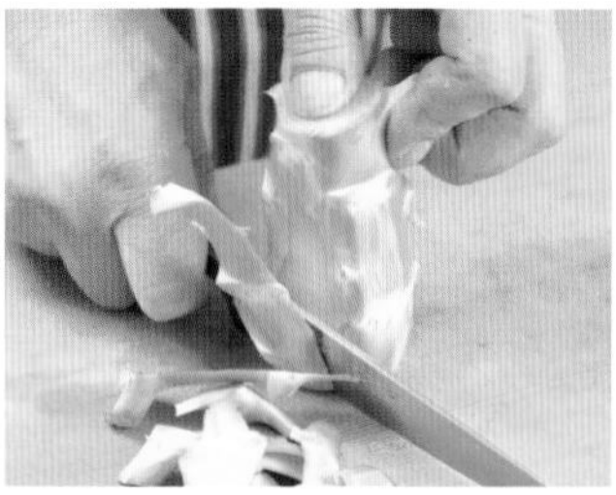

外側的筋絲結實堅硬，必須一口氣厚厚地削下來。

▼

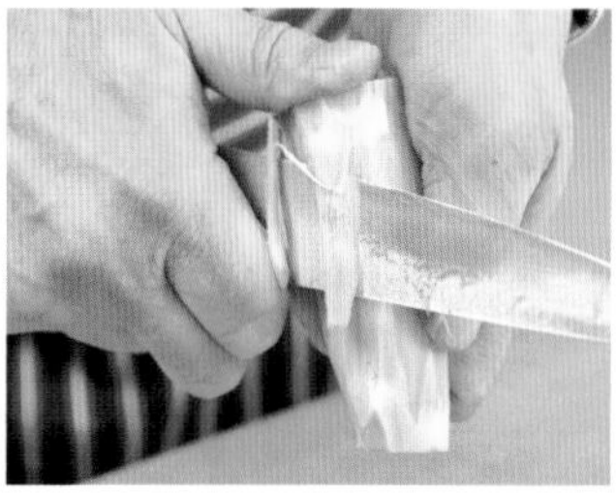

削到切口看不見白色的筋爲止。

▼

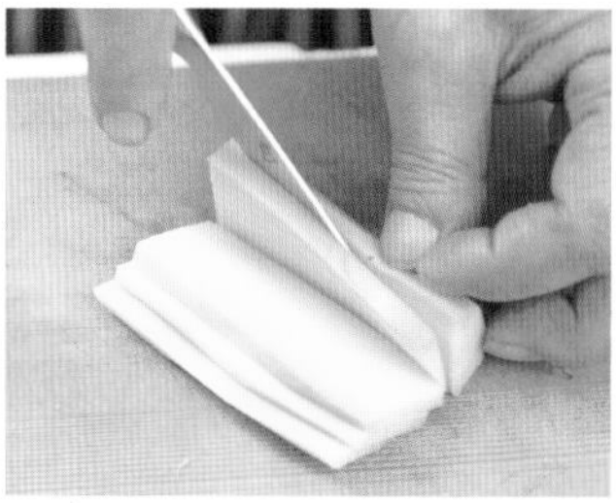

沿著纖維，以拉切的方式縱切。

《成型》

不要切開，用削的方式去除菜莖上的筋絲，這樣口感會比較好。莖盡量留長些，才能品嘗到這個部位的香甜。

《分切成小朵》

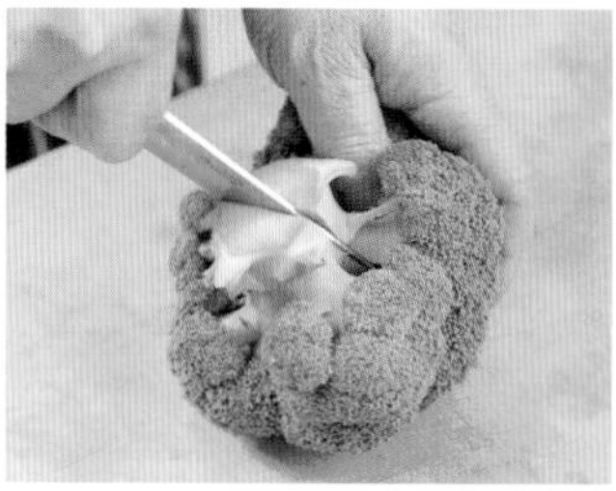

在莖的正中央劃上一條深深的刀痕。

▼

從刀痕處將青花菜剝成兩半，如此便可以漂亮地將花蕾分開。

▼

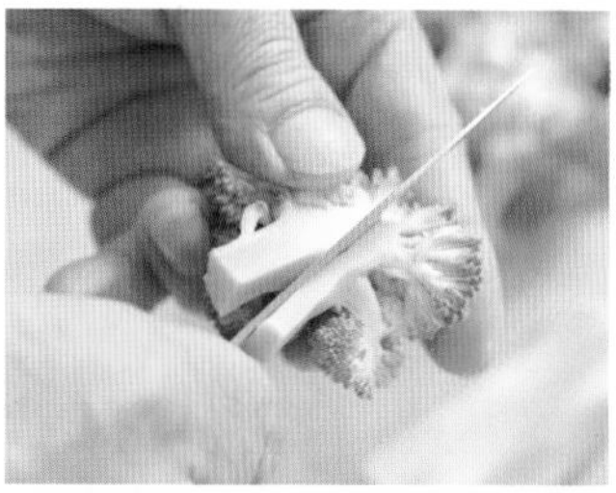

切成小朵時要切到接近花蕾的頂部，再用手輕輕剝開。

《小朵》

大小要一致。莖留長一些，形狀比較不會碎開，且外形美麗。

《莖－片狀》

横切會因爲纖維而破壞口感，因此要縱切成片。切成薄片後生炒，口感會更加柔嫩。

《莖－條狀》

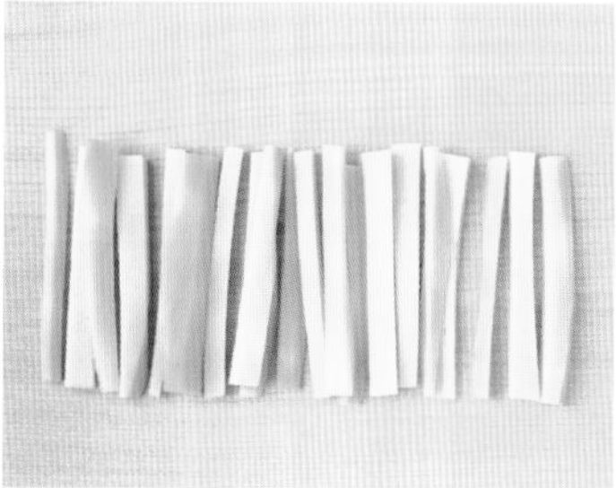

切片後再縱切。用炒的或做成沙拉，可以享受到輕脆的口感。

烹調技術

火候非常重要。大塊下鍋直接水煮，甜味就不會流失。

基本烹調方式

1 直接大塊水煮，封住甜味。
2 用手剝成小朵，盡量不要破壞花蕾。
3 煮好後立刻放在竹簍上迅速冷卻。
4 煮至軟爛可做成醬汁或湯品。

加熱

1 水煮

放入表面波動的熱水裡，煮3～4分鐘。

若是大顆青花菜直接水煮，因爲切面少，所以內含的甜味不會流失。放入煮至沸騰的熱水裡後，轉小火，當顏色變得鮮豔時即可撈起。泡水冷卻會使口感變得水水的，所以一定要放在竹簍上冷卻。

1 先從內側不容易煮熟的莖開始煮。用小火，但不要讓水沸騰。

2 等莖呈現透明感後再翻面。

3 色彩變得鮮豔時，撈起放在竹簍上，直接冷卻或用扇子搧涼。撒鹽入味時，亦要趁熱。

4 若是急著使用，可分切成小朵再煮，這樣會比較快熟。

5 攤放在竹簍上冷卻時，盡量不要重疊。

2 炒

生炒可以享受口感

生炒的口感與水煮的截然不同，生炒可以同時享受到輕脆與水潤這兩種風味。訣竅是稍微炒一下，再加水蒸煮。

油充分熱好後，先將較硬的莖下鍋翻炒。但是油的溫度若是太低，青花菜會非常容易吸油。（一起下鍋炒的是生的馬鈴薯。）

放入花蕾，加水。清炒青花菜時，建議一顆分量放½杯的水。將太白粉加入湯汁芶芡也非常美味。

剛煮好便撒些鹽

燙青花菜《時期：上市～盛產》

材料［4人份］

青花菜……½顆、橄欖油……2大匙、鹽……1撮

將青花菜的莖切除後，花蕾切成兩半再水煮。撈起後切成小朵，趁熱淋上橄欖油，並撒鹽。

珍惜產季尾聲，加入滿滿的青花菜

青白花椰濃湯《時期：上市～尾聲》

材料［4人份］

青花菜……1顆、花椰菜……⅓ 顆、洋蔥（小）……30g、芹菜＆胡蘿蔔……各1㎝、大蒜……1片、百合根或馬鈴薯……30g、橄欖油……1大匙、鹽……2撮、蔬菜高湯（第18頁）……200c.c.

1 青花菜切成小朵後水煮。花椰菜分切成小朵。洋蔥、芹菜、胡蘿蔔、大蒜都滾刀切成小塊。如果要加入馬鈴薯，削皮後再切成小塊。

2 將橄欖油與大蒜倒入鍋身較厚的鍋子裡，熱鍋後依序倒入洋蔥、芹菜、胡蘿蔔、馬鈴薯、花椰菜與青花菜翻炒。接著倒入150c.c.的蔬菜高湯，將所有材料煮至柔軟。

3 將2倒入食物處理機或果汁機裡攪打。

4 將3倒回鍋內，撒上1撮鹽，倒入50c.c.的蔬菜高湯並煮至沸騰，撈去浮末，撒上1撮鹽即可。

※青花菜先煮過，浮末會較少，且不會有澀味。

1 與洋蔥以及胡蘿蔔等香味蔬菜一起煮至變軟為止。

2 倒入食物處理機或果汁機裡攪打。

3 倒入鍋裡溫熱。

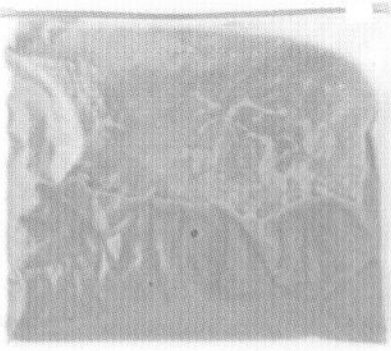

4 放入冷凍用的保鮮袋裡，冷凍保存。

湯品

與花椰菜一起煮

煮糊之後放入果汁機裡攪打做成湯汁，能夠同時享受到濃郁的風味與美麗的茶綠色。如果與同科的花椰菜搭配，湯汁會更濃稠，風味也會變得更加香醇。

烹調要訣

如果煮好後不立刻烹調或食用，最好趁熱先撒上鹽（冷卻後才撒，鹽不會融化，這樣就無法入味）。之後如果打算用油烹調，可以事先淋上一些油，即便冷卻，顏色依舊可以保持鮮豔。青花菜非常適合用油烹調，用香麻油、橄欖油、美乃滋等來變換風味也不錯。

綻放青花菜的魅力

◎即使煮糊了，依舊以風味取勝

青花菜的顏色與外形固然迷人，但是如果將花蕾的形狀完全煮糊，便能專注品嘗那股十字花科特有的風味，以及花蕾煮爛後所留下的顆粒口感。只用水煮會有股土腥味，因此要加入高湯與白葡萄酒來調整風味。雖然會失去色澤，不過也算是青花菜的另一個風貌。可以做成配菜或義大利麵醬。

用木杓搗碎。

適合組合搭配的蔬菜

十字花科蔬菜、芋類、豆類

洋蔥

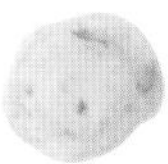

馬鈴薯

高麗菜

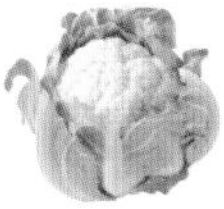

花椰菜

煮至軟爛的花蕾
呈現出的顆粒口感令人一吃就上癮

熱那亞義大利麵

《時期：盛產～尾聲》

材料［2人份］

青花菜……½顆
洋蔥（小）……½個
蒜末……½小匙
紅辣椒（切碎）……½條
白葡萄酒……1½大匙
橄欖油……3大匙
鹽……約1小匙
蔬菜高湯（第18頁）……300c.c.
水……50c.c.
義大利麵（1.4㎜）……160g

1 將青花菜的莖切落後，再切成薄片，花蕾分切成小朵，略爲汆燙。洋蔥縱切成薄片。

2 將2大匙橄欖油、大蒜與紅辣椒倒入平底鍋裡，以小火爆出香味後，倒入洋蔥，炒至呈現透明感爲止。加入青花菜的莖與花蕾，使其沾上油後再注入蔬菜高湯、水與白葡萄酒燉煮15分鐘。用木杓將青花菜搗碎，撒鹽，再淋上1大匙橄欖油。

3 製作**2**的醬汁的同時，將義大利麵煮熟。

4 將義大利麵倒入**2**裡拌和即可。

重點☞ 青花菜要先燙，去除雜味後再煮。

芡汁下包裹的是輕脆口感
讓人飽腹的中式配菜

青花菜炒馬鈴薯

《時期：上市～尾聲》

材料［2人份］

青花菜……½顆
馬鈴薯（小）……2個
蒜片……1片
蔥油（第178頁）……2大匙
乾香菇高湯（泡過的湯汁）……1杯
醬油……2小匙
味醂……1小匙
鹽……1撮
太白粉……約1大匙
香麻油……1大匙

1 分切青花菜的莖與花蕾，再將花蕾切成小朵，莖切成條狀。馬鈴薯切成4～6塊，削皮刮圓，塑整外形。

2 將蔥油與大蒜倒入平底鍋裡，加熱後放入馬鈴薯，翻炒一段時間使其裹上油。倒入莖翻炒一段時間，再加入花蕾繼續翻炒。

3 注入高湯，轉大火將馬鈴薯煮熟。用醬油、味醂與鹽調味，太白粉用2倍水調開後倒入鍋裡勾芡，最後淋上香麻油即可。

重點☞ 用大火快炒，較不會失去色澤。

內田流 7 column

因為是秋冬蔬菜，才會使用這個烹調法。醃漬 保留蔬菜的原有風味。

製作涼拌青菜時，溫度若是太高，菜色會變黃，因此要將剛燙好的蔬菜放入已經過加熱，但冷卻的醃汁裡醃漬。

滷蝦芋
醃漬時間・1小時～ p.154

醃花椰菜
醃漬時間・1小時～ p.203

醃洋蔥
醃漬時間・3小時～ p.42

《「醃漬」的烹調要訣》

1 醃汁與蔬菜的溫度要一致。
2 排放材料盡量不要重疊，醃汁剛好蓋過材料。
3 醃漬的過程中要上下翻面，讓材料能均勻入味。

滷甘藷
醃漬時間・30分鐘～ p.89

蒸浸南瓜
醃漬時間・30分鐘～ p.31

趁熱將已經煮熟的蔬菜放入醃汁裡泡漬。涼拌青菜十五分鐘，芋類的滷煮菜大約一個小時，醃漬菜需要三個小時。在秋冬蔬菜之間，「醃漬」這個烹調法出場的次數會變多。為什麼？我想是蔬菜的性質與氣候，以及我自己的身體狀況。

秋冬蔬菜以根莖、芋類，以及外形碩大的結球類為主，每一種都是生長於寒冷時期的蔬菜。為了避免凍傷，各個纖維質地細膩，不容易煮熟。所以在烹調根莖類或芋類時，要「用低溫慢慢加熱」，這是基本一貫的手法。

調味其實也需要慢慢來。除了均等，還必須保留蔬菜的風味，並讓味道溫和融入纖維深處，不過這需要一些時間。當味道慢慢地從外側滲入到內，蔬菜隨著冷卻的過程，滋味會變得更加入味。要達到這個程度，重點就是讓蔬菜與醃汁的溫度一致。

烹調春夏蔬菜要靠氣勢。下油鍋大火快炒，即便調味也是迅速拌和，才能呈現出清爽口感。春夏時，我們的身體代謝比較好，所以渴望能夠迅速吸收。然而一到秋冬，我們卻能耐心等待蔬菜醃漬的時間。香味與甜味完全滲入蔬菜裡，直到呈現出恰如其分的風味，這一切全都交由蔬菜來處理，也就是不要求快速，而是讓蔬菜自己慢慢接受那些風味。如此一來涼拌蔬菜的滋味可以透入菜心，滷煮菜品嘗起來也會更加圓醇清雅。不但不會煮得碎爛，色澤還會更加豔麗。「醃漬」烹調法，真是好到無從挑剔。

洗澡的時候，我突然想到一件事。在寒冷的夜裡，我們會泡在浴缸裡慢慢地讓身體暖到心窩。這種感覺有點像是在醃漬蔬菜，不，又似乎不像。但不管是醃漬蔬菜還是泡澡，統統都會讓人感到十分寬心舒適呢！

汆燙勝過生食。
這樣水菜才會更有活力。

水菜［十字花科］

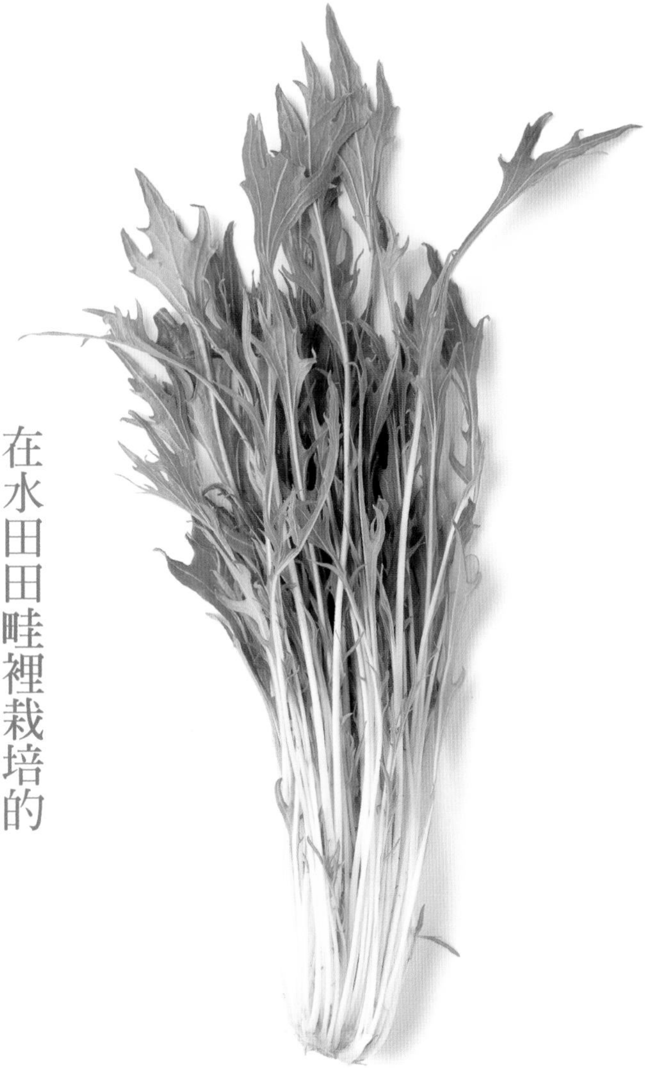

在水田田畦裡栽培的日本原生蔬菜。

爲數不多的日本特有蔬菜當中，水菜乃其中一種。原爲京都冬季特產的蔬菜，別名「京菜」。風味淡泊，可生食，如今已經變成一年四季都會上市的熱門蔬菜，不過京都人到現在還是認爲「冬天要等到蔬果店擺出水菜，才算真正到來」，由此可見，水菜應該是冬天派來的使者。難怪他們非常感謝水菜，因爲它那白綠相間的鮮豔色澤，與輕脆的口感，爲灰暗的冬天增添了幾分色彩。京都人在吃鯨魚火鍋時，絕對不能沒有水菜。其實水菜和大白菜還有青蔥一樣，都是吃火鍋時必備的蔬菜，即便稍微燙過做成涼拌菜，散發出來的菜香依舊和冬天的空氣一樣，十分爽朗。

不過生吃時要花點心思。切好直接放入口中嚼，口感其實很硬，加上水菜的味道原就淡，根本沒有味道可言。因此有人會將它與美乃滋混合做成沙拉。不過我推薦大家一個更簡單的方法，將菜葉與菜梗分切之後，不停地攪拌，只要這樣做，即便是生沙拉，也能輕鬆地大口大口吃。

◎原產地

日本

◎產季

12月～2月

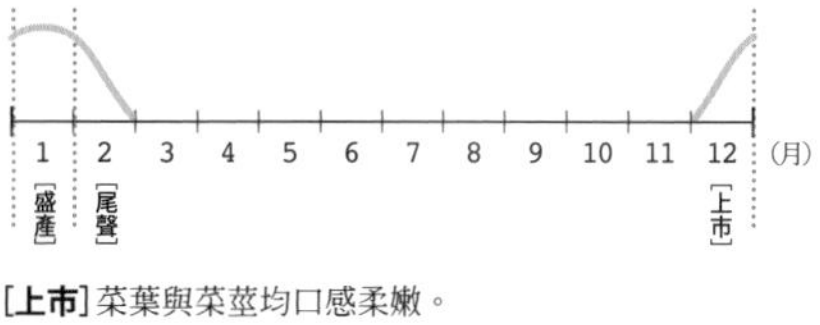

[上市] 菜葉與菜莖均口感柔嫩。

[尾聲] 菜葉與菜莖的纖維粗硬。

◎日本主要產地

茨城

◎臺灣主要產季和產地

全年皆有。12月～3月爲盛產期

桃園、臺南多爲溫室栽培

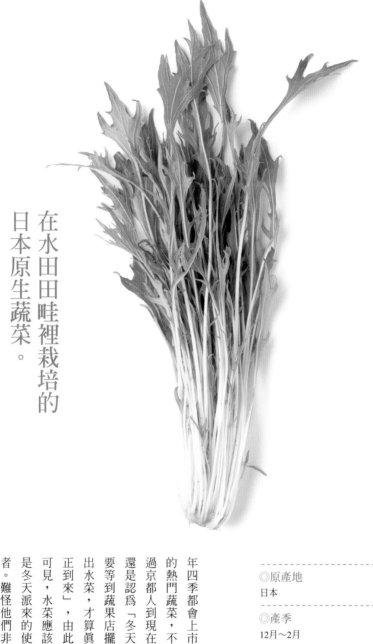

解體

生食的時候，要將口感不同的菜葉與菜梗分切開來。

首先是解體

菜葉與菜梗的口感截然不同，分切後再混合會比較好處理。汆燙烹調時，先燙過再分切，風味較好。

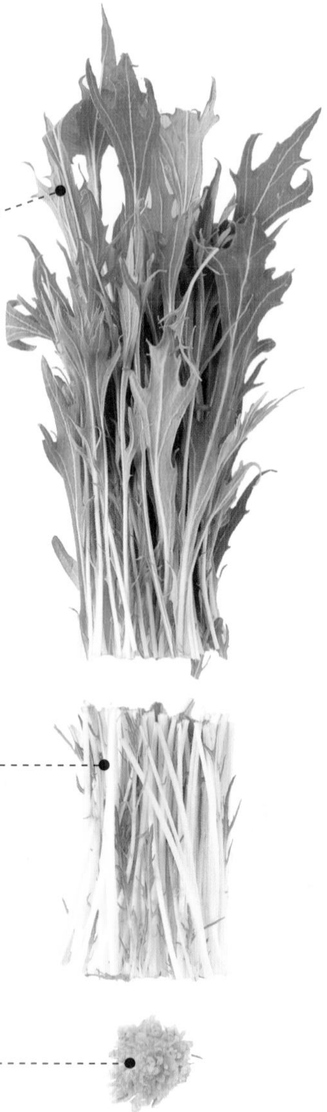

葉

特徵◎帶有明顯的苦味。剛上市時風味奢華柔嫩，適合做成生沙拉。越接近產季尾聲，菜葉越厚且硬，苦味也會更濃。

梗

特徵◎辣味明顯。剛上市時口感柔嫩，生食亦十分美味。越到產季尾聲就越粗硬，最好是加熱品嘗。

心

保存

報紙包裹後用噴霧器噴濕，冷藏保存，並於4～5天內食用完。另外，水菜非常容易變軟，不過只要將整把菜放在裝滿水的鐵盆裡浸泡，就可以恢復新鮮水潤的狀態了。

將水菜整體浸泡於水中，恢復彈性即可，大約15分鐘最爲適切。

◎如何挑選◎

1 菜葉呈淺綠色，葉片不會太大，葉脈紋路清晰。

2 梗粗水潤，根部飽滿。

※水菜可分爲土耕與水耕栽培種。土耕的水菜，風味較濃郁；水耕栽培種的根部水分較多，易腐敗，因此要特別小心留意。

烹調技術

若是生食，則用手折斷。不要燙太久，要保留口感。

基本烹調方式

1 用手折斷。
2 略為汆燙，保留口感。
3 花點心思，不要讓纖維破壞口感。

切法

用手折斷，口感會比較溫和

水菜雖然沒有澀味，但用菜刀切會有鐵味，因此要用手以摘的方式折斷。

指尖用力折斷。

利用口感來遮掩單調的滋味。切的時候改變一下大小，讓口感更有變化。

加熱

先從菜根燙，只要數秒即可

想留下一些口感與色彩，就先將菜根放入沸騰的熱水裡，之後再將整把菜沉進鍋裡，汆燙數秒即可撈起。

1 當水咕嘟咕嘟地沸騰時，從菜根下鍋汆燙。

2 煮軟後將菜葉沉入鍋裡，汆燙5秒，當菜葉變色時，即可撈起。

3 放在竹簍上冷卻。若是急著使用，可以用扇子搧風冷卻。

烹調要訣

生食固然好烹調，不過纖維的部分口感較硬，放入口中會感覺有點乾巴巴的，加上味道淡泊，不容易入味。若想吃起來更加順口，就要稍微花點心思。

《混合均勻》

菜葉與菜梗交錯混合，讓空氣混入其中。纖維方向不一致，就不會難以嚼食。

《花點巧思的火鍋配料》

將生的水菜用生腐皮包裹，做成火鍋配料。吃起來比較不會乾巴巴的，也較容易食用。

《長短一致》

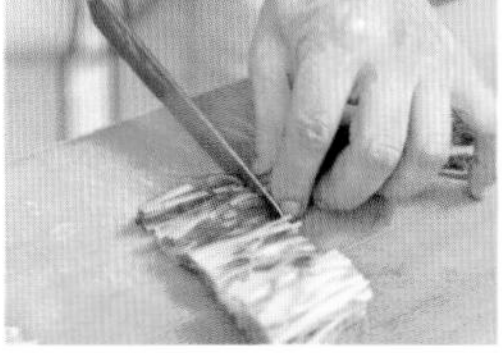

長短一致，比較容易食用。水菜燙好後切齊，不僅外觀美麗，口感也會變得比較好。

輕脆無比的爽口小菜

涼拌水菜

材料［4人份］

水菜……1把、高湯［蔬菜高湯（第18頁）或昆布與乾香菇高湯（第22頁）……60c.c.、醬油……40c.c.、味醂……20c.c.］

1 水菜整把放入沸騰的熱水裡汆燙數秒，變色後立刻撈起。
2 冷卻後切成長5cm。
3 盛入容器裡，淋上煮開後已冷卻的醬汁即可。

生水菜＋腐皮湯捲 享受第一股菜香

水菜腐皮迷你鍋

《時期：盛產～尾聲》

材料

水菜……2把

生腐皮……2片

蔬菜高湯（第18頁／火鍋高湯）……適量

醬汁A

- 腐皮乳※……適量
- 白芝麻糊……1大匙
- 蔬菜高湯……3大匙
- 醬油……2小匙
- 味醂……1小匙
- 鹽……1撮

醬汁B

- 蔬菜高湯……30c.c.
- 醬油……20c.c.
- 味醂……10c.c.
- 醋……1小匙

1 將½把的水菜整株放入沸騰的熱水裡略為汆燙後，撈起放在竹簍裡冷卻。

2 分切成容易食用的大小，放在生腐皮上；從邊端捲起後，切成長4～5cm。剩下的水菜切成容易食用的長度。

3 分別將醬汁A與B的材料混合。

4 高湯倒入鍋裡煮開，放入水菜與用腐皮包裹的水菜，略為煮過，散發出香氣後，沾醬品嘗。

（※編註：原文「み上げ湯葉」，爲製作過程中，因使用的原料裡，豆漿的比例較高，因此成品後不如腐皮是規則片狀的狀態，而是濃稠的凝態狀。）

重點☞ 水菜汆燙3秒，只要變色就立刻撈起冷卻。

酸酸甜甜的醬汁 要與淡泊的水菜充分拌和

水菜佐梅肉醬

《時期：上市》

材料

水菜……1把

梅肉醬

- 鹹梅干（大）……1粒
- 義大利香醋……1大匙
- 蔬菜高湯（第18頁）或水……2大匙

1 用手將水菜菜葉折成5cm長，菜梗折成3cm長。放入碗盆裡，讓菜葉與菜梗均勻混合。

2 鹹梅干去籽，果肉剁碎後放入碗盆裡，加上義大利香醋與蔬菜高湯混合調勻。

3 將水菜盛入容器裡，附上梅肉醬即可。

column

我，最喜歡草莓了！

蔬菜店老伯 天天掛念的事

2012

《拌莓果》

草莓味道比較酸時，加入30%的砂糖；味道比較甜時加入20%的砂糖。

從前若是有人問我最喜歡什麼蔬果，我毫不考慮最先回答的一定是「水蜜桃」。可是現在若是問我同一個問題，我應該會回答「草莓」。沒有任何理由，因為這個時候我比較想吃草莓。

在空氣冷冽的冬季天空之下，簡直是用翻滾的方式來到眼前的，就是豔紅的草莓。讓陽光雀躍不已、閃亮耀眼的鮮紅色，彷彿是來自太陽的贈禮。草莓真正的產季，其實是在四月中旬過後。可是看到如此鮮紅的草莓，手怎麼可能不伸出去呢？我就是這麼喜歡草莓。

有人問我理由。明明喜歡，卻說不出原因，只好四處探尋解答，後來發現，答案就是我的思春期。不，應該說是思春期時心目中的女性模樣。

在我的心裡，蔬菜就像是女性，其中有好幾種蔬菜讓我覺得充滿女人味。胡蘿蔔像穩重的舞姬，水蜜桃像是笑容天真爛漫的少女。番茄是跟媽媽一樣寬宏大量的女性，而草莓則是青春洋溢的女孩，酸酸甜甜的，又容易受傷害。其實草莓非常容易腐敗，通常是從手指觸碰過的地方開始腐壞。所以當我們在清洗時，手盡量不要觸碰到草莓，放入碗盆後，沙沙地一邊搖晃一邊清洗，一定要細心對待！現在回想起來，當時的女朋友個性也是如此呢！

無論如何，草莓總是會讓我想起來自遠方的揪心回憶，同時又會讓我的心雀躍不已。

草莓上市的季節非常早，直到初夏都還會看見它的蹤影，算是產季非常長的水果。提到產季，剛上市的草莓味道較酸，越到尾聲滋味就越香甜，但每一個品種的風味差異還是非常大，且各具特色，不過最近市面上的草莓好像都有點偏甜。

我個人比較喜歡酸甜均衡、顆粒適中的草莓。以品種來說，女峰系列的草莓較好，每一顆都充滿光澤，一旦放入口中，嘴裡會綻放出一股鮮甜滋味，無論是什麼時期，都是美味地讓人讚嘆不已。但對我來說，新鮮草莓是不能夠滿足我的。沒錯，我還要用它來做料理。我今年打算做出世界上最好吃的草莓醬。

若要做成果醬，顆粒較小的草莓比較適合。因為多一些小顆粒草莓，可以完全呈現出豔紅的色彩。製作時先試吃一顆，確認一下酸味與甜味是否均衡，接著再放入碗盆裡，撒上粗糖，放置一段時間，等水分釋出後再倒入鍋身較厚的鍋子裡。滴上少許檸檬汁，用中火煮至咕嘟咕嘟，但要注意別燒焦，然後撒上一撮鹽。熬煮至可以看見鍋底時，最後再轉大火，一口氣把多餘的湯汁煮乾。喔喔，太好吃了！結果在御廚擔任女店長角色的員工小惠（音譯）對我說：「老師，要不要和新鮮草莓拌和看看呢？」

對啊，我不是常做這種事嗎？怎麼沒想到呢？這不就是我最拿手的「同種拌和」嗎？我迫不及待地把它們拌在一起。嗯～好吃到讓我說不出話來了！

1＋2：迎接產季尾聲的胡蘿蔔田。這個時期的胡蘿蔔菜軸結實硬挺。主根長，鬚根多。
3：彷彿在問你：「我怎麼樣？」的滾圓蕪菁。主根長，而且長在正中央。這就是自然地不斷重複細胞分裂，慢慢成長的證據。

土壤的力量

蔬菜是靠土壤成長的

訪問自然栽種的菜農

我所主持的「蔬菜教室」，每年一到兩次召集對蔬菜有興趣的人，一同去參觀在關東近郊的蔬菜生產者的菜園。每一次人數都是多到會將大型巴士塞滿，去年也是如此。在年關將近的十二月，我們參觀了茨城縣採行自然栽種的佼佼者——田神俊一的菜園。

所謂自然栽種，簡單地說，就是不使用農藥與肥料，利用生態系統的循環，並透過土壤的力量來栽種。換句話說，就是不用強迫的方法來栽種適合當地土質的蔬菜，而是使其隨著原本的季節（產季）來成長的栽培方式。站在田神的菜園裡，會讓人深深感覺到蔬菜眞的是大地之子。腳底感受著鬆鬆軟軟的土壤，吸一口那些蔬菜呼吸的空氣，整個胸腔都充滿了泥土的芳香，眼前盡是翠綠的大自然。包圍著這片靜謐菜園的，竟是令人感覺非常神奇的安穩氣息。這究竟是什麼呢？田神先生一如往常，口吻輕快地回答了參觀者的問題：「因爲那些蔬菜是在沒有壓力的環境下成長的。人也是一樣，沒有壓力的話，就會心情舒暢地健康過日子喔！」

可是要提供蔬菜一個沒有成長壓力的土壤環境，通常要花上數年甚至是超過十年的歲月。田神的菜園以擁有二百年的歷史爲傲，而且從他父親那一代就率先從事有機栽培，奠定了優良田地的根基，之後又花了四至五年的時間轉換成自然栽種。不僅將沉積在土壤裡的肥料去除了，還恢復微生物與小動物能

4：鬆軟的土地上，蕪菁看來似乎非常舒適。這裡的土壤鬆軟到只要一踏就會陷下去。一摸，舒適滑溜，非常溫暖。
5＋6：再稍微休息一下，高麗菜就可以出貨了。自然栽種的蔬菜，成長需要的時間會比一般蔬菜還多出一到二週。僅僅如此，便足以讓它們在陽光的沐浴之下慢慢成長。不信你看看它們的葉脈，左右均等，而且還呈淺綠色呢！

夠生存的均衡土壤環境，讓大自然的規律得以復活。然而這段時間，必須承受歉收的困境，不難想像當時的情況有多辛勞。

轉換成自然栽種已經邁入第十四個年頭了，現在田神先生的菜園一邊夾雜著枯萎的蔬菜，一邊隨心讓土壤循環，同時跟著四季栽種蔬菜。他眞的做得很好。整齊田壟規劃而成的菜園不但沒有雜草，更是少見菜蟲。即使隔壁的菜園發生蟲害，與田神的菜園之間就像是隔了一道牆般，不會靠過來。

「那些菜蟲是被肥料吸引過來的。這可是我累積了好幾年的經驗才明白的。所以只要不施肥，菜蟲就不會靠過來，這樣就不需要噴灑農藥了。」田神先生這麼說著。

我觸摸著濕潤溫暖的泥土，恍然大悟。原來這裡不是製作蔬菜的場所，而是讓蔬菜安心成長的地方。常聽人家說「安全安心」，在考量人們的飲食前，這個觀念應該是爲了蔬菜才是。對於會將蔬菜稱爲「那些人」的田神先生來說，蔬菜就和人類一樣，沒有區別。同在這片大地上生活的堅定信念，讓人的心裡產生除了蔬菜，連土壤的世界也要深入瞭解的執著態度。不只是田神，這樣的精神是與自然栽培有關的人，所共同具有的。

在田神先生的菜園裡採收的當季蔬菜會隨著季節送到御廚來，不僅種類豐富，還充滿活力。參觀冬季菜園，還可看到進入產季尾聲的蕪菁、胡蘿蔔、蘿蔔……連同再隔幾日就能出貨的油菜與菠菜，也姿態美妙地成群結隊站在那裡。

我們跟著田神先生，一起採收蕪菁與胡蘿蔔。雙手緊緊抓住根部，用力一拔。這樣的拔菜方式，眞讓人感覺痛快極了。伸得筆直的胡蘿蔔，根部長滿了鬚根；圓滾的蕪菁充滿光澤。土壤裡的微生物一定在這些菜根周圍不眠不休地活動。每當看見那些長得勻稱、紮實有力的蔬菜，耳邊彷彿就會傳來在大地底下活動的生命，其不停鼓動的聲音。

7：「雖是自然栽種，其實是放任讓蔬菜野生化」。每天都要觀察土壤的狀態、除草、耕地，一刻都不得閒。**8**：美麗的蘿蔔田。呈放射狀展開的菜葉正沐浴在陽光下。**9**：從晚夏到秋天，滋味格外美妙、深受大家喜愛的青茄子的最後容貌。枯萎的模樣非常美麗。

若是擔心蔬菜有農藥殘留

1 浸泡在清水或濃度爲0.8%的鹽水裡一段時間。
2 用水煮來烹調時，先略爲汆燙，再水煮。
3 烹調前先曬成乾。

菜園裡的一個角落，上頭掛著枯萎的果實，竟然是綠茄子。這個夏天有多少人稱讚這個綠茄子「多好吃呀！」枯萎得皺巴巴又下垂，卻又帶著一股傲氣的模樣裡，應該都是滿滿的種子吧。這些種子明年還會結果纍纍，讓我們一飽口福。這個與蔬菜生命息息相關的模樣，已經深深烙印在我的眼裡了。

土壤令人憐愛，但也有可怕的地方。雖然簡單提到這裡的土壤非常鬆軟，但是有這樣的土地卻得來不易。如果投下過多的肥料與農藥，土壤會變得僵硬寒冷，整個生態環境就會失衡，微生物的活動力變差，變成一塊缺乏生命能源的土地。這樣對蔬菜可是一點好處也沒有。

地球成形至今，已經過了四十六億年，大海孕育出生物也已經四十億年。之後出現菌類與藻類，植物與動物也誕生並且進化。在這個生命泉源之下，土壤也跟著進化了。岩石粉碎融化，動植物枯萎的殘骸被土壤裡的菌類與霉類等微生物分解，累積成爲腐植質。這樣的循環，孕育出群山的樹果與樹木、野草與野菜，還有各種果實。而我的心，總是停留在如此遙遠的時光裡。每一公分的土壤，都要經過一百至一百五十年才能培育而成。站在這樣的事實面前，我經常嚴肅以對。

我都是透過蔬菜，來感受這樣的土壤世界。圓滾的姿態、淺淡的綠色、紮實的菜根、美麗的葉脈，這一切都是土壤世界的倒影。只要無數的菌與霉等微生物和小動物活蹦亂跳地四處跑動，那片土地就會活絡起來，讓大地上的動植物健康成長。當然我們人類也是這樣。

與生命息息相關的蔬菜 column

好好活著 好好乾燥

由左至右依序為芹菜、蘿蔔與胡蘿蔔。

照片中枯萎的蘿蔔與胡蘿蔔是前年冬天收成的。放在通風良好的窗邊，結果就變成這模樣了。因為枯得太美，讓我捨不得丟棄，直到現在我還是將這些蔬菜乾當作守護御廚的神明一樣，供奉在神明桌前。枯萎到這種程度的蔬菜其實很罕見，因為蔬菜如果丟在一旁不理會，通常都會腐爛。「枯萎」與「腐爛」，同樣都是生命的終點，但這樣的差異究竟是從哪裡來的呢？

舉例來說，到了春天，那些山就會發出新芽，夏天一片深綠，秋天染上一片錦繡後，枯葉紛紛掉落，到了冬天枯樹覆蓋整片山頭。在這個每年都一成不變的循環裡，草木重複了無數次的生死。那麼，這些草木是枯萎之後再死亡，還是腐爛之後再死亡？不用說，當然是枯萎。枯萎後，種子就會落地，破殼之後就會冒出新芽。

再來就是蔬菜。所謂蔬菜，原本是人類為了迎合自己的生活作息而刻意栽種的野菜。栽培與種苗的技術發達，使得可以讓蔬菜迅速成長的品種改良技術也跟著進步。然而站在蔬菜的立場來看，這未必是一件好事。事實上，蔬菜以自身的姿態正在探聽與生命息息相關的基本問題，即是生命結束的方法是腐爛還是枯萎？誠如我在談論山的時候所提到的，自然界的植物是枯萎死去的，腐朽之後被微生物分解，並回歸大地，因此時時進行這種代謝與循環的大地並沒有腐爛的必要。腐爛就不會留下種子，如此一來生命就無法連續循環下去。這個根本，是要由棲息在這片大地上的所有動植物與微生物攜手守護的，因為這是自古以來不變的自然界法則。無奈的是，蔬菜現在正從這個法則的某處脫離而生存。只能存活一個世代的F1種越來越多。這個容易栽種的蔬菜讓等待枯萎、採取種子栽種的農業越來越退步。

充分枯萎的蔬菜，代表它們生長得很好，吸收的養分不會過多或過少，而且有規律地以自己的速度成長。這些都會表現在形狀圓滾與否、鬚根是否均等排列，以及所展演的色彩上。領受會枯萎的生命，以枯萎的方式結束，這，就是我的理想。

我愛用的調味料

調味料盡量挑選
採用天然製法製成的產品。
這樣才能將蔬菜的風味
毫無保留地提引出來。

丸中醬油
丸中醬油（株）
滋賀縣愛知郡愛莊町東出229
☎ 0749-37-2719

純米富士醋
（株）飯尾釀造
京都府宮津市小田宿野373
☎ 0772-25-0015

有機三州味醂
（株）角谷文治郎商店
愛知縣碧南市西濱町6-3
☎ 0566-41-0748

藏之鄉　米味噌
（株）Natural Harmony
東京都世田谷區玉堤2-9-9
☎ 03-3703-0091

天日湖鹽
木曽路物產（株）
岐阜縣惠那市大井町2697-1
☎ 0573-26-1805

黎明前　大吟釀酒粕醬
（株）小野酒造店
洽詢／（株）森田商店
埼玉市南區内谷5-15-19
☎ 048-862-3082

土的日記（粗糖）
（株）アネックスランド
神奈川縣川崎市麻生區岡上
367-1
☎ 044-987-1774

Ponape Pepper Black
進口商／ミヤ恆產（株）
東京都八王子市絹之丘
2-44-3
☎ 042-636-8047

Essenza
（調味義大利香醋）
進口商／小川正見&Co.
東京都杉並區荻窪
3-36-1-202
☎ 03-3392-3380

Castel di Lego
（特級初榨橄欖油）
進口商／小川正見&Co.
東京都杉並區荻窪
3-36-1-202
☎ 03-3392-3380

平出香麻油
平出油屋
福島縣會津若松市御旗町4-10
☎ 0242-27-0545

菜籽沙拉油
（有）鹿北製油
鹿兒島縣姶良郡湧水町3122-1
☎ 0995-74-1755

羅臼昆布
奧井海生堂
福井縣敦賀市神樂町1-4-10
☎ 0770-22-0493

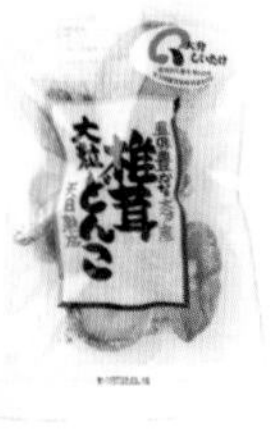

大分產香菇大朵Donko
Muso（株）
大阪市中央區大手通2-2-7
☎ 06-6945-5800

※臺灣可至各大超市，如：City Super、Jasons Market Place、Dean & Deluca汀恩德魯卡、松青超市等購買。

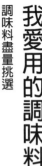

內田式「挑選重點」&「當季蔬菜與保存方法」快速對照表

☞影印後貼在容易找到的地方吧

1
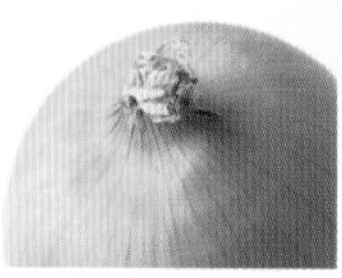
5
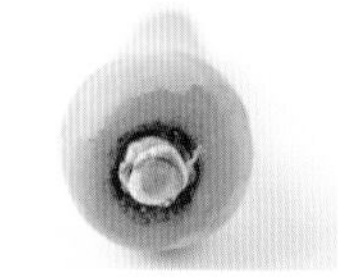
2

6

3

7
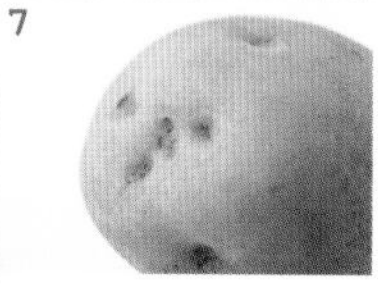
4

《內田式蔬菜挑選8要點》

1 【形狀】挑選外形圓滾的蔬菜（※）。
2 【大小】不要過大。盡量挑選飽實沉重的蔬菜。
3 【顏色】挑選淺綠色的蔬菜。
4 【均衡】挑選形狀與葉脈左右對稱、外觀美的蔬菜。
5 【菜軸】挑選菜軸略小，位在正中央的蔬菜。
6 【鬚根】挑選鬚根痕跡筆直排列的蔬菜。
7 【芽．果房】繁衍下一個世代的生命力象徵。
＝確認根、芽、果房（有種子的房間）的數量。
8 不要挑選腐爛的蔬菜，要挑選枯萎的蔬菜。

（※）健康成長的蔬菜一定會有個地方是圓形。例如菜梗的切口，或是從上方看來是圓形的洋蔥、根莖類的菜軸之類。

《當季蔬菜與保存方法》

紅字是常溫保存．黑字是冷藏保存

春
油菜花
鴨兒芹根
番茄
芹菜
竹筍
西洋芹
土當歸
山菜
水芹
萵苣
蘆筍
蠶豆
蜂斗菜

夏
青椒
薑
四季豆
小黃瓜
夏南瓜（櫛瓜）
秋葵
大蒜
茄子
黃麻菜（埃及國王菜）
瓜類
玉米
毛豆
酪梨

秋
蕈菇
山藥
馬鈴薯
茼蒿
青江菜
南瓜
蕪菁
胡蘿蔔
蓮藕
牛蒡
洋蔥
甘藷

冬
蘿蔔
芋頭
大白菜
菠菜
青蔥
花椰菜
青花菜
油菜
高麗菜
水菜

《保存方式》

［常溫保存］用報紙等紙類包裹，置於通風良好的陰涼處保存。（註）進入盛夏後若無法找到適當的保存場所，就用紙好好包裹，冷藏保存。
［冷藏保存］為了預防乾燥，用報紙等紙類包裹後，置於冰箱的「蔬果室」保存。

1 從包裝袋取出，讓蔬菜獲得解放。一直被悶在塑膠袋裡的蔬菜可以因此稍微喘息。

2 用報紙等紙類包裹，讓蔬菜不要接觸到空氣。

3 用噴霧器補充水分後，再放入冰箱的「蔬果室」。

4 採收後，需要再放置一段時間才會熟成的蔬菜，或是夏季蔬菜，則置於常溫下保存。

※切好的蔬菜要用報紙或保鮮袋冷藏保存。

非虛構002

內田悟的蔬菜教室：當季蔬菜料理完全指南　保存版　秋冬

內田悟のやさい塾：旬野菜の調理技のすべて 保存版 秋冬

料理……………內田 悟［助理：宍倉淳子、山田絵里子］
食譜協助………宍倉淳子
攝影……………平瀬 拓［p.218~p.221板井美弥子］
版面設計………飯塚文子
編輯・撰稿……鵜養葉子
企劃……………三好洋子（三好洋子事務所）

因為閱讀，我們放膽作夢，恣意飛翔─成立於2012年8月15日。不設限地引進世界各國的作品，分為「虛構」和「非虛構」兩系列。在看書成了非必要奢侈品，文學小說式微的年代，愛米粒堅持出版好看的故事，讓世界多一點想像力，多一點希望。來自美國、英國、加拿大、澳洲、法國、義大利、墨西哥和日本等國家虛構與非虛構故事，陸續登場。

作者：內田悟｜譯者：何姵儀｜出版者：愛米粒出版有限公司｜地址：台北市10445中山北路二段26巷2號2樓｜編輯部專線：（02）25622159｜傳真：（02）25818761｜【如果您對本書或本出版公司有任何意見，歡迎來電】｜總編輯：莊靜君｜主編：林淑卿｜印刷：上好印刷股份有限公司｜電話：（04）23150280｜初版：二〇一三年（民102）九月十日｜四刷：二〇一五年六月一日｜定價：430元｜總 經 銷：知己圖書股份有限公司　郵政劃撥：15060393｜（台北公司）台北市106辛亥路一段30號9樓｜電話：（02）23672044／23672047｜傳真：（02）23635741｜（台中公司）台中市407工業30路1號｜電話：（04）23595819｜傳真：（04）23595493｜國際書碼：978-986-89244-5-1｜CIP：102012481｜©2012 by Satoru Uchida all rights reserved. First published in Japan in 2012 by MEDIA FACTORY, INC. Under the license from MEDIA FACTORY, INC., Tokyo Through Owls Agency Inc. Complex Chinese translation copyright © 2014 by Emily Publishing Company, Ltd.｜版權所有・翻印必究｜如有破損或裝訂錯誤，請寄回本公司更換